内容简介

本书是作者多年来在北京大学数学科学学院为本科生开设抽象代数课程的基础上编写的，系统讲述了抽象代数的基本理论和方法. 它反映了新时期本科生抽象代数课程的教学理念，凝聚了作者及同事们所积累的丰富教学经验. 书中首先对于群、环、体、域的具有共性的部分一并作了介绍，然后分别讲述了这些代数结构比较专门的内容，并简述了模与格的最基础的知识. 本书针对抽象代数的特点，每节后精选了较多的典型习题，并给出较详细的提示或解答，以帮助读者更好地掌握抽象代数的解题方法与技巧，提高解题能力.

本书注重讲述必要的基础知识，同时也力图使读者能够对于抽象代数的主要思想方法有所体会. 例如在讲解了群的知识之后，用群论的方法考查了正多面体，以诠释群论本质上是研究对称的学科；在讲解了环和域后，介绍了它们在几何与数论方面的应用. 本书在叙述上由浅入深、循序渐进、语言精练、清晰易懂，并注意各章节之间的内在联系与呼应，便于教学与自学.

本书可以作为综合大学、高等师范院校数学系本科生的教材或教学参考书，也可供数学工作者阅读.

北京大学数学教学系列丛书

抽象代数 I

赵春来 徐明曜 编著

北京大学出版社
PEKING UNIVERSITY PRESS

图书在版编目 (CIP) 数据

抽象代数 I / 赵春来, 徐明曜编著. —— 北京: 北京大学出版社, 2008.10
(北京大学数学教学系列丛书)
ISBN 978-7-301-14168-7

I. 抽… II. ①赵… ②徐… III. 抽象代数 – 高等学校 – 教材 IV. O153

中国版本图书馆 CIP 数据核字 (2008) 第 124478 号

书　　　名:	抽象代数 I
著作责任者:	赵春来　徐明曜　编著
责任编辑:	刘　勇　潘丽娜
标准书号:	ISBN 978-7-301-14168-7/O · 0759
出 版 者:	北京大学出版社
地　　　址:	北京市海淀区成府路 205 号　　100871
网　　　址:	http://www.pup.cn
电　　　话:	邮购部 62752015　发行部 62750672　编辑部 62752021
	出版部 62754962
电子信箱:	zpup@pup.pku.edu.cn
印 刷 者:	三河市北燕印装有限公司
发 行 者:	北京大学出版社
经 销 者:	新华书店
	890mm×1240mm　A5　7 印张　180 千字
	2008 年 10 月第 1 版　2024 年 5 月第 10 次印刷
定　　　价:	28.00 元

《北京大学数学教学系列丛书》编委会

名誉主编: 姜伯驹
主　　编: 张继平
副 主 编: 李　忠
编　　委: (按姓氏笔画为序)
　　　　　　王长平　刘张炬　陈大岳　何书元
　　　　　　张平文　郑志明
编委会秘书: 方新贵
责 任 编 辑: 刘　勇

作者简介

赵春来 1945 年 2 月生, 1967 年毕业于北京大学数学力学系数学专业, 1984 年在北京大学数学系研究生毕业, 获博士学位, 1987 年晋升为副教授, 1992 年晋升为教授, 博士生导师.

赵春来长期从事本科生及研究生代数课程的教学以及代数数论的研究工作, 讲授过多门本科生和研究生课程, 与他人合著了《代数学》、《线性代数引论》、《模曲线导引》、《代数群引论》等著作. 他的研究工作主要集中于椭圆曲线的算术理论以及信息安全方面, 在国内外重要学术刊物上发表论文十余篇. 曾获教育部科技进步二等奖 (2004), 北京市优秀教学成果一等奖 (2005), 国家级优秀教学成果二等奖 (2005).

徐明曜 1941 年 9 月生, 1965 年毕业于北京大学数学力学系数学专业, 1980 年在北京大学数学系研究生毕业, 获硕士学位, 并留校任教. 1985 年晋升为副教授, 1988 年破格晋升为教授, 博士生导师.

徐明曜长期从事本科生及研究生代数课程的教学以及有限群论的研究工作, 讲授过多门本科生和研究生课程, 著有《有限群导引》(下册与他人合作); 科研方面自 20 世纪 60 年代起进行有限 p 群的研究工作, 80 年代中期又开创了我国"群与图"的研究领域, 至今已发表论文 80 多篇, 多数发表在国外的重要杂志上, 曾获得国家教委优秀科技成果奖 (1985), 国家教委科技进步二等奖 (1995), 周培源基金会数理基金成果奖 (1995).

序　言

　　自 1995 年以来，在姜伯驹院士的主持下，北京大学数学科学学院根据国际数学发展的要求和北京大学数学教育的实际，创造性地贯彻教育部"加强基础，淡化专业，因材施教，分流培养"的办学方针，全面发挥我院学科门类齐全和师资力量雄厚的综合优势，在培养模式的转变、教学计划的修订、教学内容与方法的革新，以及教材建设等方面进行了全方位、大力度的改革，取得了显著的成效. 2001 年，北京大学数学科学学院的这项改革成果荣获全国教学成果特等奖，在国内外产生很大反响.

　　在本科教育改革方面，我们按照加强基础、淡化专业的要求，对教学各主要环节进行了调整，使数学科学学院的全体学生在数学分析、高等代数、几何学、计算机等主干基础课程上，接受学时充分、强度足够的严格训练；在对学生分流培养阶段，我们在课程内容上坚决贯彻"少而精"的原则，大力压缩后续课程中多年逐步形成的过窄、过深和过繁的教学内容，为新的培养方向、实践性教学环节，以及为培养学生的创新能力所进行的基础科研训练争取到了必要的学时和空间. 这样既使学生打下宽广、坚实的基础，又充分照顾到每个人的不同特长、爱好和发展取向. 与上述改革相适应，积极而慎重地进行教学计划的修订，适当压缩常微、复变、偏微、实变、微分几何、抽象代数、泛函分析等后续课程的周学时. 并增加了数学模型和计算机的相关课程，使学生有更大的选课余地.

　　在研究生教育中，在注重专题课程的同时，我们制定了 30 多门研究生普选基础课程（其中数学系 18 门），重点拓宽学生的专业基础和加强学生对数学整体发展及最新进展的了解.

　　教材建设是教学成果的一个重要体现. 与修订的教学计划相配合，我们进行了有组织的教材建设. 计划自 1999 年起用 8 年的时间修订、编写和出版40余种教材.这就是将陆续呈现在大家面前的《北京大学数学教学系列丛书》.这套丛书凝聚了我们近十年在人才培养方面的思考,记录了我们教学实践的足迹,体现了我们教学改革的成果,反映了我们对新世纪人才培养的理念,代表了我们新时期的数学教学水平.

经过20世纪的空前发展,数学的基本理论更加深入和完善,而计算机技术的发展使得数学的应用更加直接和广泛,而且活跃于生产第一线,促进着技术和经济的发展,所有这些都正在改变着人们对数学的传统认识.同时也促使数学研究的方式发生巨大变化.作为整个科学技术基础的数学,正突破传统的范围而向人类一切知识领域渗透.作为一种文化,数学科学已成为推动人类文明进化、知识创新的重要因素,将更深刻地改变着客观现实的面貌和人们对世界的认识.数学素质已成为今天培养高层次创新人才的重要基础.数学的理论和应用的巨大发展必然引起数学教育的深刻变革.我们现在的改革还是初步的.教学改革无禁区,但要十分稳重和积极;人才培养无止境,既要遵循基本规律,更要不断创新.我们现在推出这套丛书,目的是向大家学习.让我们大家携起手来,为提高中国数学教育水平和建设世界一流数学强国而共同努力.

张继平

2002年5月18日

于北京大学蓝旗营

前　言

代数学是数学专业最基本和最重要的基础课程之一，它对学好数学本身以及数学在现代科学技术的很多方面的应用来说都有重要的意义．因此我们在数学学习的各个阶段都开设了代数课程．本课程是为学习过高等代数或线性代数的本科生而编写的．本书可以作为我们为研究生编写的《抽象代数 II》的预备教材．

现代代数学有很多分支，而每个分支又都有众多的抽象的概念，因此初学者大多会觉得抽象代数似乎就是若干概念的堆积，看不出有什么深刻的结果和用途．在本书中，我们一方面要讲解必要的基础知识，同时也力图使读者能够对于代数学的主要思想和方法有所体会．例如，在讲解了群的知识之后，我们用群论的方法考查了正多面体，以诠释群论本质上是研究对称的学科；在讲解了环和域之后，我们介绍了它们在几何与数论方面的应用．

本书总的安排大体上依循了我们多年教学中使用的聂灵沼和丁石孙教授编写的《代数学引论》．该引论是为一学年的代数学教学而编著的．为了能够将授课时间限制在一个学期之内 (约 45 学时)，本书不得不在内容上作较大的压缩 (也作了一些补充)．第一章 (群、环、体、域的基本概念) 中把这些代数结构具有共性的部分 (例如子结构、商结构、同态、同构、直和与直积等) 一并作了介绍；第二、三、四章分别讲授群、环、域比较专门的内容；第五章简述了模与格的最基础的一些知识．

前面提到，我们已经出版了《抽象代数 II》作为研究生教材．由于研究生的生源复杂，其本科和研究生阶段不一定在同一学校学习．因此，《抽象代数 I》和《抽象代数 II》内容上有一些重叠，其目的是使两部书都尽量做到独立自封，各成一完整的教材．

本书的习题较多，都是经过我们精心挑选的．其中包含了大量精典的例子，并且给出了比较详细的提示或解答，这有利于读者理解正文的教学内容．不过我们仍然建议大家尽量独立地给出解答，而不是直接去看习题提示.

我们要感谢我学院代数组各位同仁，他们参与了本书教学大纲的讨论，并提出了很多有价值的建议；首都师范大学的徐竟老师通过使用本教材，提出了若干好的意见，对此我们深表谢意.

作 者

2008 年 3 月于北京大学

数学科学学院

目　录

第1章　群、环、体、域的基本概念 ……………………（ 1 ）
　　§1.0　预备知识 ………………………………………（ 1 ）
　　　　习题 …………………………………………………（ 2 ）
　　§1.1　群的基本概念 …………………………………（ 2 ）
　　　　1.1.1　群的定义和简单性质 ……………………（ 3 ）
　　　　1.1.2　对称群和交错群 …………………………（ 6 ）
　　　　1.1.3　子群、陪集、Lagrange 定理 ……………（ 8 ）
　　　　1.1.4　正规子群与商群 …………………………（ 11 ）
　　　　1.1.5　同态与同构，同态基本定理，正则表示 ………（ 13 ）
　　　　1.1.6　群的同构定理 ……………………………（ 17 ）
　　　　1.1.7　群的直和与直积 …………………………（ 20 ）
　　　　习题 …………………………………………………（ 23 ）
　　§1.2　环的基本概念 …………………………………（ 27 ）
　　　　1.2.1　定义和简单性质 …………………………（ 27 ）
　　　　1.2.2　子环、理想及商环 ………………………（ 30 ）
　　　　1.2.3　环的同态与同构 …………………………（ 32 ）
　　　　1.2.4　环的直和与直积 …………………………（ 33 ）
　　　　习题 …………………………………………………（ 35 ）
　　§1.3　体、域的基本概念 ……………………………（ 37 ）
　　　　1.3.1　体、域的定义及例 ………………………（ 37 ）
　　　　1.3.2　四元数体 …………………………………（ 41 ）
　　　　1.3.3　域的特征 …………………………………（ 43 ）
　　　　习题 …………………………………………………（ 45 ）

第2章　群 ……………………………………………（ 47 ）
　　§2.1　几种特殊类型的群 ……………………………（ 47 ）

  2.1.1 循环群 .... (47)
  2.1.2 单群，$A_n(n \geq 5)$ 的单性 .... (50)
  2.1.3 可解群 .... (53)
  2.1.4 群的自同构群 .... (55)
  习题 .... (57)
 §2.2 群在集合上的作用和 Sylow 定理 .... (58)
  2.2.1 群在集合上的作用 .... (58)
  2.2.2 Sylow 定理 .... (62)
  习题 .... (64)
 §2.3 合成群列 .... (65)
  2.3.1 次正规群列与合成群列 .... (65)
  2.3.2 Schreier 定理与 Jordan-Hölder 定理 .... (66)
  习题 .... (69)
 §2.4 自由群 .... (69)
  习题 .... (71)
 §2.5 正多面体及有限旋转群 .... (72)
  2.5.1 正多面体的旋转变换群 .... (73)
  2.5.2 三维欧氏空间的有限旋转群 .... (78)
  习题 .... (83)

第 3 章   环 .... (84)
 §3.1 环的若干基本知识 .... (84)
  3.1.1 中国剩余定理 .... (84)
  3.1.2 素理想与极大理想 .... (86)
  3.1.3 分式域与分式化 .... (87)
  习题 .... (89)
 §3.2 整环内的因子分解理论 .... (90)
  3.2.1 整除性、相伴、不可约元与素元 .... (90)
  3.2.2 唯一因子分解整环 .... (92)
  3.2.3 主理想整环与欧几里得环 .... (93)
  3.2.4 唯一分解整环上的多项式环 .... (96)

习题 ………………………………………………………… (101)

第 4 章 域 ……………………………………………………… (104)

§4.1 域扩张的基本概念 ………………………………………… (104)

    4.1.1 域的代数扩张与超越扩张 ……………………… (105)

    4.1.2 代数单扩张 …………………………………… (105)

    4.1.3 有限扩张 ……………………………………… (106)

    4.1.4 代数封闭域 …………………………………… (111)

    习题 ………………………………………………… (112)

§4.2 分裂域与正规扩张 ………………………………………… (113)

    4.2.1 多项式的分裂域 ……………………………… (113)

    4.2.2 正规扩张 ……………………………………… (116)

    4.2.3 有限域 ………………………………………… (117)

    习题 ………………………………………………… (119)

§4.3 可分扩张 …………………………………………………… (120)

    4.3.1 域上的多项式的重因式 ……………………… (120)

    4.3.2 可分多项式 …………………………………… (121)

    4.3.3 可分扩张与不可分扩张 ……………………… (122)

    习题 ………………………………………………… (125)

§4.4 Galois 理论简介 …………………………………………… (126)

    习题 ………………………………………………… (129)

§4.5 环与域的进一步知识简介 ………………………………… (130)

    4.5.1 与几何的联系 ………………………………… (130)

    4.5.2 与数论的联系 ………………………………… (137)

第 5 章 模与格简介 …………………………………………… (143)

§5.1 模的基本概念 ……………………………………………… (143)

    5.1.1 模的定义及例 ………………………………… (143)

    5.1.2 子模与商模 …………………………………… (145)

    5.1.3 模的同态与同构 ……………………………… (147)

    习题 ………………………………………………… (151)

§5.2 格的基本概念 ……………………………………………… (153)

  5.2.1 格的定义及例 .... (153)
  5.2.2 模格与分配格 .... (156)
  5.2.3 Boole 代数 .... (158)
  习题 .... (160)
习题提示与解答 .... (162)
参考文献 .... (195)
符号说明 .... (196)
名词索引 .... (201)

第1章 群、环、体、域的基本概念

本章介绍代数学中最基本、最常见的一些概念和结果.

首先我们回顾一下集合论中的一些简单知识. 设 A, B 为两个集合. φ 称为由 A 到 B 的一个**映射**, 如果对于任一 $a \in A$, 都唯一存在 B 中的元素 $\varphi(a)$ 与之对应. 此时 $\varphi(a)$ 称为 a(在 φ 下) 的**像**, a 称为 $\varphi(a)$(在 φ 下) 的**原像**或**反像**. 一般地, 设 S 为 A 的任一子集, 则 $\{\varphi(a) \mid a \in S\}$ 称为 S(在 φ 下) 的**像**, 常记为 $\varphi(S)$; 设 T 为 B 的任一子集, 则 $\{a \in S \mid \varphi(a) \in T\}$ 称为 T (在 φ 下) 的**反像**, 常记为 $\varphi^{-1}(T)$. 如果 A 中任意两个不同元素在 φ 下的像都不同, 则称 φ 为**单射**. 如果 B 中任一元素在 A 中都有原像, 则称 φ 为**满射**. 既单又满的映射称为**双射**, 或**一一对应**.

§1.0 预备知识

作为特殊情形, 集合到自身的映射称为**变换**.

集合 A 与 B 的**笛卡儿积** (亦称为**直积**) 是指 A 的元素与 B 的元素构成的有序对的集合, 即 $\{(a,b) \mid a \in A, b \in B\}$, 通常记为 $A \times B$ (类似地可以定义多个乃至无穷多个集合的笛卡儿积). 集合 A 上的一个**二元运算** 即是由 $A \times A$ 到 A 的一个映射. A 上的一个**二元关系** R 定义为 $A \times A$ 的一个子集. 如果 $(a_1, a_2) \in R$, 就称 a_1 与 a_2 有关系 R, 记为 $a_1 R a_2$. 设 R 是 A 上的一个二元关系, 如果满足:

(1) 反身性, 即 aRa ($\forall a \in A$);

(2) 对称性, 即 $a_1 R a_2$ 蕴含 $a_2 R a_1$ ($\forall a_1, a_2 \in A$);

(3) 传递性, 即 $a_1 R a_2$ 且 $a_2 R a_3$ 蕴含 $a_1 R a_3$ ($\forall a_1, a_2, a_3 \in A$),

则称 R 为 A 上的一个**等价关系**. 此时 A 中互相等价的元素组成的子集称为一个**等价类**. 任意两个不同等价类的交为空集, 整个集合 A 等于所有等价类的无交并. 等价关系通常用 "$\sim$" 表示, A 中所有等价类组成的集合记为 $A/\sim$.

如果将等价关系的定义性质 (2) 替换为

(2') 反对称性, 即 $a_1 R a_2$ 且 $a_2 R a_1$ 蕴含 $a_1 = a_2$,

则称 R 为 A 上的一个**偏序关系**, 或**序关系**. 具有偏序关系的集合称为**偏序集**. 如果一个偏序集中的任意两个元素之间都有偏序关系, 则称此偏序集为一个**全序集**. 偏序关系通常用 "$\leqslant$" 表示.

习 题

1. 设 X 和 Y 是两个集合, $f: X \to Y$ 和 $g: Y \to X$ 是两个映射. 如果 $g \circ f = \mathrm{id}_X$, 则称 g 为 f 的一个**左逆**; 如果 $f \circ g = \mathrm{id}_Y$, 则称 g 为 f 的一个**右逆**. 如果 g 既是 f 的左逆又是 f 的右逆, 则称 g 为 f 的一个**逆**. 证明

(1) f 有左逆当且仅当 f 是单射;

(2) f 有右逆当且仅当 f 是满射;

(3) f 有逆当且仅当 f 是双射;

(4) 如果 f 有左逆 g, 同时又有右逆 h, 则 $g = h$;

(5) 如果 f 有逆, 则 f 的逆唯一, f 的逆记为 f^{-1};

(6) 如果 f 有逆, 则 $(f^{-1})^{-1} = f$.

2. 举例说明等价关系的定义中的三个条件是相互独立的 (即任意两条不蕴含剩下的一条).

§1.1 群的基本概念

在这一节中我们将介绍群的一些基本概念. 这些概念的大多数 (例如子结构、商结构、同态、同构、直和等) 在其他的代数结构 (如环、模) 中都有类似的构造.

1.1.1 群的定义和简单性质

定义 1.1 如果一个非空集合 G 上定义了一个二元运算 $\circ$, 满足:

(1) **结合律**: $(a \circ b) \circ c = a \circ (b \circ c) \quad (\forall\, a, b, c \in G)$;

(2) 存在**幺元**: 存在 $e \in G$, 使得
$$e \circ a = a \circ e = a \quad (\forall\, a \in G)$$
(e 称为 G 的幺元);

(3) 存在**逆元**: 对任意的 $a \in G$, 存在 $b \in G$, 使得
$$a \circ b = b \circ a = e$$
(b 称为 a 的逆元),

则称 G 关于运算 $\circ$ 构成一个**群**, 记为 $(G, \circ)$, 或简记为 G.

群 G 中若还成立以下的

(4) **交换律**: $a \circ b = b \circ a \quad (\forall\, a, b \in G)$,

则称 G 为**交换群**或 **Abel 群**.

在不致引起混淆的情况下, 运算符号 "$\circ$" 经常略去不写.

由结合律 (1) 可以推出下面的广义结合律:

(1′) **广义结合律**: 对于任意有限多个元素 $a_1, a_2, \cdots, a_n \in G$, 乘积 $a_1 a_2 \cdots a_n$ 的任何一种 "有意义的加括号方式" (即给定的乘积的顺序) 都得出相同的值, 因而上述乘积是有意义的.

顺便介绍一下半群和幺半群的概念. 如果一个非空集合 S 上有二元运算, 此运算满足结合律, 则称此集合关于这个二元运算构成一个**半群**. 具有幺元的半群称为**幺半群**.

下面我们介绍群中的一些最基本概念和事实.

命题 1.2 (1) 群的幺元唯一;

(2) 群中任一元素的逆元唯一;

(3) 群中有消去律, 即 $ax = ay$ 蕴含 $x = y$ (左消去律), $xa = ya$ 蕴含 $x = y$ (右消去律).

证明 (1) 设 e 和 e' 都是群 G 的幺元, 则有 $e = ee' = e'$.

(2) 设 b 和 b' 都是群 a 的逆元, 则有
$$b = be = b(ab') = (ba)b' = eb' = b'.$$

(3) 设 $ax = ay$. 两端左乘 a 的逆元 b, 得 $bax = bay$. 而 $ba = e$, 故有 $x = y$. 同样可证右消去律. □

以后我们将 a 的唯一的逆元记为 a^{-1}. 由广义结合律 (1'), 任意有限多个元素的乘积 $a_1 a_2 \cdots a_n$ 是有意义的. 特别地, 我们可以规定群 G 中元素 a 的整数次方幂如下: 设 n 为正整数, 则像通常一样, 令
$$a^n = \underbrace{aa \cdots a}_{n\text{个}}, \quad a^0 = e, \quad a^{-n} = (a^{-1})^n.$$

在这种记号下, 对于所有整数 m, n, 显然有
$$a^m a^n = a^{m+n}.$$

如果 G 是交换群, 则易见 $(ab)^n = a^n b^n$.

群所含的元素个数称为群的**阶**. 群 G 的阶记为 $|G|$. 如果 $|G| < \infty$, 则称 G 为**有限群**, 否则称为**无限群**.

现在我们列举一些常见的群的例子.

例 1.3 整数集合 $\mathbb{Z}$、有理数集合 $\mathbb{Q}$、实数集合 $\mathbb{R}$、复数集合 $\mathbb{C}$ 关于加法都构成群. 非零有理数集合 $\mathbb{Q}^*$、非零实数集合 $\mathbb{R}^*$、非零复数集合 $\mathbb{C}^*$、正实数集合 $\mathbb{R}^+$ 关于乘法都构成群.

例 1.4 设 n 是一个正整数, 则 n 次单位根的全体关于乘法构成群, 称为 n **次单位根群**, 记为 μ_n, 它包含 n 个元素.

例 1.5 设 n 是一个正整数. 整数集合 $\mathbb{Z}$ 模 n 的剩余类关于加法构成群, 它包含 n 个元素. 与 n 互素的剩余类关于乘法构成群, 它包含 $\varphi(n)$ 个元素, φ 为 Euler φ 函数.

例 1.6 数域 K 上的 $m \times n$ 阶矩阵的全体 $\mathrm{M}_{m \times n}(K)$ 关于加法构成群. K 上的 n 阶可逆矩阵的全体关于乘法构成群, 称为 K 上的**一般线性群**, 记为 $\mathrm{GL}_n(K)$. $\mathrm{GL}_n(K)$ 中行列式等于 1 的矩阵的全体关于乘法也构成群, 称为 K 上的**特殊线性群**, 记为 $\mathrm{SL}_n(K)$. n 阶实正交矩阵的全体关于乘法构成群, 称为**正交群**, 记为 $\mathrm{O}_n(\mathbb{R})$. n 阶酉矩阵的全体关于乘法构成群, 称为**酉群**, 记为 $\mathrm{U}_n(\mathbb{C})$.

例 1.7 设 T 是 n 维欧氏空间的一个子集 (即图形), 则将 T 映成自身的正交变换的全体关于变换的乘法, 即变换复合构成一个群, 叫做**图形 T 的对称群**, 记为 $\mathrm{Sym}(T)$.

例 1.8 特别地, 考虑实平面上保持正 n 边形 ($n \geqslant 3$) 的全体正交变换的集合 D_{2n}. 它包含 n 个旋转和 n 个反射 (沿 n 条不同的对称轴). 从几何上很容易看出, D_{2n} 对于变换的乘法, 即变换复合构成一个群, 叫做**二面体群**, 它包含 $2n$ 个元素.

若以 a 表示绕这个正 n 边形的中心沿逆时针方向旋转 $\dfrac{2\pi}{n}$ 的变换, 则 D_{2n} 中所有旋转都可表为 a^i 的形式, $i = 0, 1, \cdots, n-1$. 再以 b 表示沿某一预先指定的对称轴 l 所作的反射变换, 则有关系式

$$a^n = e, \quad b^2 = e, \quad bab^{-1} = a^{-1}.$$

最后一式表示对正 n 边形先作反射 b, 接着沿逆时针方向旋转 $\dfrac{2\pi}{n}$, 然后再作反射 b, 其总的效果就相当于将正 n 边形沿顺时针方向旋转 $\dfrac{2\pi}{n}$. 这三个关系式叫做 D_{2n} 的定义关系. 关于定义关系的精确含义需要学过自由群才能理解, 可见 §2.4. 但在现在, 这些关系能够帮助我们理解群中元素的结构. 比如有了第三个关系, 群的每个元素都可以表成 $b^j a^i$ 的形状, 即

$$D_{2n} = \{b^j a^i \mid j = 0, 1;\ i = 0, 1, \cdots, n-1\}.$$

由这些关系还可以推出，D_{2n} 中乘法应依照规律：

$$b^j a^i \cdot b^s a^t = b^{j+s} a^{(-1)^s i + t}.$$

例 1.9 设 M 是一个非空集合. M 到自身的双射的全体对于映射的乘法 (即复合) 构成一个群, 叫做 M 的**全变换群**, 记为 $S(M)$.

上述的例 1.3, 1.4, 1.5 是交换群, 其余的一般都不是交换群.

1.1.2 对称群和交错群

设 M 是含有 n 个元素的集合. M 的全变换群 $S(M)$ 称为 n **级对称群**, 记为 S_n. 不失一般性, 我们可以假定 $M = \{1, 2, \cdots, n\}$. S_n 的元素称为 n **元置换**. 任一置换 σ 可以用列表的方法表示, 即: 如果 $\sigma(j) = \sigma_j$ $(j = 1, 2, \cdots, n)$, 则记

$$\sigma = \begin{pmatrix} 1 & 2 & \cdots & n \\ \sigma_1 & \sigma_2 & \cdots & \sigma_n \end{pmatrix}.$$

由于 σ 是双射, 所以 $\sigma_1, \sigma_2, \cdots, \sigma_n$ 是 $1, 2, \cdots, n$ 的一个排列. 显然 $1, 2, \cdots, n$ 的任一排列 $\tau_1, \tau_2, \cdots, \tau_n$ 都给出一个置换, 且不同的排列给出不同的置换. 所以 $|S_n| = n!$.

有更方便的办法来表示置换. 首先我们考虑一类特殊的置换: 设 $\sigma \in S_n$, $i_1, i_2, \cdots, i_t \in \{1, 2, \cdots, n\}$, 如果 $\sigma(i_1) = i_2$, $\sigma(i_2) = i_3$, $\cdots$, $\sigma(i_{t-1}) = i_t$, $\sigma(i_t) = i_1$, 且 $i_1, i_2, \cdots, i_t$ 之外的元素在 σ 下都保持不变, 则称 σ 为 $i_1, i_2, \cdots, i_t$ 的**轮换**, 记为 $(i_1\ i_2\ \cdots\ i_t)$. 这里的 t 称为轮换 σ 的**长度**. 长度为 2 的轮换称为**对换**. 长度为 1 的轮换 (即恒同变换) 通常记为 (1). 两个轮换 $(i_1\ i_2\ \cdots\ i_t)$ 和 $(j_1\ j_2\ \cdots\ j_s)$ 称为不相交的, 如果 $i_k \neq j_l$ $(\forall\ 1 \leqslant k \leqslant t,\ 1 \leqslant l \leqslant s)$. 显然不相交的轮换的乘积满足交换律, 即如果 $\sigma = (i_1\ i_2\ \cdots\ i_t)$ 和 $\tau = (j_1\ j_2\ \cdots\ j_s)$ 为不相交的轮换, 则 $\tau\sigma = \sigma\tau$.

命题 1.10 对称群 S_n 中任一不等于幺元的元素都可以 (在不计顺序的意义下) 唯一地分解为不相交的轮换的乘积.

证明 设 $\sigma \in S_n$, $\sigma \neq (1)$. 取 $i_1 \in \{1, 2, \cdots, n\}$ 使得 $\sigma(i_1) \neq i_1$. 考虑 $i_1, \sigma(i_1), \sigma^2(i_1), \cdots \in \{1, 2, \cdots, n\}$. 由于 n 有限, 故必存在 $t_1 < t_2$ 使得 $\sigma^{t_1}(i_1) = \sigma^{t_2}(i_1)$, 即有 $\sigma^{t_2-t_1}(i_1) = i_1$. 令 t 为满足 $\sigma^t(i_1) = i_1$ 的最小的正整数. 由 i_1 的选取知 $t > 1$. 于是 σ 在 $\{i_1, \sigma(i_1), \cdots, \sigma^{t-1}(i_1)\}$ 上的限制构成一个轮换. 如果 $\{1, 2, \cdots, n\} \setminus \{i_1, \sigma(i_1), \cdots, \sigma^{t-1}(i_1)\}$ 中的元素在 σ 下都不动, 则 $\sigma = (i_1 \ \sigma(i_1) \ \cdots \ \sigma^{t-1}(i_1))$, 即 σ 是 (单个) 轮换的乘积. 否则在 $\{i_1, \sigma(i_1), \cdots, \sigma^{t-1}(i_1)\}$ 之外取一个在 σ 下变动的元素 j_1 (注意: $\sigma^k(j_1)$ 不会等于 $\sigma^l(i_1)$ ($\forall k, l \in \mathbb{Z}$), 否则导致 $j_1 = \sigma^{l-k}(i_1)$, 与 j_1 的选取矛盾), (有限次) 重复上面的讨论, 即得到分解的存在性. 唯一性显然. □

推论 1.11 任一置换可以分解为对换的乘积.

证明 只要证明任一轮换可以分解为对换的乘积. 事实上, 不难验证 $(i_1 \ i_2 \ \cdots \ i_t) = (i_1 \ i_t)(i_1 \ i_{t-1}) \cdots (i_1 \ i_3)(i_1 \ i_2)$. □

命题 1.12 任一给定的置换分解为对换的乘积时出现的对换个数的奇偶性不变.

证明 设 $\sigma = \sigma_m \cdots \sigma_2 \sigma_1$, 其中每个 σ_i 都是对换. 由高等代数中的行列式理论我们知道: 每一个对换都使得 $\{1, 2, \cdots, n\}$ 的任一排列的逆序数改变一个奇数. 如果用 $N(i_1, i_2, \cdots, i_n)$ 表示 $(i_1, i_2, \cdots, i_n)$ 的逆序数, 则

$$N(\sigma_1(1), \sigma_1(2), \cdots, \sigma_1(n)) \equiv 1 \pmod{2},$$
$$N(\sigma_2(\sigma_1(1)), \sigma_2(\sigma_1(2)), \cdots, \sigma_2(\sigma_1(n))) \equiv 1+1 = 2 \pmod{2},$$
$$\cdots\cdots$$

以此类推, 有 $N(\sigma(1), \sigma(2), \cdots, \sigma(n)) \equiv m \pmod{2}$. 这说明 m 的奇偶性被 σ 所确定, 而与 σ 的对换分解式无关. □

如果一个置换等于偶数个对换的乘积, 则称之为**偶置换**, 否则称为**奇置换**. 对称群 S_n 中所有偶置换在映射的乘法下也构成一个群, 叫做 n 级**交错群**, 记为 A_n.

1.1.3 子群、陪集、Lagrange 定理

定义 1.13 设 H 为群 G 的非空子集. 如果 H 在 G 的运算下构成群, 则称 H 为 G 的**子群**, 记做 $H \leqslant G$.

例如, 上小节中的 A_n 是 S_n 的子群.

1.1.1 最后的例 1.9 所说的集合上的全变换群的子群 (称为该集合上的**变换群**) 涵盖了所有的群. 事实上, 任一群在本质上都可以看做这个群 (作为集合) 上的一个变换群, 这就是著名的 Cayley 定理. 我们将在 1.1.5 给出这个定理的严格叙述和证明 (见定理 1.28).

为了判断 G 的子集 H 是否是 G 的子群, 并不必验证 H 是否满足群的全部定义性质. 事实上, 我们有

命题 1.14 设 G 是群, $H \subseteq G, H \neq \varnothing$, 则下列命题等价:
(1) $H \leqslant G$;
(2) 对任意的 $a, b \in H$, 恒有 $ab \in H$ 和 $a^{-1} \in H$;
(3) 对任意的 $a, b \in H$, 恒有 $ab^{-1} \in H$ (或 $a^{-1}b \in H$).

证明 (1)$\Longrightarrow$(2) 和 (2)$\Longrightarrow$(3) 都显然. 现在证明 (3)$\Longrightarrow$(1). 由于 $H \neq \varnothing$, 故存在 $a \in H$. 在条件 (3) 中取 $b = a$, 得到 $e = ab^{-1} \in H$, 即 H 中有幺元. 对于任一 $h \in H$, 在条件 (3) 中取 $a = e, b = h$, 得到 $h^{-1} = eh^{-1} \in H$, 即 H 中含有其中任一元素的逆元. 又, H 对 G 中乘法封闭: 这因为对任意的 $a, b \in H$, 有 $b^{-1} \in H$, 进而有 $ab = a(b^{-1})^{-1} \in H$. 最后, 由于 H 中的运算就是 G 中的运算, 所以满足结合律. 这就证明了 (1). □

设 G 是群, H, K 是 G 的子集, 规定 H, K 的**积**为
$$HK = \{hk \mid h \in H, k \in K\}.$$
如果 $K = \{a\}$, 仅由一个元素 a 组成, 则简记为 $H\{a\} = Ha$. 类似地有 aH 等. 我们还规定
$$H^{-1} = \{h^{-1} \mid h \in H\};$$
对于正整数 n, 规定
$$H^n = \{h_1 h_2 \cdots h_n \mid h_i \in H\}.$$

在这样的记号下，命题 1.14 可以改述为

命题 1.14′ 设 G 是群，$H \subseteq G, H \neq \emptyset$，则下列命题等价：

(1) $H \leqslant G$;

(2) $H^2 \subseteq H$ 且 $H^{-1} \subseteq H$;

(3) $HH^{-1} \subseteq H$ (或 $H^{-1}H \subseteq H$).

事实上，易验证：如果 H 是 G 的子群，则必有 $H^2 = H$, $H^{-1} = H$. 显然，任何群 G 都有两个子群 G 本身和 $\{e\}$. 子群 $\{e\}$ 叫做 G 的**平凡子群**. 如果子群 $H \neq G$，则称 H 为 G 的**真子群**，记做 $H < G$.

容易看出，若干个子群的**交**仍为子群，但一般来说若干个子群的并不是子群. 我们有下述概念：

定义 1.15 设 G 是群，$M \subseteq G$ (允许 $M = \emptyset$)，则称 G 的所有包含 M 的子群的交为**由 M 生成的子群**，记做 $\langle M \rangle$.

容易看出，$\langle M \rangle = \{e, a_1 a_2 \cdots a_n \mid a_i \in M \cup M^{-1}, n = 1, 2, \cdots\}$.

如果 $\langle M \rangle = G$，我们称 M 为 G 的一个**生成系**，或称 G 由 M 生成. 仅由一个元素 a 生成的群 $G = \langle a \rangle$ 叫做**循环群**. 可由有限多个元素生成的群叫做**有限生成群**. 有限群当然都是有限生成群.

对于群 G 中任意元素 a，我们称 $\langle a \rangle$ 的阶为**元素 a 的阶**，记做 $o(a)$，即 $o(a) = |\langle a \rangle|$. 由此定义知，$o(a)$ 是满足 $a^n = e$ 的最小的正整数 n. 如果这样的正整数 n 不存在，则称 a 的阶为无穷，记为 $o(a) = \infty$. 又，群中所有元素的阶的最小公倍数叫做群的**方次数**，记做 $\exp(G)$. 如果最小公倍数不存在，则称其方次数为 ∞.

下面我们引入"陪集"的概念.

设 $H \leqslant G$，用 H 可以给出 G 上的一个等价关系 $\overset{l}{\sim}$ 如下：对于任意的 $a, b \in G$,

$$a \overset{l}{\sim} b \text{ 定义为：存在 } h \in H, \text{ 使得 } a = bh.$$

我们来验证 $\overset{l}{\sim}$ 确实是一个等价关系. (1) 反身性. 对于任一 $a \in G$, 存在 $e \in H$ 使得 $a = ae$, 故 $a \overset{l}{\sim} a$. (2) 对称性. 设 $a \overset{l}{\sim} b$, 则存在

$h \in H$ 使得 $a = bh$. 两端右乘 h^{-1}, 得 $ah^{-1} = b$. 而 $h^{-1} \in H$, 故 $b \overset{l}{\sim} a$. (3) 传递性. 设 $a \overset{l}{\sim} b, b \overset{l}{\sim} c$, 则存在 $h, k \in H$ 使得 $a = bh$, $b = ck$. 于是 $a = (ck)h = c(kh)$. 由于 H 是子群, 故 $kh \in H$, 所以 $a \overset{l}{\sim} c$. 这就证明了 $\overset{l}{\sim}$ 是等价关系.

不难看出, 在这个等价关系下 G 的元素 a 所在的等价类就是 aH. 事实上, $b \overset{l}{\sim} a \iff$ 存在 $h \in H$ 使得 $b = ah \iff b \in aH$.

类似地我们可以定义 G 上的等价关系 $\overset{r}{\sim}$:

$$a \overset{r}{\sim} b \text{ 定义为: 存在 } h \in H, \text{ 使得 } a = hb.$$

在 $\overset{r}{\sim}$ 下 a 所在的等价类就是 Ha. 这些等价类有专门的名称:

定义 1.16 设 $H \leqslant G, a \in G$, 称形如 aH (相应地, Ha) 的子集为 H 的一个**左**(相应地, **右**)**陪集**.

由于左陪集是等价类, 所以整个群 G 就分解为左陪集的无交并. 确切地, 有

$$G = \bigsqcup_{aH} aH.$$

H 的左陪集的个数 (不一定有限) 称为 H 在 G 中的**指数**, 记为 $|G:H|$.

不难看出 H 与它的任一左陪集之间存在双射. 确切地说, 映射

$$\varphi: H \to aH,$$
$$h \mapsto ah$$

是双射. 事实上, 由于 aH 的定义即知 φ 是满射. 又若 $ah_1 = ah_2$, 两端左乘 a^{-1}, 立得 $h_1 = h_2$. 故 φ 也是单射. 这就证明了 φ 是双射.

同样的结论对于右陪集也成立, 并且 H 在 G 中的左、右陪集个数相等, 都是 $|G:H|$.

现在我们考虑 G 是有限群的情形. 由上面的讨论容易证明下面的重要定理:

定理 1.17 (Lagrange 定理) 设 G 是有限群, $H \leqslant G$, 则

$$|G| = |G:H||H|.$$

证明 由于 H 与它的任一左陪集 aH 之间有双射, 所以 $|H| = |aH|$. 于是有

$$|G| = \sum_{aH} |aH| = |G:H||H|. \qquad \square$$

在此定理中取 $H = \langle a \rangle$, 其中 a 为 G 的任一元素, 立即得到

推论 1.18 有限群 G 的任一元素 a 的阶 $o(a)$ 整除 G 的阶; 于是 $a^{|G|} = e$.

1.1.4 正规子群与商群

在线性空间理论中我们常常要考虑关于一个子空间的商空间, 从而使得问题变得容易解决. 在群论中类似的考虑也非常重要. 我们简单回顾一下商空间的概念. 设 V 是域 K 上的线性空间, W 是 V 的一个子空间, 则商空间 V/W 中的元素是形如 $\bar{\alpha} = \alpha + W$ ($\alpha \in V$) 的 (V 的) 子集. 用上一小节的术语来说, $\bar{\alpha}$ 就是加法群 V 的子群 W 的 (α 所在的) 陪集 (注意, 由于 V 是 Abel 群, 故不必区分 α 所在的陪集是左陪集还是右陪集, 二者是一样的). V/W 中的运算由代表元素的运算所定义, 即对于 $\bar{\alpha}, \bar{\beta} \in V/W$, $\bar{\alpha} + \bar{\beta}$ 定义为 $\overline{\alpha + \beta}$ (又对于 $k \in K$, 定义数乘 $k\bar{\alpha}$ 为 $\overline{k\alpha}$). 这个定义与群中子集的运算定义相吻合, 即 $\alpha + W$ 与 $\beta + W$ 作为加法群 V 的子集的和就等于 $(\alpha + \beta) + W$. 特别地, $\bar{0} = W$ 是商空间 V/W 中的零元素, 即 $W + (\alpha + W) = \alpha + W$. 现在对于一般的群 G 和它的任一子群 H, 能否在左 (或右) 陪集的集合 S 上类似地定义运算, 使得 S 成为一个群呢? 答案是不确定的. 例如 $S_2 = \{(1), (1\ 2)\}$ 是 $S_3 = \{(1), (1\ 2), (1\ 3), (2\ 3), (1\ 3\ 2), (1\ 2\ 3)\}$ 的子群 (S_3 相当于上述的 V, S_2 相当于 W), $(1\ 3)S_2 = \{(1\ 3), (1\ 2\ 3)\}$ 是 $(1\ 3)$ 所在的左陪

集 (相当于 $\alpha + W$). 平行于线性空间中的 $W + (\alpha + W) = \alpha + W$, 似乎应当有 $S_2 \cdot ((1\ 3)S_2) = (1\ 3)S_2$. 但

$$S_2 \cdot ((1\ 3)S_2) = \{(1), (1\ 2)\}\{(1\ 3), (1\ 2\ 3)\}$$
$$= \{(1\ 3), (1\ 2\ 3), (1\ 3\ 2), (2\ 3)\},$$

甚至不是左陪集,更不会有 $S_2 \cdot ((1\ 3)S_2) = (1\ 3)S_2$. 其原因是 $S_2(1\ 3) \neq (1\ 3)S_2$, 即 $(1\ 3)$ 所在的左、右陪集不相等. 一般而言,我们有下面的命题:

命题 1.19 设 G 是群,$H \leqslant G$, 则 H 的任意两个左陪集的乘积仍是左陪集的充分必要条件是: $aH = Ha\ (\forall\ a \in G)$.

证明 必要性 对于任一 $a \in G$, 由于 $a^2 \in (aH)^2$, 且 $(aH)^2$ 是左陪集,故 $(aH)^2 = a^2 H$. 两端左乘 a^{-1}, 得到 $HaH = aH$. 因为 $e \in H$, 所以 $Ha = Hae \subseteq aH$. 为证 $aH \subseteq Ha$, 在式 $Ha \subseteq aH$ 两边左乘并右乘 a^{-1} 得 $a^{-1}H \subseteq Ha^{-1}$, 由 a 的任意性, 在上式中以 a^{-1} 代 a, 即得 $aH \subseteq Ha$.

充分性 $(aH)(bH) = a(Hb)H = a(bH)H = ab(HH) = abH$. □

根据上面的讨论,我们给出下面的重要概念:

定义 1.20 设 G 是群,$H \leqslant G$. 如果 $aH = Ha\ (\forall\ a \in G)$, 则称 H 为 G 的**正规子群**,记为 $H \trianglelefteq G$.

任何群 G 本身和平凡子群 $\{e\}$ 都是正规子群. 如果除此之外群 G 没有其他的正规子群,则被称为**单群**.

正规子群有若干等价的表述,例如,我们有

命题 1.21 设 G 是群,$H \leqslant G$, 则以下三条等价:

(1) $H \trianglelefteq G$;
(2) $a^{-1}Ha = H\ (\forall\ a \in G)$;
(3) $a^{-1}ha \in H\ (\forall\ h \in H, a \in G)$.

证明 $(1) \Longrightarrow (2)$. 由条件 (1), 有 $Ha = aH\ (\forall\ a \in G)$. 两端同时左乘 a^{-1}, 即得 (2).

$(2) \Longrightarrow (3)$. 显然.

$(3) \Longrightarrow (1)$. 由条件 (3) 知 $ha \in aH\ (\forall\ h \in H, a \in G)$, 于是

$Ha \subseteq aH \,(\forall\, a \in G)$. 另一方面, 在条件 (3) 中以 a^{-1} 代替 a, 得到 $aha^{-1} \in H$. 于是 $ah \in Ha \,(\forall\, h \in H, a \in G)$, 故 $aH \subseteq Ha \,(\forall\, a \in G)$. 这就证明了 $aH = Ha \,(\forall\, a \in G)$, 即有 (1). □

命题 1.22 设 G 是群, $H \trianglelefteq G$, 则 H 的陪集在乘法下构成群, 称为 G 关于 H 的**商群**, 记为 G/H.

证明 首先, $H \in G/H$, 故 G/H 非空. 其次, 由命题 1.19 知 G/H 对于乘法封闭, 即陪集乘法确实是 G/H 上的二元运算. 确切地说, 有 $(aH)(bH) = a(Hb)H = a(bH)H = (ab)HH = abH$. 此乘法显然满足结合律. 又 $H(aH) = (aH)H = aH\,(\forall\, aH \in G/H)$, 所以 H 是 G/H 的幺元. 最后易见 $a^{-1}H$ 是 aH 的逆元. 这就证明了 G/H 在陪集乘法下构成群. □

作为特殊情形, 所有 Abel 群的子群都是正规子群, 所以对于 Abel 群的任一子群都可以构造相应的商群. 例如, 整数加法群是 Abel 群, 对于任一正整数 n, $n\mathbb{Z} \trianglelefteq \mathbb{Z}$, 此时相应的商群为

$$\mathbb{Z}/n\mathbb{Z} = \{\overline{0}, \overline{1}, \cdots, \overline{n-1}\},$$

其中 $\overline{i} = i + n\mathbb{Z}$. 这个群是 n 阶循环群, 生成元是 $\overline{1}$ (参见例 1.5).

1.1.5 同态与同构, 同态基本定理, 正则表示

线性映射 (包括线性变换) 在线性代数中起着十分重要的作用. 对于一般的代数系统, 类似的考虑也同样非常重要. 这种考虑使得我们可以在不同的对象之间建立联系, 可以把问题简化, 归结为一些基本的情形. 这就是我们要引入的同态的概念.

定义 1.23 设 G 和 G_1 是群. 映射 $\varphi : G \to G_1$ 称为由 G 到 G_1 的一个**群同态**, 如果 φ 保持群运算, 即对于所有的 $a, b \in G$, 都有 $\varphi(ab) = \varphi(a)\varphi(b)$. 如果 φ 又是单 (满) 射, 则称 φ 为**单 (满) 同态**. 既单又满的同态称为**同构**. 如果存在由 G 到 G_1 的一个同构, 则称 G 同构于 G_1, 也说 G 和 G_1 是**同构的**, 记为 $G \cong G_1$.

群 G 到自身的同态及同构具有重要的意义, 我们称之为群 G 的**自同态**和**自同构**. 我们以 $\mathrm{End}(G)$ 表示 G 的全体自同态组成

的集合,而以 $\mathrm{Aut}(G)$ 表示 G 的全体自同构组成的集合. 对于映射的乘法,$\mathrm{End}(G)$ 组成一个有幺元的半群,而 $\mathrm{Aut}(G)$ 组成一个群,叫做 G 的**自同构群**.

同构满足等价关系的三个条件 (读者自己证明). 从抽象的角度来看,两个同构的群没有区别.

容易看出,群同态 $\varphi: G \to G_1$ 把 G 的幺元映为 G_1 的幺元,把 G 的任一元素 a 的逆元映为 a 的像的逆元. 事实上,设 e 和 e_1 分别是 G 和 G_1 的幺元,则有 $\varphi(e)^2 = \varphi(e^2) = \varphi(e) = \varphi(e)e_1$,所以 $\varphi(e) = e_1$. 又有 $e_1 = \varphi(e) = \varphi(aa^{-1}) = \varphi(a)\varphi(a^{-1})$,所以 $\varphi(a^{-1}) = (\varphi(a))^{-1}$.

像通常的映射一样,$\varphi(G)$ 称为 φ 的**像**,记为 $\mathrm{im}\,\varphi$. 又将 e_1 的原像称为 φ 的**核**,记为 $\ker \varphi$,即

$$\ker \varphi = \{a \in G \mid \varphi(a) = e_1\}.$$

对于群同态,为检验其是否是单射,没有必要去验证像集合中的任一元素的原像都只有一个元素. 事实上,我们有

命题 1.24 设 $\varphi: G \to G_1$ 是群同态,则 φ 单 $\iff \ker \varphi = \{e\}$.

证明 设 e 和 e_1 分别是 G 和 G_1 的幺元,则

$$\begin{aligned}
\varphi \text{ 不单} &\iff \text{存在 } a, b \in G, a \neq b, \text{ 使得 } \varphi(a) = \varphi(b) \\
&\iff \varphi(ab^{-1}) = \varphi(a)\varphi(b)^{-1} = e_1 \\
&\iff \ker \varphi \supseteq \{ab^{-1}, e\} \\
&\iff \ker \varphi \neq \{e\}.
\end{aligned}$$

$\square$

关于同态的像与核有下面的简单事实:

命题 1.25 设 $\varphi: G \to G_1$ 是群同态,则 $\mathrm{im}\,\varphi \leqslant G_1$,$\ker \varphi \trianglelefteq G$.

证明 设 e 和 e_1 分别是 G 和 G_1 的幺元,则 $e_1 = \varphi(e) \in \mathrm{im}\,\varphi$,故 $\mathrm{im}\,\varphi \neq \varnothing$. 对于任意的 $a_1, b_1 \in \mathrm{im}\,\varphi$,存在 $a, b \in G$ 使得 $\varphi(a) = a_1$,$\varphi(b) = b_1$,于是

$$a_1 b_1^{-1} = \varphi(a)(\varphi(b))^{-1} = \varphi(a)\varphi(b^{-1}) = \varphi(ab^{-1}) \in \mathrm{im}\,\varphi,$$

故 $\operatorname{im}\varphi \leqslant G_1$.

由于 $e \in \ker\varphi$, 故 $\ker\varphi \neq \varnothing$. 对于任意的 $a, b \in \ker\varphi$, 有 $\varphi(ab^{-1}) = \varphi(a)(\varphi(b))^{-1} = e_1 \cdot e_1 = e_1$, 故 $ab^{-1} \in \ker\varphi$, 所以 $\ker\varphi \leqslant G$. 又对于任意的 $a \in \ker\varphi, g \in G$, 有

$$\varphi(gag^{-1}) = \varphi(g)\varphi(a)\varphi(g)^{-1} = \varphi(g)e_1\varphi(g)^{-1} = e_1,$$

于是 $g^{-1}ag \in \ker\varphi$. 这就证明了 $\ker\varphi \trianglelefteq G$. □

下面的定理在群论中有基本的重要性.

定理 1.26 (同态基本定理) 设 $\varphi: G \to G_1$ 是群同态, 则

$$G/\ker\varphi \cong \operatorname{im}\varphi.$$

证明 为简单起见, 记 $\ker\varphi = H$. 定义映射

$$\begin{aligned} \psi: G/H &\to \operatorname{im}\varphi, \\ aH &\mapsto \varphi(a). \end{aligned}$$

我们来验证 ψ 是良定义的, 即 $\psi(aH)$ 与陪集代表 a 的选取无关. 事实上, 如果 $aH = bH$, 即 $b \in aH$, 则存在 $h \in H$ 使得 $b = ah$. 故

$$\psi(bH) = \varphi(b) = \varphi(ah) = \varphi(a)\varphi(h) = \varphi(a) = \psi(aH),$$

即 ψ 良定义.

下面证明 ψ 是群同构. 首先, 对于任意的 $aH, bH \in G/H$, 有

$$\psi((aH)(bH)) = \psi(abH) = \varphi(ab) = \varphi(a)\varphi(b) = \psi(aH)\psi(bH),$$

所以 ψ 是群同态. 又设有 $\psi(aH) = e_1$ (G_1 的幺元), 即 $\varphi(a) = e_1$, 故 $a \in H$, 即 $aH = H$ (G/H 的幺元), 所以 $\ker\varphi = \{H\}$, 即 ψ 是单射. 最后, 设 $g \in \operatorname{im}\varphi$, 则存在 $a \in G$ 使得 $\varphi(a) = g$. 于是 $\psi(aH) = \varphi(a) = g$. 这说明 ψ 是满射. 这就证明了 ψ 是同构. □

推论 1.27 设 $\varphi: G \to G_1$ 是群的满同态, 则 $G/\ker\varphi \cong G_1$.

现在我们给出 Cayley 定理. 先介绍一个术语. 设 G 是群. 对于任一 $a \in G$, 定义 G 上的变换

$$L(a): G \to G,$$
$$g \mapsto ag.$$

$L(a)$ 称为由 a 引起的 $(G$ 的$)$**左平移**. 对于任一 $g \in G$, 有

$$L(a)L(a^{-1})(g) = L(a)(a^{-1}g) = a(a^{-1}g) = g,$$

所以 $L(a)L(a^{-1}) = \mathrm{id}_G$. 同样 $L(a^{-1})L(a) = \mathrm{id}_G$. 故 $L(a)$ 是 G 上的双射, 即 $L(a) \in S(G)$.

定理 1.28 (Cayley 定理) 任一群都同构于某一集合上的变换群.

证明 以 $L(G)$ 记 G 的左平移的全体所构成的 G 的全变换群 $S(G)$ 的子集. 定义映射

$$L: G \to S(G),$$
$$a \mapsto L(a).$$

对于任意的 $a, b \in G$, 有

$$L(ab)(g) = (ab)g = a(bg) = L(a)L(b)(g)$$
$$= (L(a)L(b))(g), \quad \forall\, g \in G,$$

所以 $L(ab) = L(a)L(b)$, 即 L 是群同态. 显然 $\mathrm{im}\, L = L(G)$, 又显然 $\ker L = \{e\}$, 由同态基本定理即知 $G \cong L(G)$. 而 $L(G)$ 是集合 G 上的变换群, 故定理为真. $\square$

定义 1.29 上述的 $L(G)$ 称做群 G 的**左正则表示**.

类似地可以定义由群 G 的元素 a 引起的**右平移** $R(a)$, 即 $R(a)(g) = ga^{-1}$ ($\forall\, g \in G$). 以 $R(G)$ 记 G 的所有右平移组成的 $S(G)$ 的子集, 则同样可以证明 $G \cong R(G)$ (读者自行验证). $R(G)$ 称为 G 的**右正则表示**.

作为特殊情形, 如果 G 是有限群, $|G| = n$, 则 Cayley 定理告诉我们: G 同构于对称群 S_n 的一个子群.

1.1.6 群的同构定理

设 G 是群, $H \triangleleft G$. 由商群中运算的定义立见

$$\pi: G \to G/H,$$
$$a \mapsto aH$$

是群同态. 这种同态称为由 G 到 G/H 的**典范同态**.

定理 1.30 (第一同构定理) 设 G 是群, $H \triangleleft G$, 则在典范同态

$$\pi: G \to G/H,$$
$$a \mapsto aH$$

下,

(1) G 的包含 H 的子群与 G/H 的子群在 π 下一一对应;
(2) 在此对应下, 正规子群对应于正规子群;
(3) 若有 $K \triangleleft G$ 且 $K \supseteq H$, 则

$$G/K \cong (G/H)/(K/H).$$

证明 为简单起见, 对于 G 的任意子集 M, 以 $\overline{M}$ 记 M 在典范同态 π 下的像 (对于 G 的元素也类似).

(1) 首先, 对于 G 包含 H 的子群 M, 由于 π 是群同态, 所以 π 在 M 上的限制 $\pi|_M : M \to \overline{G}$ 也是群同态, 故 $\overline{M}(= \mathrm{im}(\pi|_M))$ 是 $\overline{G}$ 的子群. 其次, 设 M_1 和 M_2 都是 G 包含 H 的子群, 且 $M_1 \neq M_2$, 则不妨设 $M_1 \not\subseteq M_2$, 即存在 $a \in M_1 \setminus M_2$. 此时必有 $\overline{a} \notin \overline{M_2}$ (否则存在 $b \in M_2$ 使得 $\overline{a} = \overline{b}$, 即 $a \in bH \subseteq M_2$, 矛盾). 这就是说 G 包含 H 的不同的子群在典范映射下的像必不

同. 最后我们对于 $\overline{G}$ 的任一子群 N, 容易验证 $\pi^{-1}(N)$ 是 G 包含 H 的子群 ($H = \pi^{-1}(\bar{e}) \subseteq \pi^{-1}(N)$; 且对于任意的 $a, b \in \pi^{-1}(N)$, 有 $\overline{a}, \overline{b} \in N \Rightarrow \overline{ab^{-1}} \in N \Rightarrow \overline{ab^{-1}} \in N \Rightarrow ab^{-1} \in \pi^{-1}(N)$), 且 $\pi(\pi^{-1}(N)) = N$, 即 $\overline{G}$ 的任一子群都是 G 某个包含 H 的子群在 π 下的像. 这就证明了结论 (1).

(2) 若 K 为 G 包含 H 的正规子群, 则对于任意的 $\overline{g} \in \overline{G}$, $\overline{g}^{-1}\overline{K}\overline{g} = \overline{g^{-1}Kg} = \overline{K}$, 故 $\overline{K} \trianglelefteq \overline{G}$. 反之, 若 $N \trianglelefteq \overline{G}$, 则对于任意的 $g \in G$ 和 $a \in \pi^{-1}(N)$, 有 $\pi(g^{-1}ag) = \overline{g}^{-1}\overline{ag} \in N$, 故 $g^{-1}ag \in \pi^{-1}(N)$, 所以 $\pi^{-1}(N) \trianglelefteq G$.

(3) 考虑映射

$$\varphi: G/H \to G/K,$$
$$aH \mapsto aK.$$

此映射是良定义的. 事实上, 若 $aH = bH$, 则 $a^{-1}b \in H \subseteq K$, 故 $aK = bK$.

对于 $aH, bH \in G/H$, 有 $\varphi((aH)(bH)) = \varphi(abH) = abK = (aK)(bK) = \varphi(aH)\varphi(bH)$, 故 φ 是群同态. 考虑 $\ker\varphi$. 有 $aH \in \ker\varphi \iff \varphi(aH) = K \iff aK = K \iff a \in K \iff aH \in K/H$, 所以 $\ker\varphi = K/H$. 又显然 φ 是满的, 由推论 1.27 即得所要证的结论. $\square$

如果用满同态的像代替定理 1.30 中的 G/H, 即设 $\psi: G \to G_1$ 为满同态, 由推论 1.27, 有同构 $\bar{\psi}: G/\ker\varphi \cong G_1$. 与定理 1.30 结合, 得到同态

$$G \xrightarrow{\pi} G/\ker\varphi \stackrel{\bar{\psi}}{\cong} G_1.$$

于是定理 1.30 可以改写成

定理 1.30′ 设 $\psi: G \to G_1$ 为群的满同态, 则

(1) G 的包含 $\ker\psi$ 的子群与 G_1 的子群在 π 下一一对应;

(2) 在此对应下, 正规子群对应于正规子群;

(3) 若有 $K \trianglelefteq G$ 且 $K \supseteq \ker \psi$, 则

$$G/K(\cong (G/\ker\psi)/(K/\ker\psi)) \cong G_1/\psi(K).$$

定理 1.31 (第二同构定理) 设 G 是群, $H \trianglelefteq G$, $K \leqslant G$, 则
(1) $HK \leqslant G$, $H \cap K \trianglelefteq K$;
(2) $(HK)/H \cong K/(H \cap K)$.

证明 (1) 显然 $HK \neq \varnothing$. 又设 $h_1k_1, h_2k_2 \in HK$, 其中 $h_i \in H$, $k_i \in K$ ($i = 1, 2$). 由于 $H \trianglelefteq G$, 故 $(k_1k_2^{-1})h_2^{-1}(k_1k_2^{-1})^{-1} \in H$, 记此元素为 h_3. 则有 $(h_1k_1)(h_2k_2)^{-1} = h_1(k_1k_2^{-1})h_2^{-1} = h_1h_3(k_1k_2^{-1}) \in HK$. 这意味着 HK 是 G 的子群.

显然 $H \cap K$ 也是 G 的子群. 设 $a \in H \cap K$, $k \in K$. 由 $H \trianglelefteq G$ 知 $k^{-1}ak \in H$. 又由 $a \in K$ 和 $k \in K$ 知 $k^{-1}ak \in K$. 所以 $k^{-1}ak \in H \cap K$. 这就证明了 $H \cap K \trianglelefteq K$.

(2) 考虑映射

$$\varphi: HK \to K/(H \cap K),$$
$$hk \mapsto \overline{k}(= k(H \cap K)),$$

其中 $h \in H$, $k \in K$. 此映射是良定义的. 事实上, 若 $h_1k_1 = h_2k_2$ ($h_i \in H$, $k_i \in K$), 则 $k_1k_2^{-1} = h_1^{-1}h_2 \in H \cap K$, 故 $k_1 \in k_2(H \cap K)$, 即 $\overline{k_1} = \overline{k_2}$.

我们断言 φ 是群同态. 事实上, 设 $h_i \in H$, $k_i \in K$ ($i = 1, 2$), 由于 $H \trianglelefteq G$, 故存在 $h_3 \in H$ 使得 $k_1h_2 = h_3k_1$. 于是

$$\varphi((h_1k_1)(h_2k_2)) = \varphi(h_1h_3k_1k_2) = \overline{k_1k_2} = \overline{k_1}\,\overline{k_2} = \varphi(h_1k_1)\varphi(h_2k_2).$$

这就证明了我们的断言.

对于任一 $\overline{k} \in K/(H \cap K)$, 设 $\overline{k} = k(H \cap K)$ ($k \in K$), 则 $k = ek \in HK$, 且 $\varphi(ek) = \overline{k}$. 所以 φ 是满同态. 由推论 1.27, 只要再证明 $\ker \varphi = H$. 事实上, 对于任一 $h \in H$, 有 $\varphi(h) = \varphi(he) = \overline{e}$, 所以 $H \subseteq \ker \varphi$. 反之, 若 $hk \in \ker \varphi$, 则 $\overline{k} = \overline{e}$, 即 $k \in K \cap H$, 更有 $k \in H$. 于是 $hk \in H$. 这意味着 $\ker \varphi \subseteq H$. 这就证明了

$$\ker \varphi = H.\qquad \square$$

1.1.7 群的直和与直积

从已知的一些群出发可以构造新的群，其中最简单的途径就是直和与直积的构作.

定义 1.32 设 G_1, G_2 是群，在笛卡儿积 $G_1 \times G_2$ 上定义运算为按分量进行，即对于 $(a_1, b_1), (a_2, b_2) \in G_1 \times G_2$，定义

$$(a_1, b_1)(a_2, b_2) = (a_1 a_2, b_1 b_2),$$

则 $G_1 \times G_2$ 在此运算下构成群 (读者自行验证)，称为 G_1 与 G_2 的**(外) 直和**，记为 $G_1 \oplus G_2$. G_1 和 G_2 称为 $G_1 \oplus G_2$ 的**直和因子**.

在 $G_1 \oplus G_2$ 中有两个子群

$$\overline{G}_1 = \{(a, e_2) \mid a \in G_1\}, \quad \overline{G}_2 = \{(e_1, b) \mid b \in G_2\},$$

其中 e_1 和 e_2 分别为 G_1 和 G_2 的幺元.

显然，映射 $a \mapsto (a, e_2)$ 是从 G_1 到 $\overline{G}_1$ 的同构. 同样 $b \mapsto (e_1, b)$ 是从 G_2 到 $\overline{G}_2$ 的同构. 如果把 G_i 与 $\overline{G}_i$ ($i=1,2$) 等同起来. 就可以认为 $G_1 \oplus G_2$ 是由子群 G_1 和 G_2 出发构造的的群. 反过来考虑，是否可以将一个群表示成它的两个子群的直和？如果可以，则对于这个群的研究就归结为对于它的这两个子群的研究，从而使得问题简化.

我们考虑这样的两个子群所应满足的条件. 首先，显然有 $G_1 \oplus G_2 = \overline{G}_1 \overline{G}_2$. 其次，不难看出 $\overline{G}_1$ 和 $\overline{G}_2$ 都是 $G_1 \oplus G_2$ 的正规子群. 事实上，对于任意的 $(a', b') \in G_1 \oplus G_2$ 和 $(a, e_2) \in \overline{G}_1$，有

$$(a', b')^{-1}(a, e_2)(a', b') = (a'^{-1} a a', b'^{-1} b') = (a'^{-1} a a', e_2) \in \overline{G}_1,$$

故 $\overline{G}_1 \trianglelefteq G_1 \oplus G_2$. 同样 $\overline{G}_2 \trianglelefteq G_1 \oplus G_2$. 还容易看出，$\overline{G}_1$ 和 $\overline{G}_2$ 二群的元素可换.

在上述的两个必要条件之下，一个群能够表示为两个子群的直和有几个等价的说法. 确切地说，我们有

命题 1.33　设 G 是群，$H, K \triangleleft G$，$G = HK$，则下述四条等价：

(1) 映射
$$\sigma: H \oplus K \to G,$$
$$(h, k) \mapsto hk$$
是同构；

(2) G 的任一元素表为 H 与 K 的元素的乘积的表示法唯一；

(3) G 的幺元表为 H 与 K 的元素的乘积的表示法唯一；

(4) $H \cap K = \{e\}$.

证明　(1) $\implies$ (2). 设 $g \in G$，$g = hk = h'k'$，其中 $h, h' \in H$，$k, k' \in K$，则 $\sigma((h, k)) = hk = h'k' = \sigma((h', k'))$. 由于 σ 是同构，故 σ 是单射，所以 $(h, k) = (h', k')$. 于是 $h = h'$，$k = k'$. 故断言为真.

(2) $\implies$ (3). 显然.

(3) $\implies$ (4). 设 $g \in H \cap K$，则 $e = gg^{-1}$. 而 $e = ee$，由 (3) 即知 $g = e$.

(4) $\implies$ (1). 首先证明 σ 为同态.

对于 $h \in H$，$k \in K$，我们断言 $hk = kh$. 考虑 $hkh^{-1}k^{-1}$. 由于 $K \triangleleft G$，故 $hkh^{-1} \in K$. 所以 $hkh^{-1}k^{-1} \in K$. 类似地 $hkh^{-1}k^{-1} \in H$. 于是 $hkh^{-1}k^{-1} \in H \cap K = \{e\}$，即有 $hk = kh$. 故断言为真.

现在，对于 $(h, k), (h', k') \in H \oplus K$，有
$$\sigma((h, k)(h', k')) = \sigma((hh', kk')) = h(h'k)k'$$
$$= (hk)(h'k') = \sigma((h, k))\sigma((h', k')).$$

这就证明了 σ 是同态.

再证明 σ 是单射. 为此只要证明 $\ker \sigma = \{(e, e)\}$. 设 $(h, k) \in \ker \sigma$，则 $hk = e$，所以 $h = k^{-1} \in H \cap K = \{e\}$，故 $(h, k) = (e, e)$.

由 $G = HK$ 以及 σ 的定义立见 σ 是满射. 证毕.　□

如果群 G 和它的两个子群 H, K 满足命题 1.33, 则称 G 是 H 与 K 的 **(内) 直和**, 也记为 $G = H \oplus K$. 此时 H 与 K 也称为 G 的 **直和因子**.

直和的概念容易推广的多个群的情形. 设 $G_1, \cdots, G_n$ 是群, 在 $G_1 \times \cdots \times G_n$ 上定义运算为按分量进行, 所得到的群称为 $G_1, \cdots, G_n$ 的 **(外) 直和**, 记为 $G_1 \oplus \cdots \oplus G_n$. G_i $(1 \leqslant i \leqslant n)$ 称为 $G_1 \oplus \cdots \oplus G_n$ 的 **直和因子**.

关于多个子群的内直和, 有

命题 1.34 设 G 是群, $H_1, \cdots, H_n \trianglelefteq G$, $G = H_1 \cdots H_n$, 则下述四条等价:

(1) 映射
$$\sigma: H_1 \oplus \cdots \oplus H_n \to G,$$
$$(h_1, \cdots, h_n) \mapsto h_1 \cdots h_n$$
是同构;

(2) G 的任一元素表为 $H_1, \cdots, H_n$ 的元素的乘积的表示法唯一;

(3) G 的幺元表为 $H_1, \cdots, H_n$ 的元素的乘积的表示法唯一;

(4) $H_i \cap (H_1 \cdots \widehat{H_i} \cdots H_n) = \{e\}$ $(\forall\, i = 1, \cdots, n)$, 这里 $\widehat{H_i}$ 表示去掉 H_i.

此命题的证明与命题 1.33 的证明类似, 读者可以作为练习.

进一步可以考虑从无穷多个群出发的情形.

一般而言, 设 G_i $(i \in I)$ 是群, 这里 I 为指标集 (可以是有限或无限集). 令 G 为集合 G_i $(i \in I)$ 的笛卡儿积, 在 G 上定义运算为按分量进行, 所得到的群称为 G_i $(i \in I)$ 的 **(外) 直积**, 记为 $\prod_{i \in I} G_i$. G_i $(i \in I)$ 称为 G 的 **直积因子**. 群 G 的子集

$$\{\, (\cdots, a_i, \cdots) \mid a_i \in G_i,\ \text{除有限多个 } i \text{ 之外都有 } a_i = e_i \,\}$$

(e_i 为 G_i 的幺元) 构成 $\prod_{i\in I} G_i$ 的子群, 此子群称为 G_i $(i \in I)$ 的 **(外) 直和**, 记为 $\bigoplus_{i\in I} G_i$ 或 $\coprod_{i\in I} G_i$. 容易看出, 当 I 为有限集时, 直积与直和是同一个概念.

对于任一 $i \in I$, 有自然的群同态

$$\iota_i : G_i \to \prod_{i\in I} G_i,$$
$$a_i \mapsto (\cdots, e, a_i, e, \cdots)$$

和

$$\pi_i : \prod_{i\in I} G_i \to G_i,$$
$$(\cdots, a_i, \cdots) \mapsto a_i,$$

其中的 a_i 为 G_i 的元素. 这两个映射中的 $\prod_{i\in I} G_i$ 都可以换成 $\bigoplus_{i\in I} G_i$.

直和任一元素都可以唯一地表为 ι_i 的像的和, 但当 I 是无限集时直积却不具有这样的性质.

习 题

1. 证明群的定义可以简化为: 如果一个非空集合 G 上定义了一个二元运算 $\circ$, 满足:

(1) **结合律**: $(a \circ b) \circ c = a \circ (b \circ c)$ $(\forall a, b, c \in G)$;

(2) 存在**左幺元**: 存在 $e \in G$, 使得对任意的 $a \in G$, 恒有

$$e \circ a = a;$$

(3) 存在**左逆元**: 对任意的 $a \in G$, 存在 $b \in G$, 使得

$$b \circ a = e,$$

则 G 关于运算 $\circ$ 构成一个群.

2. 举例说明：在上题中将条件 (3) 改为 "**存在右逆元**：对任意的 $a \in G$, 存在 $b \in G$, 使得 $a \circ b = e$", 则 G 不一定是群.

3. 设 G 是一个非空集合，其中定义了一个二元运算 $\circ$. 证明：如果此运算满足结合律，并且对于 G 中的任意两个元素 a, b, 方程 $a \circ x = b$ 和 $y \circ a = b$ 都在 G 中有解，则 $(G, \circ)$ 是群.

4. 设 G 是一个非空的有限集合，其中定义了一个二元运算 $\circ$. 证明：如果此运算满足结合律，并且对于 G 中的任意三个元素 a, b, c, 都有 (左消去律) $ab = ac \Rightarrow b = c$ 以及 (右消去律) $ba = ca \Rightarrow b = c$, 则 $(G, \circ)$ 是群.

5. 设 G 是群，$a, b \in G$, 如果 $aba^{-1} = b^r$, 证明 $a^i b a^{-i} = b^{r^i}$.

6. 证明不存在恰有两个 2 阶元素的群.

7. 设 G 是群. 如果对于任意的 $a, b \in G$, 都有 $(ab)^2 = a^2 b^2$, 证明 G 是交换群. 并由此证明：如果 $\exp(G) = 2$, 则 G 交换.

8. 在 S_3 中找出两个元素 x, y, 使得 $(xy)^2 \neq x^2 y^2$.

9. 设 G 是群，i 为任一确定的正整数. 如果对于任意的 $a, b \in G$, 都有 $(ab)^k = a^k b^k$, $k = i, i+1, i+2$, 证明 G 是交换群.

10. 证明：群 G 为交换群当且仅当 $x \mapsto x^{-1}$ ($x \in G$) 是同构映射.

11. 设 S 是群 G 的非空子集，在 G 中定义一个二元关系 "$\sim$"：$a \sim b \iff ab^{-1} \in S$. 证明 $\sim$ 是一个等价关系当且仅当 S 是 G 的子群.

12. 设 H, K 为群 G 的子群，证明 $HK \leqslant G$ 当且仅当 $HK = KH$.

13. 设 $n \in \mathbb{Z}$, 则 $n\mathbb{Z}$ 是整数加法群 $\mathbb{Z}$ 的子群. 并证明 $n\mathbb{Z} \cong \mathbb{Z}$.

14. 证明：S_4 的子集 $B = \{(1), (1\,2)(3\,4), (1\,3)(2\,4), (1\,4)(2\,3)\}$ 是一个子群，且 B 与四次单位根群 μ_4 不同构.

15. 令

$$A = \begin{pmatrix} 0 & 1 \\ 1 & 0 \end{pmatrix}, \quad B = \begin{pmatrix} e^{\frac{2\pi i}{n}} & 0 \\ 0 & e^{-\frac{2\pi i}{n}} \end{pmatrix},$$

证明集合 $\{B, B^2, \cdots, B^n, AB, AB^2, \cdots, AB^n\}$ 在矩阵乘法下构成群，并且此群与二面体群 D_{2n} 同构.

16. 证明偶数阶群中必有元素 $a \neq e$, 满足 $a^2 = e$.

17. 设 $n > 2$, 证明在有限群 G 中阶为 n 的元素个数是偶数.

18. 对于群中的任意二元素 a, b, 证明 ab 与 ba 的阶相等.

19. 在群 $\mathrm{SL}_2(\mathbb{Q})$ 中，证明元素

$$a = \begin{pmatrix} 0 & -1 \\ 1 & 0 \end{pmatrix}$$

的阶为 4, 元素

$$b = \begin{pmatrix} 0 & 1 \\ -1 & -1 \end{pmatrix}$$

的阶为 3, 而 ab 为无限阶元素.

20. 设 G 是交换群，证明 G 中的全体有限阶元素构成 G 的一个子群.

21. 如果 G 只有有限多个子群，证明 G 是有限群.

22. 设 H, K 为有限群 G 的子群，证明 $|HK| = \dfrac{|H| \cdot |K|}{|H \cap K|}$.

23. 证明指数为 2 的子群必为正规子群.

24. 证明不存在恰有两个指数为 2 的子群的群.

25. 写出二面体群 D_{20} 的全部正规子群.

26. 设 S 为群 G 的非空子集. 令

$$C_G(S) = \{x \in G \mid xa = ax, \ \forall \, a \in S\},$$
$$N_G(S) = \{x \in G \mid xSx^{-1} = S\}$$

($C_G(S)$ 和 $N_G(S)$ 分别称为 S 在 G 中的**中心化子**和**正规化子**). 证明：

(1) $C_G(S)$ 和 $N_G(S)$ 都是 G 的子群；

(2) $C_G(S) \trianglelefteq N_G(S)$.

27. 设 H, K 为 G 的正规子群，证明：

(1) $HK = KH$;

(2) $HK \triangleleft G$;

(3) 如果 $H \cap K = \{e\}$，则 G 同构于 $G/H \oplus G/K$ 的子群.

28. 设 $m, n \in \mathbb{Z}$. 证明 $\mathbb{Z}/mn\mathbb{Z} \cong \mathbb{Z}/m\mathbb{Z} \oplus \mathbb{Z}/n\mathbb{Z}$ 当且仅当 m 与 n 互素.

29. 设 G 为有限群，$N \triangleleft G$，$|N|$ 与 $|G/N|$ 互素. 如果 G 的元素 a 的阶整除 $|N|$，证明 $a \in N$.

30. 设 H, K 是群 G 的子群，证明 $H \cap K$ 的任一左陪集是 H 的一个左陪集与 K 的一个左陪集的交.

31. 设 H, K 都是群 G 的指数有限的子群，证明 $H \cap K$ 在 G 中的指数也有限.

32. 设 H 是群 G 的指数有限的子群，证明 G 有指数有限的正规子群.

33. 设 p 为素数. 证明所有的 p 阶群必为循环群，因此也是交换群.

34. 试定出所有互不同构的 4 阶群.

35. 证明阶小于 6 的群皆交换，举例说明存在 6 阶非交换群.

36. 设 G 是 n 阶群，整数 m 与 n 互素. 如果 $g, h \in G$，且 $g^m = h^m$，证明 $g = h$. 再证明对于任一 $x \in G$，存在唯一的 $y \in G$ 使得
$$y^m = x.$$

37. 设 G 是群，$g \in G$. 若 $o(g) = n$，则 $o(g^m) = n/(m, n)$.

38. 设 $H \leqslant G$，$K \leqslant G$，$a, b \in G$. 若 $Ha = Kb$，则 $H = K$.

39. 设 A, B, C 为 G 的子群，并且 $A \leqslant C$，证明
$$AB \cap C = A(B \cap C).$$

40. 设 A, B, C 为群 G 的子群，并且 $A \leqslant B$. 如果 $A \cap C = B \cap C$，$AC = BC$，证明 $A = B$.

41. 设 G 是群. 令 $Z(G) = \bigcap_{g \in G} C_G(g)$, 称 $Z(G)$ 为 G 的**中心**. 证明 $Z(G)$ 是 G 的正规子群.

42. 证明 2 阶正规子群必属于群的中心.

43. 证明 A_4 没有 6 阶子群.

44. 证明 $Z(A \oplus B) = Z(A) \oplus Z(B)$.

45. 证明:有限群 G 是二面体群的充分必要条件是 G 可由两个 2 阶元素生成. (我们把 $\mathbb{Z}_2 \oplus \mathbb{Z}_2$ 也看做 4 阶二面体群.)

§1.2 环的基本概念

1.2.1 定义和简单性质

定义 2.1 如果一个非空集合 R 上定义了两个二元运算 $+, \cdot$ (分别称为加法和乘法), 满足:

(1) $(R, +)$ 构成 Abel 群;

(2) **乘法结合律**: $(a \cdot b) \cdot c = a \cdot (b \cdot c), \ \forall a, b, c \in R$;

(3) **分配律**: $(a+b) \cdot c = a \cdot c + b \cdot c, \ c \cdot (a+b) = c \cdot a + c \cdot b, \forall a, b, c \in R$,

则称 R 关于运算 $+, \cdot$ 构成一个**环**, 记为 $(R; +, \cdot)$, 或简记为 R.

环 R 中若成立

(4) **乘法交换律**: $a \cdot b = b \cdot a, \ \forall a, b \in R$,

则称 R 为**交换环**.

环 R 中若存在乘法幺元, 即存在 $e \in R$, 使得对任意的 $a \in R$, 恒有

$$e \cdot a = a \cdot e = a,$$

则称 R 为**幺环**.

环中的乘法运算符号 "$\cdot$" 经常略去不写. 加法群 $(R, +)$ 的幺元通常记为 0, 元素 a 的加法逆元通常记为 $-a$. 乘法幺元通常记为 1.

我们比较熟悉的环有整数环 $(\mathbb{Z}; +, \times)$、域 K 上的一元多项式环 $K[x]$、多元多项式环 $K[x_1, \cdots, x_n]$、偶数环 $(2\mathbb{Z}; +, \times)$ (不是幺环)、域 K 上的 n 阶全矩阵环 $\mathrm{M}_n(K)$ ($n > 1$ 时不是交换环) 等.

如果一个环只有一个元素 (必为 0),则称之为**零环**.

0 元素和负元素关于乘法有简单性质:

命题 2.2 设 R 是环,则

(1) $0a = a0 = 0, \forall a \in R$;

(2) $(-a)b = a(-b) = -(ab), \forall a, b \in R$.

证明 (1) $0a + 0a = (0+0)a = 0a = 0 + 0a$,故 $0a = 0$. 同样可证 $a0 = 0$.

(2) $(ab) + ((-a)b) = (a + (-a))b = 0b = 0$,故 $(-a)b = -(ab)$. 同样可证 $a(-b) = -(ab)$. □

下面我们考虑幺环中的乘法逆元素.

定义 2.3 设 R 为幺环,$a \in R$. 如果存在 $b \in R$ 使得 $ba = 1$,则称 b 为 a 的一个**左逆元**. 类似地,如果存在 $c \in R$ 使得 $ac = 1$,则称 c 为 a 的一个**右逆元**.

命题 2.4 设 R 是幺环,$a \in R$. 如果 a 有左逆元,也有右逆元,则左、右逆元必相等且唯一.

证明 如果 $b, c \in R$ 满足 $ba = 1, ac = 1$,则 $b = b \cdot 1 = b(ac) = (ba)c = 1 \cdot c = c$. 若又有 $d \in R$ 满足 $da = ad = 1$,则

$$b = b(ad) = (ba)d = d.$$ □

定义 2.5 设 R 为幺环,$a \in R$. 如果 $b \in R$ 使得 $ba = ba = 1$,则称 b 为 a 的**逆元**,记为 a^{-1}. 同时称 a 为**可逆元** 或**单位元**.

容易验证幺环 R 的可逆元的全体构成乘法群,记为 $R^\times$.

在环中我们使用通常的运算记号,即对于环 R 的元素 a 和正整数 n,令

$$na = \underbrace{a + \cdots + a}_{n \text{ 个}},$$

$0a = 0$ (左端的 0 是数，右端的 0 是 R 的零元素),
$(-n)a = n(-a)$,
$a^n = \underbrace{a \cdots a}_{n\uparrow}$.

若 R 是幺环，则令
$$a^0 = 1.$$

又若 a 为可逆元，则令
$$a^{-n} = (a^{-1})^n.$$

在这些记号下，容易验证
$$ma + na = (m+n)a,$$
$$a^m a^n = a^{m+n},$$
$$(ma)(nb) = mn(ab),$$

其中 m, n 为任意整数，a, b 为环 R 的任意元素 (只要记号有意义).

在矩阵环中我们遇到过两个非零的矩阵相乘可以为零．这导致所谓"零因子"的概念．设 a 为环 R 的元素，如果存在 $b \in R \setminus \{0\}$ 使得 $ab = 0$，则称 a 是 R 中的一个**左零因子**；如果存在 $c \in R \setminus \{0\}$ 使得 $ca = 0$，则称 a 是 R 中的一个**右零因子**．如果 a 既是左零因子又是右零因子，则称 a 是 R 中的一个**零因子**．非零环中 0 当然是零因子．在交换环中显然左、右零因子是同一概念，它们都是零因子．

一类非常重要的环是：

定义 2.6 没有非零零因子的、至少含有两个元素的交换幺环称为**整环**．

定义中所说的"至少含有两个元素"等同于"$0 \neq 1$"（请读者自己验证之).

1.2.2 子环、理想及商环

定义 2.7 设 $(R; +, \cdot)$ 是环，$S \subseteq R$. 如果 $(S; +, \cdot)$ 构成一个环，则称 S 为 R 的**子环**.

如同对于子群的讨论，要验证环 R 的一个子集 S 是子环，没有必要验证 S 满足环的定义中的全部条件，而只需验证

(1) S 非空；

(2) S 关于加法构成群，即对于任意的 $a, b \in S$，有 $a - b \in S$;

(3) S 在乘法下封闭，即对于任意的 $a, b \in S$，有 $a \cdot b \in S$.

例如 $2\mathbb{Z}$ 是 $\mathbb{Z}$ 的子环，$\mathbb{Z}$ 是 $\mathbb{Q}$ 的子环，$M_n(\mathbb{R})$ 是 $M_n(\mathbb{C})$ 的子环.

子环作为环的加法子群当然有陪集，但是一般而言这种陪集的乘积不一定还是陪集 (这里的乘积的含义类似于群的子集的乘积，即对于环 R 的子集 S, T，定义 $ST = \{\, st \mid s \in S,\ t \in T\,\}$)，甚至不是任一陪集的子集. 例如 $\mathbb{Z}$ 作为 $\mathbb{Q}$ 的加法子群，其陪集中不可能同时含有整数和非整数 (否则与"不同的陪集不相交"矛盾). 但是 $\left(\frac{1}{2} + \mathbb{Z}\right)\mathbb{Z} \supset \left\{1, \frac{1}{2}\right\}$，所以 $\left(\frac{1}{2} + \mathbb{Z}\right)\mathbb{Z}$ 不含于任一陪集. 为了避免这种情形的发生 (进而在陪集集合上定义环结构)，我们需要对于子环增加一些限制，而引入"理想"的概念，它在环论中的地位类似于正规子群在群论中的地位.

定义 2.8 设 $(R; +, \cdot)$ 是环，I 是 R 的加法子群，并且对于任意的 $r \in R$，有 $rI \subseteq I$ (相应地，$Ir \subseteq I$)，则称 I 为 R 的一个**左** (相应地，**右**)**理想**. 如果一个加法子群 I 同时是左、右理想，则称 I 为 R 的**双边理想**，或简称为**理想**.

显然左（右）理想都是子环.

命题 2.9 设 I 是 R 的理想，则对于任意的 $r, s \in R$，有
$$(r + I)(s + I) \subseteq rs + I.$$

证明 对于任意的 $a, b \in I$，由于 I 是双边理想，所以 $rb, as, ab \in I$. 故 $(r + a)(s + b) = rs + rb + as + ab \in rs + I$. □

容易看出，子环的交仍是子环，理想的**交**与**和**仍是理想 (这里的"和"就是加法子群的和). 一般来说环的这些子结构的并集不再是相应的子结构.

定义 2.10 设 R 是环，$M \subseteq R$ (允许 $M = \varnothing$)，则称 R 的所有包含 M 的理想的交为**由 M 生成的理想**，记做 (M).

容易看出

$$(M) = \Big\{ \sum_{\text{有限}} n_i m_i + n_j r_j m'_j + n_k m''_k s_k + u_t m'''_t v_t \Big\},$$

其中 $n_i, n_j, n_k, n_t \in \mathbb{Z}$, $m_i, m'_j, m''_k, m'''_t \in M$, $r_j, s_k, u_t, v_t \in R$. 若 R 是幺环，则 $(M) = \Big\{ \sum_{\text{有限}} r_i m_i s_i \;\Big|\; m_i \in M, r_i, s_i \in R \Big\}$. 若 R 是交换幺环，则 $(M) = \Big\{ \sum_{\text{有限}} r_i m_i \;\Big|\; m_i \in M, r_i \in R \Big\}$.

如果 $(M) = I$, 我们称 M 为 I 的一个**生成系**，或称 I 由 M 生成. 可由一个元素 a 生成的理想 $G = (a)$ 叫做**主理想**. 可由有限多个元素生成的理想叫做**有限生成理想**.

定义 2.11 设 I 是环 R 的理想. 在 I 的加法陪集集合 $\{r+I | r \in R\}$ 上定义加法和乘法为

$$(r+I) + (s+I) = (r+s) + I, \quad (r+I)(s+I) = (rs) + I,$$

则此集合构成环，称为 R 关于 I 的**商环**，记为 R/I.

由于 $(R, +)$ 是 Abel 群，所以理想 I 是 R 的正规子群，故商环中加法是良定义的. 由命题 2.9 容易看出商环中的乘法也是良定义的. 事实上，若 $r_1 + I = r + I, s_1 + I = s + I$, 则 $r_1 \in r+I, s_1 \in s+I$. 于是 $r_1 s_1 \in (r+I)(s+I) \subseteq rs + I$, 即有 $r_1 s_1 + I = rs + I$.

注意：此定义中的陪集的乘法与上面提到的环的子集的乘法不同. 一般而言，陪集作为环的子集的乘积是这里定义的陪集的乘积的子集.

最简单的非平凡的商环的例子是整数环的剩余类环. 域上的一元多项式环的商环尽管从环论的角度看并不复杂，但它已有很重要的用途.

1.2.3 环的同态与同构

本小节的内容与我们在前面讲述的有关群的知识有很多相似之处，读者可以作一些对照. 对于一些类似的结论我们将不给出证明.

定义 2.12 设 R 和 R_1 是环. 映射 $\varphi: R \to R_1$ 称为由 R 到 R_1 的一个**环同态**，如果 φ 保持环运算，即对于所有的 $a, b \in R$，都有 $\varphi(a+b) = \varphi(a) + \varphi(b), \varphi(ab) = \varphi(a)\varphi(b)$. 如果 φ 又是单（满）射，则称 φ 为**单（满）同态**. 既单又满的同态称为**同构**. 如果存在由 R 到 R_1 的一个同构，则称 R **同构于** R_1，也说 R 和 R_1 是**同构的**，记为 $R \cong R_1$.

如果在环同态的定义中将 "$\varphi(ab) = \varphi(a)\varphi(b)$" 改为 "$\varphi(ab) = \varphi(b)\varphi(a)$"，则称这样的映射为环的**反同态**. 类似地也有环的**反同构**.

设 $\varphi: R \to R_1$ 是环同态. $\varphi(R)$ 称为 φ 的**像**，记为 $\mathrm{im}\,\varphi$. 0 的原像称为 φ 的**核**，记为 $\ker \varphi$，即

$$\ker \varphi = \{a \in R \mid \varphi(a) = 0\}.$$

命题 2.13 设 $\varphi: R \to R_1$ 是环同态，则 φ 单 $\iff \ker \varphi = \{0\}$.

命题 2.14 设 $\varphi: R \to R_1$ 是环同态，则 $\mathrm{im}\,\varphi$ 是 R_1 的子环，$\ker \varphi$ 是 R 的理想.

证明 由命题 1.25 知 $\mathrm{im}\,\varphi$ 是 R_1 的加法子群. 对于任意的 $a_1, b_1 \in \mathrm{im}\,\varphi$，存在 $a, b \in R$ 使得 $\varphi(a) = a_1, \varphi(b) = b_1$，于是

$$a_1 b_1 = \varphi(a)\varphi(b) = \varphi(ab) \in \mathrm{im}\,\varphi,$$

故 $\mathrm{im}\,\varphi$ 是 R_1 的子环.

由命题 1.25 知 $\ker \varphi$ 是 R 的加法子群. 对于任意的 $a \in \ker \varphi$ 和 $r \in R$，有 $\varphi(ra) = \varphi(r)\varphi(a) = \varphi(r)0 = 0$，故 $ra \in \ker \varphi$. 同样 $ar \in \ker \varphi$. 所以 $\ker \varphi$ 是 R 的理想. □

定理 2.15 (同态基本定理) 设 $\varphi: R \to R_1$ 是环同态, 则
$$R/\ker\varphi \cong \operatorname{im}\varphi.$$

推论 2.16 设 $\varphi: R \to R_1$ 是环的满同态, 则 $R/\ker\varphi \cong R_1$.

定理 2.17 (第一同构定理) 设 R 是环, I 是 R 的理想, 则在典范同态
$$\begin{aligned} \pi: R &\to R/I, \\ r &\mapsto r+I \end{aligned}$$
下,

(1) R 的包含 I 的子环与 R/I 的子环在 π 下一一对应;

(2) 在此对应下, 理想对应于理想;

(3) 若 J 是 R 的理想且 $J \supseteq I$, 则
$$R/J \cong (R/I)/(J/I).$$

定理 2.18 (第二同构定理) 设 R 是环, I 是 R 的理想, S 是 R 的子环, 则 $I+S$ 是 R 的子环, 且

(1) $S \cap I$ 是 S 的理想, I 是 $I+S$ 的理想;

(2) $(I+S)/I \cong S/(S \cap I)$.

1.2.4 环的直和与直积

设 $R_i\ (i \in I)$ 是环, 这里 I 为指标集 (可以是有限或无限集). 在 $R_i\ (i \in I)$ 的笛卡儿积上定义运算为按分量进行, 所得到的环称为 $R_i\ (i \in I)$ 的 **(外) 直积**, 记为 $\prod_{i \in I} R_i$. $R_i\ (i \in I)$ 称为 $\prod_{i \in I} R_i$ 的 **直积因子**. $\prod_{i \in I} R_i$ 的子集

$$\{(\cdots, r_i, \cdots) \mid r_i \in R_i, \text{除有限多个 } i \text{ 之外都有 } r_i = 0\}$$

构成 $\prod_{i \in I} R_i$ 的子环, 此子环称为 $R_i\ (i \in I)$ 的 **(外) 直和**, 记为 $\bigoplus_{i \in I} R_i$ 或 $\coprod_{i \in I} R_i$. 此时的 $R_i\ (i \in I)$ 称为 $\bigoplus_{i \in I} R_i$ 的 **直和因子**. 当 I 为有限

集时, 直积与直和是同一个概念.

对于任一 $i \in I$, 有自然的环同态
$$\iota_i: R_i \to \prod_{i \in I} R_i,$$
$$r_i \mapsto (\cdots, 0, r_i, 0, \cdots)$$
和
$$\pi_i: \prod_{i \in I} R_i \to R_i,$$
$$(\cdots, r_i, \cdots) \mapsto r_i,$$

其中的 r_i 为 R_i 的元素. 这两个映射中的 $\prod_{i \in I} R_i$ 都可以换成 $\bigoplus_{i \in I} R_i$.

容易验证 $\iota_i(R_i)$ 是 $\prod_{i \in I} R_i$ 的理想 $\left(\text{也是 } \bigoplus_{i \in I} R_i \text{ 的理想}\right)$.

下面我们考虑有限内直和.

命题 2.19 设 R 是环, $I_1, \cdots, I_n$ 是 R 的理想, 且 $R = I_1 + \cdots + I_n$, 则下述四条等价:

(1) 映射
$$\sigma: I_1 \oplus \cdots \oplus I_n \to R,$$
$$(a_1, \cdots, a_n) \mapsto a_1 + \cdots + a_n$$
是同构;

(2) R 的任一元素表为 $I_1, \cdots, I_n$ 的元素之和的表示法唯一;

(3) R 的零元表为 $I_1, \cdots, I_n$ 的元素之和的表示法唯一;

(4) $I_i \cap (I_1 + \cdots + \widehat{I_i} + \cdots + I_n) = \{0\}$ ($\forall\, i = 1, \cdots, n$), 这里 $\widehat{I_i}$ 表示去掉 I_i.

此时称 R 为 $I_1, \cdots, I_n$ 的 **(内) 直和**, 记为 $R = I_1 \oplus \cdots \oplus I_n$. I_i ($1 \leqslant i \leqslant n$) 称为 R 的 **直和因子**.

特别地, 如果 $n = 2$, 则有

命题 2.20 设 R 是环, I_1, I_2 是 R 的理想, $R = I_1 + I_2$, 则下述四条等价:

(1) 映射
$$\sigma: I_1 \oplus I_2 \to R,$$
$$(a_1, a_2) \mapsto a_1 + a_2$$
是同构;

(2) R 的任一元素表为 I_1, I_2 的元素之和的表示法唯一;

(3) R 的零元表为 I_1, I_2 的元素之和的表示法唯一;

(4) $I_1 \cap I_2 = \{0\}$.

习　题

1. 如果把整数环 $\mathbb{Z}$ 中的加法和乘法的定义互换, 即对于 $a, b \in \mathbb{Z}$, 定义 $a \oplus b = ab$, $a \odot b = a + b$, 试问 $(\mathbb{Z}; \oplus, \odot)$ 是否构成环?

2. 在集合 $S = \mathbb{Z} \times \mathbb{Z}$ 上定义
$$(a, b) + (c, d) = (a + c, b + d),$$
$$(a, b) \cdot (c, d) = (ac - bd, ad + bc),$$
证明 $(S; +, \cdot)$ 是交换幺环.

3. 设 R 是交换幺环. 对于 $a, b \in R$, 定义
$$a \oplus b = a + b - 1,$$
$$a \odot b = a + b - ab,$$
证明 $(R; \oplus, \odot)$ 是交换幺环.

4. 设 $(G; +)$ 是交换群. 对于 $\varphi, \phi \in \mathrm{End}(G)$, 定义加法:
$$\varphi + \phi: G \to G,$$
$$g \mapsto \varphi(g) + \phi(g), \quad g \in G.$$
又定义 $\varphi \cdot \phi$ 为 φ 与 ϕ 的复合 $\varphi \circ \phi$. 证明 $(\mathrm{End}(G); +, \cdot)$ 构成幺环 (称为 G 的**自同态环**).

5. 设 $G = (\mathbb{Z}; +)$，求 $\mathrm{End}(G)$.

6. 设 G 为 n 阶循环群，求 $\mathrm{End}(G)$.

7. 设 $G = \mathbb{Z}/n\mathbb{Z} \oplus \mathbb{Z}/n\mathbb{Z}$，求 $\mathrm{End}(G)$.

8. 给出环 R 和它的子环 S 的例子，使得它们满足以下条件之一：

(1) R 有 1，但 S 没有 1；

(2) R 没有 1，但 S 有 1；

(3) R 与 S 都有 1；

(4) R 不交换，但 S 交换.

9. 设 R 是环. 如果存在 $e_l \in R$，满足 $e_l a = a\ (\forall\, a \in R)$，则称 e_l 为 R 的一个**左幺元**. 类似地，如果存在 $e_r \in R$，满足 $ae_r = a$ $(\forall\, a \in R)$，则称 e_r 为 R 的一个**右幺元**. 证明：

(1) 如果 R 有左幺元又有右幺元，则 R 有幺元；

(2) 如果 R 有左幺元但没有非零零因子，则 R 有幺元；

(3) 如果 R 有左幺元但没有右幺元，则 R 至少有两个左幺元.

10. 设 R 是环，$a \in R, a \neq 0$. 如果存在 $b \in R, b \neq 0$，使得 $aba = 0$，证明 a 是一个左零因子或右零因子.

11. 设 R 是有限幺环，$a, b \in R$ 且 $ab = 1$. 证明 $ba = 1$.

*12. 设 R 是幺环，$a, b \in R, ab = 1$ 但 $ba \neq 1$. 证明有无穷多个 $x \in R$ 满足 $ax = 1$.

13. 设 R 是环，$a \in R$. 如果存在正整数 n 使得 $a^n = 0$，则称 a 为一个**幂零元**. 证明：如果 a 是幺环中的幂零元，则 $1 - a$ 可逆.

14. 证明：在交换环 R 中全体幂零元组成一个理想 (称为 R 的**幂零根** 或**小根**).

15. 证明幺环中理想的加、乘法满足分配律. 即设 I, J, K 是幺环 R 的理想，则

$$(I + J)K = IK + JK,$$
$$K(I + J) = KI + KJ.$$

16. 设 I 是交换幺环 R 的一个理想. 令

$$\mathrm{rad} I = \{x \in R \mid 存在正整数\ n\ 使得\ x^n \in I\}.$$

证明 $\mathrm{rad} I$ 是 R 的理想 ($\mathrm{rad} I$ 称为 I 的**根理想**).

17. 证明域 K 上的 n 阶全矩阵环 $\mathrm{M}_n(K)$ 没有非平凡理想 (这种环称为**单环**).

18. 设 R 和 S 都是幺环，$\varphi: R \to S$ 是把 R 的幺元映到 S 的幺元的满同态, 判断下述命题是否正确 (给出证明或反例):

(1) φ 把幂零 (幂等) 元映为幂零 (幂等) 元 (环中的元素 a 称为**幂等元**, 如果 $a^2 = a$);

(2) φ 把零因子映为零因子;

(3) φ 把整环映为整环;

(4) 如果 S 是整环, 则 R 是整环;

(5) φ 把可逆元映为可逆元;

(6) 对于 $a \in R$, 如果 $\varphi(a)$ 可逆, 则 a 可逆.

19. 设 R 是幺环，T 是整环，$\varphi: R \to T$ 是非零环同态. 证明 $\varphi(1_R) = 1_T$ (1_R 和 1_T 分别为 R 和 T 的幺元).

20. 证明习题 3 中所构造的环与原来的环 R 同构.

21. 设 R 是幺环，$R = R_1 \oplus R_2 \oplus \cdots \oplus R_n$ 是环 R 的一个内直和，I 为 R 的一个理想. 证明

$$I = (I \cap R_1) \oplus (I \cap R_2) \oplus \cdots \oplus (I \cap R_n).$$

§1.3 体、域的基本概念

1.3.1 体、域的定义及例

定义 3.1 设 D 是含有至少两个元素的幺环. 如果 D 的每个非零元素都可逆, 则称 D 是一个**体**. 具有乘法交换律的体称为**域**.

定义中的"至少两个元素"等价于"$1 \neq 0$".

换一种说法,体和域都是非零幺环,体的非零元素(关于乘法)构成群;域的非零元素(关于乘法)构成交换群.

有理数域 $\mathbb{Q}$、实数域 $\mathbb{R}$、复数域 $\mathbb{C}$ 都是我们熟知的域. 在高等代数中我们也接触过 p 元有限域和(域上的)有理分式域,还经常谈论数域. 一般而言,如果 E 是域, $F \subseteq E$,且 F 在 E 的运算下也是域,则称 F 是 E 的**子域**, E 是 F 的**扩域**. 高等代数中的所谓数域就是指复数域 $\mathbb{C}$ 的子域.

以下是读者可能感到陌生的域的两个例子.

例 3.2 代数数域. 设 $f(x) \in \mathbb{Q}[x]$, $\deg f(x) = n \geqslant 1$, α 是 $f(x)$ 在复数域 $\mathbb{C}$ 中的一个零点(无妨假设 $f(x)$ 是 $\mathbb{Q}[x]$ 中的不可约多项式,这是因为任一多项式的一个零点总是该多项式的某个不可约因子的零点). 容易看出集合

$$K = \mathbb{Q}(\alpha) = \{g(\alpha) \mid g(x) \in \mathbb{Q}(x)\}$$

在 $\mathbb{C}$ 的运算下构成一个域,称为代数数域. 不难看出 K 可以较简单地表述为

$$K = \{r(\alpha) \mid r(x) \in \mathbb{Q}[x], \ \deg r(x) \leqslant n - 1\}$$

(这里约定 $\deg 0 = -\infty$). 为了说明这一点,只要证明

$$\{g(\alpha) \mid g(x) \in \mathbb{Q}(x)\} \subseteq \{r(\alpha) \mid r(x) \in \mathbb{Q}[x], \ \deg r(x) \leqslant n - 1\}.$$

事实上,对于任一 $g(x) \in \mathbb{Q}(x)$, 设 $g(x) = \dfrac{s(x)}{t(x)}$ (无妨设 $s(x), t(x)$ 为 $\mathbb{Q}[x]$ 中互素的多项式),由于 $g(\alpha) \neq \infty$, 故 $t(\alpha) \neq 0$, 所以 $f(x) \nmid t(x)$ (否则设 $t(x) = p(x)f(x)$ ($p(x) \in \mathbb{Q}[x]$),则 $t(\alpha) = p(\alpha)f(\alpha) = 0$, 矛盾). 而 $f(x)$ 不可约,它只有平凡因子,故 $(f(x), t(x)) = 1$. 于是存在 $u(x), v(x) \in \mathbb{Q}[x]$ 使得 $u(x)f(x) + v(x)t(x) = 1$. 以 $x = \alpha$ 代入,得到 $v(\alpha)t(\alpha) = 1$, 即 $\dfrac{1}{t(\alpha)} = v(\alpha)$. 于是 $g(\alpha) = s(\alpha)v(\alpha)$.

令 $h(x) = s(x)v(x)$. 由带余除法知存在 $q(x), r(x) \in \mathbb{Q}[x]$, 其中 $\deg r(x) < \deg f(x) = n$, 使得 $h(x) = q(x)f(x) + r(x)$. 以 $x = \alpha$ 代入, 得到 $h(\alpha) = r(\alpha)$, 于是 $g(\alpha) = h(\alpha) \in \{r(\alpha) \mid r(x) \in \mathbb{Q}[x], \deg r(x) \leqslant n-1\}$. 这正是我们所要证明的.

例 3.3 p-**进数域**. 它在现代数学, 特别是在数论、表示论、拓扑群、分析、几何等分支中有广泛的应用.

设 p 为素数. 对于任一有理数 $a \in \mathbb{Q} \setminus \{0\}$, 设 $a = p^e \dfrac{n}{m}$ $((mn, p) = 1, e \in \mathbb{Z})$, 定义 a 的 p-**进绝对值** $|a|_p$ 为

$$|a|_p = \frac{1}{p^e}.$$

又定义 $|0|_p = 0$. 容易验证: 对于所有的 $a, b \in \mathbb{Q}$, 有

(1) $|a|_p \geqslant 0$, 且 "$=$" 成立当且仅当 $a = 0$;

(2) $|ab|_p = |a|_p |b|_p$;

(3) (**强三角不等式**) $|a+b|_p \leqslant \max\{|a|_p, |b|_p\}$.

显然强三角不等式蕴含通常的三角不等式 $|a+b| \leqslant |a| + |b|$. 这就是说 p-进绝对值满足通常绝对值的所有性质. 于是可以 (像由有理数出发定义实数一样) 定义 $\mathbb{Q}$ 在 p-进绝对值下的完备化如下: 首先, 一个由有理数组成的无穷序列 $(a_1, a_2, \cdots)$ 称为 (p-进)Cauchy 序列, 如果对于任意给定的 $\varepsilon > 0$, 存在正整数 N, 使得 $|a_m - a_n|_p < \varepsilon$ ($\forall m, n \geqslant N$). 以 S 记所有 Cauchy 序列组成的集合. 在 S 上定义一个二元关系 "$\sim$" 为:

$$(a_1, a_2, \cdots) \sim (b_1, b_2, \cdots)$$

当且仅当对于任意给定的 $\varepsilon > 0$, 存在正整数 N, 使得 $|a_n - b_n|_p < \varepsilon$ ($\forall n \geqslant N$). 容易验证 "$\sim$" 是 S 上的一个等价关系. 用代表元素的运算定义等价类集合 $S/\sim$ 上的运算, 即对于 $\overline{(a_1, a_2, \cdots)}, \overline{(b_1, b_2, \cdots)} \in S/\sim$ ($\overline{(x_1, x_2, \cdots)}$ 表示 $(x_1, x_2, \cdots)$ 所在的等价类), 定义

$$\overline{(a_1, a_2, \cdots)} + \overline{(b_1, b_2, \cdots)} = \overline{(a_1 + b_1, a_2 + b_2, \cdots)},$$

$$\overline{(a_1, a_2, \cdots)} \cdot \overline{(b_1, b_2, \cdots)} = \overline{(a_1 b_1, a_2 b_2, \cdots)}.$$

容易验证此二运算是良定义的, 即运算结果与等价类的代表元素选取无关. 由 $\mathbb{Q}$ 是域出发容易验证 $S/\sim$ 也是域. 这个域就是 p-进数域, 记为 $\mathbb{Q}_p$.

令
$$T = \{(a_t p^t, a_t p^t + a_{t+1} p^{t+1}, \cdots) \mid t \in \mathbb{Z}, 0 \leqslant a_i \leqslant p - 1\}.$$

显然 $T \subset S$. 进一步, 不难证明 T 是 $S/\sim$ 的完全代表系, 也就是说, S 关于 $\sim$ 的任一等价类中都含有 T 中的唯一一个元素, 或者说映射

$$\begin{aligned} T &\to S/\sim, \\ t &\mapsto t \text{ 所在的等价类} \end{aligned}$$

是双射.

T 中的元素 $(a_t p^t, a_t p^t + a_{t+1} p^{t+1}, \cdots)$ 对应于唯一的无穷级数 $a_t p^t + a_{t+1} p^{t+1} + \cdots = \sum_{i=t}^{\infty} a_i p^i$, 所以 $\sum_{i=t}^{\infty} a_i p^i$ 可以被认为是 $\mathbb{Q}_p$ 中的一般元素的表达式, 即

$$\mathbb{Q}_p = \left\{ \sum_{i=t}^{\infty} a_i p^i \,\middle|\, t \in \mathbb{Z}, 0 \leqslant a_i \leqslant p - 1 \right\},$$

其中任意两个元素的四则运算的结果中 p^i 的系数都可以在 (与 i 相关的) 有限步骤内被确定.

$\mathbb{Q}$ 的 p-进绝对值可以自然地扩展到 $\mathbb{Q}_p$ 上: 对于 $a \in \mathbb{Q}_p$, 设 $a = \sum_{i=t}^{\infty} a_i p^i \, (0 \leqslant a_i \leqslant p - 1, a_t \neq 0)$, 定义 $|a|_p = p^{-t}$.

p-进绝对值可以用所谓 p-进赋值等价地刻画. 对于 $a = \sum_{i=t}^{\infty} a_i p^i \in \mathbb{Q}_p \, (0 \leqslant a_i \leqslant p - 1, a_t \neq 0)$, 定义 a 的 p-进赋值为 t, 记为 $v_p(a) = t$. 又定义 $v_p(0) = \infty$. 相应于 p-进绝对值三条定义性质的是:

(1) $v_p(a) \in \mathbb{Z} \cup \{\infty\}$, 且 $v_p(a) = \infty$ 当且仅当 $a = 0$;

(2) $v_p(ab) = v_p(a) + v_p(b)$;

(3) (**强三角不等式**) $v_p(a+b) \geqslant \min\{v_p(a), v_p(b)\}$.

容易验证

$$R = \{a \in \mathbb{Q}_p \mid |a|_p \leqslant 1\} = \{a \in \mathbb{Q}_p \mid v_p(a) \geqslant 0\}$$

构成环, 称为 $\mathbb{Q}_p$ 的**赋值环**或 p-**进整数环**(常记为 $\mathbb{Z}_p$). R 有理想

$$\mathfrak{M} = \{a \in \mathbb{Q}_p \mid |a|_p < 1\} = \{a \in \mathbb{Q}_p \mid v_p(a) > 0\},$$

称为 $\mathbb{Q}_p$ 的**赋值理想**. $k = R/\mathfrak{M}$ 称为 $\mathbb{Q}_p$ 的**剩余域**. 易见 k 是 p 元有限域.

1.3.2 四元数体

Hamilton 四元数体 $\mathbb{H}$ 是最常用的体, 它是由环 $M_2(\mathbb{C})$ 中形如

$$\begin{pmatrix} \alpha & \beta \\ -\bar{\beta} & \bar{\alpha} \end{pmatrix}$$

的元素所组成的子集 (其中 $\bar{x}$ 表示 x 的复共轭). 不难验证它构成 $M_2(\mathbb{C})$ 的子环. 事实上, $\mathbb{H}$ 显然非空, 又显然在 $M_2(\mathbb{C})$ 的减法下封闭. 再者, 对于

$$\begin{pmatrix} \alpha & \beta \\ -\bar{\beta} & \bar{\alpha} \end{pmatrix}, \quad \begin{pmatrix} \gamma & \delta \\ -\bar{\delta} & \bar{\gamma} \end{pmatrix} \in \mathbb{H},$$

有

$$\begin{pmatrix} \alpha & \beta \\ -\bar{\beta} & \bar{\alpha} \end{pmatrix} \begin{pmatrix} \gamma & \delta \\ -\bar{\delta} & \bar{\gamma} \end{pmatrix} = \begin{pmatrix} \alpha\gamma - \beta\bar{\delta} & \alpha\delta + \beta\bar{\gamma} \\ -\overline{(\alpha\delta + \beta\bar{\gamma})} & \overline{(\alpha\gamma - \beta\bar{\delta})} \end{pmatrix} \in \mathbb{H},$$

所以 $\mathbb{H}$ 在 $M_2(\mathbb{C})$ 的乘法下封闭. 这就说明 $\mathbb{H}$ 是 $M_2(\mathbb{C})$ 的子环. 我们再说明 $\mathbb{H}$ 是体. 显然 $\mathbb{H}$ 含有零矩阵和单位矩阵; 又对于非零矩阵

$$\begin{pmatrix} \alpha & \beta \\ -\bar{\beta} & \bar{\alpha} \end{pmatrix}, \quad \alpha, \beta \text{ 不全为 } 0,$$

其行列式为 $\alpha\bar{\alpha} + \beta\bar{\beta} = |\alpha|^2 + |\beta|^2 \neq 0$, 所以该矩阵可逆. 此逆矩阵为

$$\frac{1}{|\alpha|^2 + |\beta|^2} \begin{pmatrix} \bar{\alpha} & -\beta \\ \bar{\beta} & \alpha \end{pmatrix},$$

也属于 $\mathbb{H}$. 这就证明了 $\mathbb{H}$ 是体.

四元数体 $\mathbb{H}$ 还经常表示为另外一种形式. 以 i 记虚单位, 设

$$\alpha = a + b\mathrm{i}, \quad \beta = c + d\mathrm{i}, \quad a, b, c, d \in \mathbb{R},$$

则

$$\begin{pmatrix} \alpha & \beta \\ -\bar{\beta} & \bar{\alpha} \end{pmatrix} = a \begin{pmatrix} 1 & 0 \\ 0 & 1 \end{pmatrix} + b \begin{pmatrix} \mathrm{i} & 0 \\ 0 & -\mathrm{i} \end{pmatrix} + c \begin{pmatrix} 0 & 1 \\ -1 & 0 \end{pmatrix} + d \begin{pmatrix} 0 & \mathrm{i} \\ \mathrm{i} & 0 \end{pmatrix}.$$

像通常一样, $\mathbb{H}$ 的乘法幺元 $\begin{pmatrix} 1 & 0 \\ 0 & 1 \end{pmatrix}$ 记为 1, 再令

$$I = \begin{pmatrix} \mathrm{i} & 0 \\ 0 & -\mathrm{i} \end{pmatrix}, \quad J = \begin{pmatrix} 0 & 1 \\ -1 & 0 \end{pmatrix}, \quad K = \begin{pmatrix} 0 & \mathrm{i} \\ \mathrm{i} & 0 \end{pmatrix},$$

则

$$\begin{pmatrix} \alpha & \beta \\ -\bar{\beta} & \bar{\alpha} \end{pmatrix} = a + bI + cJ + dK.$$

(其中的 a 含意为 $a \cdot 1$.) 所以

$$\mathbb{H} = \{a + bI + cJ + dK \mid a, b, c, d \in \mathbb{R}\} = \mathbb{R} + \mathbb{R}I + \mathbb{R}J + \mathbb{R}K.$$

容易看出 $\mathbb{H}$ 是实数域上以 $1, I, J, K$ 为基的四维线性空间, I, J, K 满足以下的运算规律:

$$I^2 = J^2 = K^2 = -1,$$
$$IJ = K = -JI, \quad JK = I = -KJ, \quad KI = J = -IK.$$

这说明 $\mathbb{H}$ 不是域.

1.3.3 域的特征

在 p 元有限域 (即伽罗瓦域 (Galois field))$GF(p)(=\mathbb{Z}/p\mathbb{Z})$ (p 为素数) 中, 1 的 p 倍为 $p \cdot 1 = 0$. 而在有理数域 $\mathbb{Q}$ 中, 1 的任何非零倍数都不等于 0. 这就导致下面的定义:

定义 3.4 设 F 是域. 使得 $n \cdot 1 = 0$ 的最小的正整数 n 称为 F 的**特征**. 如果不存在这样的正整数, 则称 F 的特征为 0. F 的特征记为 $\mathrm{char}(F)$ 或 $\chi(F)$.

命题 3.5 设 F 是域. 如果 $\mathrm{char}(F) > 0$, 则 $\mathrm{char}(F)$ 必为素数.

证明 设 $\mathrm{char}(F) = n$. 假如 n 不是素数, 则 $n = uv$, 其中 u, v 为小于 n 的正整数. 于是

$$(u \cdot 1)(v \cdot 1) = (uv) \cdot 1 = n \cdot 1 = 0.$$

由 n 的最小性知 $u \cdot 1 \neq 0$, 故 $u \cdot 1$ 可逆. 上式两端乘以 $(u \cdot 1)^{-1}$, 得到 $v \cdot 1 = 0$, 与 n 的最小性矛盾. $\square$

下面的命题说明 $\mathbb{Q}$ 和 $GF(p)$ 涵盖了所有最小的域.

命题 3.6 设 F 是域. 如果 $\mathrm{char}(F) = 0$, 则 F 必含有与 $\mathbb{Q}$ 同构的子域; 如果 $\mathrm{char}(F) = p > 0$, 则 F 必含有与 $GF(p)$ 同构的子域.

我们先证明一个简单的引理.

引理 3.7 设 R 是含有两个以上元素的交换幺环, 则 R 是域的充分必要条件是 R 只有平凡理想 R 和 $\{0\}$.

证明 **必要性** 设 I 是 R 的理想. 如果 $I \neq \{0\}$, 则存在 $a \in I$, $a \neq 0$. 由于 R 是域, 所以 a 可逆. 于是 $1 = a^{-1}a \in I$. 故 $r = r \cdot 1 \in I$ ($\forall r \in R$), 即 $I = R$.

充分性 如果 R 不是域, 则存在 $a \in R, a \neq 0$ 且 a 不可逆. 于是 $aR \neq R, \{0\}$, 即 aR 是 R 的非平凡理想. $\square$

命题 3.6 的证明 设 $\mathrm{char}(F) = 0$. 定义映射

$$\varphi: \mathbb{Q} \to F,$$
$$\frac{n}{m} \mapsto (n \cdot 1)(m \cdot 1)^{-1}.$$

首先易见 φ 是良定义的. 事实上，如果 $\dfrac{n}{m} = \dfrac{n_1}{m_1}$，则 $m_1 n = m n_1$. 故 $(m_1 n) \cdot 1 = (m n_1) \cdot 1$，即 $(m_1 \cdot 1)(n \cdot 1) = (m \cdot 1)(n_1 \cdot 1)$. 所以 $(n \cdot 1)(m \cdot 1)^{-1} = (n_1 \cdot 1)(m_1 \cdot 1)^{-1}$，即 $\varphi\left(\dfrac{n}{m}\right) = \varphi\left(\dfrac{n_1}{m_1}\right)$. 这就证明了 φ 良定义.

直接计算可以验证 φ 保持加、乘法运算 (读者自证). 所以 φ 是环同态. 由于 $\varphi(1) = 1 \neq 0$，所以 $1 \notin \ker \varphi$. 由引理 3.7 即知 $\ker \varphi = (0)$. 根据环同态基本定理我们得到

$$\mathbb{Q} = \mathbb{Q}/(0) = \mathbb{Q}/\ker \varphi \cong \mathrm{im}\, \varphi.$$

而 $\mathrm{im}\, \varphi$ 是 F 的子环，且是域 (因为与有理数域 $\mathbb{Q}$ 同构)，故 $\mathrm{im}\, \varphi$ 是 F 的子域. 这就完成了 $\mathrm{char}(F) = 0$ 的情形的证明.

现在设 $\mathrm{char}(F) = p > 0$. 定义映射

$$\varphi: \mathbb{Z} \to F,$$
$$n \mapsto n \cdot 1.$$

显然 φ 是环同态. 我们断言 $\ker \varphi = p\mathbb{Z}$. 设 $n \in \ker \varphi$，即 $n \cdot 1 = 0 \in F$. 设 $n = qp + r$ ($q, r \in \mathbb{Z}$, $0 \leqslant r < p$)，则有 $0 = n \cdot 1 = q(p \cdot 1) + r \cdot 1 = r \cdot 1$. 这意味着 $r = 0$ (否则与 $\mathrm{char}(F) = p$ 矛盾)，故 $n \in p\mathbb{Z}$. 这说明 $\ker \varphi \subseteq p\mathbb{Z}$. 反之，对于任一 $n \in p\mathbb{Z}$，设 $n = qp$，则 $\varphi(n) = (qp) \cdot 1 = q(p \cdot 1) = 0$，故 $n \in \ker \varphi$. 这说明 $p\mathbb{Z} \subseteq \ker \varphi$. 这就证明了我们的断言. 由环同态基本定理即知

$$\mathbb{Z}/p\mathbb{Z} \cong \mathrm{im}\, \varphi,$$

其中 $\mathbb{Z}/p\mathbb{Z} = GF(p)$, $\mathrm{im}\, \varphi$ 是 F 的子域. 命题 3.6 证毕. □

$\mathbb{Q}$ 和 $GF(p)$ 都称为**素域**. 命题 3.6 说明任意一个域都是某个素域的扩域.

习　题

1. 设 R 是非零交换幺环. 证明 R 是单环当且仅当 R 是域.

2. 设 K 是域, R 是环, $\varphi: K \to R$ 是环同态. 证明 $\varphi(K) = \{0\}$ 或 φ 是单射.

3. 证明有限整环是域.

4. 在 p-进数域 $\mathbb{Q}_p$ 中证明 $\sum\limits_{i=0}^{\infty} p^i = \dfrac{1}{1-p}$.

5. 证明 p-进整数环 $\mathbb{Z}_p$ 的可逆元素乘法群

$$\mathbb{Z}_p^\times = \{a \in \mathbb{Z}_p \mid |a|_p = 1\}.$$

6. 证明 p-进整数环 $\mathbb{Z}_p$ 的任一非零理想皆形如

$$\{a \in \mathbb{Z}_p \mid v_p(a) \geqslant n\},$$

其中 n 为非负整数.

7. 证明 p-进整数环 $\mathbb{Z}_p$ 的任一非零理想皆形如 $\mathfrak{M}^n$, 其中 $\mathfrak{M}$ 为 $\mathbb{Q}_p$ 的赋值理想, n 为非负整数.

8. 证明 p-进整数环 $\mathbb{Z}_p$ 等于可逆元素乘法群与赋值理想 $\mathfrak{M}$ 的无交并.

9. 证明 $\mathbb{H}_0 = \{a + bI + cJ + dK \in \mathbb{H} \mid a, b, c, d \in \mathbb{Q}\}$ 是四元数体 $\mathbb{H}$ 的子体.

10. 求四元数体 $\mathbb{H}$ 的中心 (即 $\mathbb{H}$ 中与所有元素乘法可交换的全体元素).

11. 证明四元数体的单位元素 $\{\pm 1, \pm I, \pm J, \pm K\}$ 在乘法下组成一个群, 叫做**四元数群**, 记做 Q_8. 证明 Q_8 的每个子群都是正规子群.

12. 证明四元数群 Q_8 与 4 阶循环群的直和存在非正规子群.

13. 设 L 是含有两个以上元素的环. 如果对于每个非零元素 $a \in L$, 都存在唯一的元素 $b \in L$ 使得 $aba = a$, 证明:

(1) L 无非零零因子;

(2) $bab = b$;

(3) L 有 1;

(4) L 是体.

14. 设 L 是体, $a, b \in L$, $ab \neq 0, 1$. 证明**华罗庚等式**:

$$a - (a^{-1} + (b^{-1} - a)^{-1})^{-1} = aba.$$

15. 设 F 是特征 $p > 0$ 的域. 证明

$$(a+b)^p = a^p + b^p, \quad \forall\, a, b \in F.$$

16. 给出两个有限非交换群 G, 分别适合:

(1) $g^3 = e, \forall\, g \in G$;

(2) $g^4 = e, \forall\, g \in G$.

第 2 章   群

§2.1   几种特殊类型的群

2.1.1   循环群

由一个元素生成的群 (即循环群) 是最简单的群. 在本小节中我们将确定所有可能的循环群及其子群, 并给出有限交换群是循环群的充分必要条件.

定理 1.1   无限循环群必同构于整数加法群 $\mathbb{Z}$, 有限循环群必同构于整数加法群的某个商群 $\mathbb{Z}/m\mathbb{Z}$.

证明   设 $G = \langle a \rangle$ 为循环群. 定义映射

$$\varphi : \mathbb{Z} \to G,$$
$$n \mapsto a^n.$$

φ 显然是群的满同态.

如果 $|G| = \infty$, 设 $n \in \ker\varphi$, 则 $a^n = e$. 此时必有 $n = 0$(否则对于任意 $t \in \mathbb{Z}$, 设 $t = qn + r, 0 \leqslant r \leqslant n - 1$, 就有 $a^t = (a^n)^q a^r = e \cdot a^r = a^r$. 于是 $G = \{e, a, a^2 \cdots, a^{n-1}\}$, 矛盾于 $|G| = \infty$). 所以 $\ker\varphi = \{0\}$. 由同态基本定理即知 $\mathbb{Z} \cong G$.

如果 $|G| = m$, 则易见 $\ker\varphi = m\mathbb{Z}$. 事实上, 设 $n \in \ker\varphi$, 即 $a^n = e$. 设 $n = qm + r, 0 \leqslant r \leqslant m - 1$, 则 $a^r = a^n(a^m)^{-q} = e \cdot e = e$. 于是 $\mathrm{o}(a) \leqslant r < m$, 故 $r = 0$ (否则与 $|G| = m$ 矛盾). 这说明 $\ker\varphi \subseteq m\mathbb{Z}$. 反之, 显然 $a^{qm} = e \ (\forall \ q \in \mathbb{Z})$. 这说明 $\ker\varphi \supseteq m\mathbb{Z}$. 这就证明了 $\ker\varphi = m\mathbb{Z}$. 由同态基本定理即知 $\mathbb{Z}/m\mathbb{Z} \cong G$.   □

以下我们用 $\mathbb{Z}$ 和 $\mathbb{Z}_n$ 分别表示无限阶和 n 阶循环群.

下面我们确定循环群的子群.

定理 1.2 循环群 $G = \langle a \rangle$ 的子群仍为循环群. 无限循环群 $\mathbb{Z}$ 的子群除 $\{e\}$ 以外都是无限循环群, 且 $\mathbb{Z}$ 的子群与非负整数一一对应, 确切地说, 每个 $s \in \mathbb{Z}_{\geqslant 0}$ 对应于子群 $\langle a^s \rangle$. 有限 m 阶循环群 $\mathbb{Z}_m$ 的子群与 m 的正因子一一对应, 确切地说, m 的每个正因子 d 对应于 $\mathbb{Z}_m$ 的唯一的 d 阶子群 $\langle a^{m/d} \rangle$.

证明 我们首先证明循环群的子群仍为循环群. 设 $H \leqslant G$. 如果 $H = \{e\}$, 则 H 为 $e = a^0$ 生成的循环群. 若 $H \neq \{e\}$, 令 s 是 H 的元素作为 a 的方幂出现的最小的正指数, 即

$$s = \min\{t \in \mathbb{Z} \mid t > 0, a^t \in H\}.$$

易见 $H = \langle a^s \rangle$. 事实上, 对于任一 $h \in H$, 设 $h = a^t, t = qs + r$, $0 \leqslant r \leqslant s-1$, 则 $a^r \in H$. 由 s 的最小性知 $r = 0$, 即 $h = (a^s)^q \in \langle a^s \rangle$. 故 $H \subseteq \langle a^s \rangle$. 反之显然有 $H \supseteq \langle a^s \rangle$. 这就证明了 $H = \langle a^s \rangle$ 是循环群.

现设 G 是无限循环群 $\mathbb{Z}$. 设 $s \in \mathbb{Z}_{>0}$, 则 $o(a^s) = \infty$. 所以 $|\langle a^s \rangle| = \infty$. 由于 G 的任一子群皆形如 $\langle a^s \rangle$, 所以定理中所述的对应是满射. 易见 $|G/\langle a^s \rangle| = s$. 故如果 $s, t \in \mathbb{Z}_{\geqslant 0}, s \neq t$, 则 $\langle a^s \rangle \neq \langle a^t \rangle$. 这说明上述对应是单射, 从而是一一对应.

再设 $G \cong \mathbb{Z}_m$. 设 $d \mid m, d > 0, H$ 为 G 的 d 阶子群. 我们来证明

$$H = \langle a^{m/d} \rangle = \{a^{m/d}, a^{2m/d}, \cdots, a^{dm/d} = e\}$$

是 G 的唯一的 d 阶子群. 事实上, 设 $K = \langle a^t \rangle$ 也是 G 的 d 阶子群, 则 $(a^t)^d = e$, 故 $m \mid td$, 所以 $(m/d) \mid t$. 这意味着 $a^t \in H$, 于是 $K \subseteq H$. 但 $|K| = |H|$, 所以 $K = H$. 这就证明了 d 阶子群的唯一性, 亦即定理中所述的对应是单射. 由于 G 的子群的阶是 m 的因子 (Lagrange 定理), 所以该对应是满射, 故为一一对应. □

有限交换群应当是仅比循环群复杂些的群. 下面我们给出有限交换群是循环群的判别准则.

引理 1.3 设 G 是交换群，$a,b \in G$, $\mathrm{o}(a) = m$, $\mathrm{o}(b) = n$, 且 $(m,n) = 1$, 则 $\mathrm{o}(ab) = mn$.

证明 设 $\mathrm{o}(ab) = t$. 由于 $(ab)^{mn} = ((a^m)^n)((b^n)^m) = ee = e$, 所以 $t \mid mn$. 另一方面，由于 $(ab)^t = e$, 所以 $a^t = b^{-t}$. 两端取 n 次幂，得到 $a^{tn} = (b^n)^{-t} = e$, 所以 $m \mid tn$. 而 $(m,n) = 1$, 故 $m \mid t$. 同样 $n \mid t$. 于是 $mn \mid t$. 这就证明了 $t = mn$. □

引理 1.4 有限交换群中存在一个元素，其阶是群的方次数，即所有元素的阶的最小公倍数.

证明 设 G 是有限交换群，a 是 G 中阶最大的元素，$\mathrm{o}(a) = m$. 又设 $b \in G$, $\mathrm{o}(b) = n$, 我们来证明 $n \mid m$. 假若 $n \nmid m$, 则存在素数 p 使得 p^s 恰好整除 n (通常记为 $p^s \| n$), $p^t \| m$, 但 $s > t$. 设 $n = up^s$, $m = vp^t$ (则 $(u,p) = (v,p) = 1$). 于是 $\mathrm{o}(b^u) = p^s$, $\mathrm{o}(a^{p^t}) = v$. 由引理 1.3 知 $\mathrm{o}(b^u a^{p^t}) = p^s v > p^t v = m$, 与 $\mathrm{o}(a)$ 最大矛盾. □

命题 1.5 设 G 是有限交换群，则 G 是循环群的充分必要条件是对于任一正整数 m, $x^m = e$ 在 G 中最多有 m 个解.

证明 必要性 设 $G = \langle a \rangle$, $|G| = \mathrm{o}(a) = n$. 又设 $x = a^t$ 满足 $x^m = e$. 易见 $x^{(m,n)} = e$ (设 $u, v \in \mathbb{Z}$ 使得 $um + vn = (m,n)$, 则 $x^{(m,n)} = (x^m)^u (x^n)^v = ee = e$), 即 $a^{t(m,n)} = e$. 所以 $n \mid t(m,n)$, 即 $\dfrac{n}{(m,n)} \Big| t$, 故 $x = a^t \in \langle a^{\frac{n}{(m,n)}} \rangle$. 而 $|\langle a^{\frac{n}{(m,n)}} \rangle| = (m,n)$, 所以 $x^m = e$ 在 G 中解的数目 $\leqslant (m,n) \leqslant m$.

充分性 设 $a \in G$ 是引理 1.4 所说的元素. 只要证明 $\mathrm{o}(a) = |G| = n$. 设 $\mathrm{o}(a) = m$. 对于任一 $b \in G$, 由于 $\mathrm{o}(b) \mid \mathrm{o}(a)$, 所以 $b^m = e$. 故 $x^m = e$ 在 G 中有 n 个解. 由条件即知 $n \leqslant m$. 由第 1 章 §1.1 中的推论 1.18 又知 $m \mid n$, 故 $m = n$. □

引理 1.3 有一个简单的推论.

推论 1.6 设 $G_1 \cong \mathbb{Z}_m$, $G_2 \cong \mathbb{Z}_n$, 且 $(m,n) = 1$, 则 $G_1 \oplus G_2 \cong \mathbb{Z}_{mn}$.

证明 设 a_i 为 G_i 的生成元 ($i = 1, 2$), 则 $\mathrm{o}(a_1) = m$, $\mathrm{o}(a_2) = n$, 所以 $\mathrm{o}((a_1, e_2)) = m$, $\mathrm{o}((e_1, a_2)) = n$. 因为 $(m,n) = 1$, 由引理 1.3

即知 $o((a_1,a_2)) = mn$. 而 $|G_1 \oplus G_2| = mn$, 所以 $G_1 \oplus G_2 = \langle (a_1,a_2) \rangle \cong \mathbb{Z}_{mn}$. □

关于有限交换群有下面命题给出的完全分类.

命题 1.7 设 G 是有限交换群, $|G| = n, n = p_1^{e_1} \cdots p_t^{e_t}$, 则

$$G \cong \bigoplus_{i=1}^{t} \Big(\bigoplus_{j=1}^{k_i} \mathbb{Z}_{p_i}^{l_{ij}} \Big),$$

其中 l_{ij} 为一组整数, 满足 $\sum_{j=1}^{k_i} l_{ij} = e_i$ ($\forall\, i = 1, \cdots, t$).

若将此定理中出现的 k_i 中的最大者记为 k, 对于任一 i, 设 $l_{i1} \leqslant l_{i2} \leqslant \cdots \leqslant l_{ik_i}$. 令

$$d_k = p_1^{l_{1k_1}} p_2^{l_{2k_2}} \cdots p_t^{l_{tk_t}},$$
$$d_{k-1} = p_1^{l_{1(k_1-1)}} p_2^{l_{2(k_2-1)}} \cdots p_t^{l_{t(k_t-1)}},$$
$$\cdots\cdots\cdots\cdots$$
$$d_1 = p_1^{l_{1(k_1-(k-1))}} p_2^{l_{2(k_2-(k-1))}} \cdots p_t^{l_{t(k_t-(k-1))}}$$

(l 的第二个下标小于或等于 0 时认为该 l 等于 0), 则有

命题 1.8 设 G 是有限交换群, $|G| = n$, 则

$$G \cong \bigoplus_{i=1}^{k} \mathbb{Z}_{d_i},$$

其中 d_i ($i = 1, \cdots, k$) 为一组正整数, 满足 $d_1 \mid d_2 \mid \cdots \mid d_k$ 且 $\prod_{i=1}^{k} d_i = n$. 这些 d_i ($i = 1, \cdots, k$) 称为 G 的**不变因子**.

此二命题是第 5 章 §5.1 中定理 5.17 和 5.18 的特例.

2.1.2 单群, A_n ($n \geqslant 5$) 的单性

我们回想单群的定义.

定义 1.9 称群 G 为**单群**, 如果 G 的正规子群只有 $\{e\}$ 和 G 本身.

例如，由 Lagrange 定理知任一素数阶群 (必为循环群) 的子群只有 $\{e\}$ 和 G 本身，故必是单群. 反之，不难看出：一个有限交换群如果是单群，它的阶必为素数. 事实上，设 G 是交换群，$|G| = m$，m 含有两个以上素因子. 如果 G 是循环群，由定理 1.2 知 G 有非平凡真 (正规) 子群；若 G 不是循环群，任取 $a \in G, a \neq e$，则 $\langle a \rangle$ 是 G 的非平凡真 (正规) 子群，故 G 不是单群.

基于以上的原因，我们感兴趣的单群是非交换的. 我们将证明交错群 $A_n (n \geq 5)$ 是单群. 可以证明 A_5 是所有非交换单群中阶数最小者. 以后我们将会解释：$A_n (n \geq 5)$ 的单性恰恰是五次以上方程没有 (用四则运算和开方给出的) 求根公式的原因.

一个经常用到的简单事实是

引理 1.10 设 $(i_1 \ i_2 \ \cdots \ i_t)$ 是 S_n 中的一个轮换，$\sigma \in S_n$，则

$$\sigma(i_1 \ i_2 \ \cdots \ i_t)\sigma^{-1} = (\sigma(i_1) \ \sigma(i_2) \ \cdots \ \sigma(i_t)).$$

证明 对于任一 $\sigma(i_j)$ $(1 \leq j \leq t)$，有

$$\sigma(i_1 \ i_2 \ \cdots \ i_t)\sigma^{-1}(\sigma(i_j)) = \sigma(i_1 \ i_2 \ \cdots \ i_t)(i_j) = \sigma(i_{j+1})$$

($j+1$ 按 $\mathrm{mod}\, t$ 计算). 而对于 $k \notin \{\sigma(i_1), \sigma(i_2), \cdots, \sigma(i_t)\}$ $(1 \leq k \leq n)$，有 $\sigma^{-1}(k) \notin \{i_1, i_2, \cdots, i_t\}$，故

$$\sigma(i_1 \ i_2 \ \cdots \ i_t)\sigma^{-1}(k) = \sigma(\sigma^{-1}(k)) = k.$$

这就证明了我们的结论. □

定理 1.11 如果 $n \geq 5$，则 A_n 是单群.

证明 首先我们断言：任一偶置换都可以写成 3 轮换的乘积. 事实上，任一偶置换是偶数多个对换的乘积，所以我们只要说明任意两个对换的乘积都可以表成 3 轮换的乘积. 考虑两个对换的乘积 $(i \ j)(k \ l)$. 如果这两个对换相交，无妨设 $j = l$，则显然有 $(i \ j)(k \ l) = (i \ j \ k)$. 如果这两个对换不相交，则 $(i \ j)(k \ l) =$

$(i\ j)(j\ k)(j\ k)(k\ l) = (i\ j\ k)(j\ k\ l)$. 这就证明了我们的断言.

设 $H \trianglelefteq A_n, H \neq \{(1)\}$, 只要证明 $H = A_n$. 由上面的断言, 只要证明 H 包含所有的 3 轮换.

首先我们证明 H 至少含有一个 3 轮换. 对于任一置换 $\sigma \in S_n$, 如果 $\sigma(i) = i$, 我们就称 i 为 σ 的一个不动点. 设 $\tau \neq (1)$ 是 H 中不动点最多的元素, 我们来证明 τ 一定是 3 轮换. 用 $D(\tau)$ 记 τ 的不动点个数, 则 τ 是 3 轮换等价于 $D(\tau) = n - 3$.

将 τ 写成不相交轮换的乘积. 将最长的轮换写在最左边, 则无妨设
$$\tau = (1\ 2\ 3\ \cdots)\cdots \tag{1.1}$$
(即 τ 的轮换分解式中出现的不全是对换) 或
$$\tau = (1\ 2)(3\ 4)\cdots. \tag{1.2}$$

假若 $D(\tau) < n - 3$, 则在 (1.1) 式的右端至少要出现 5 个数字 (否则 (1.1) 式的右端恰好出现 4 个数字, 只能是 $\tau = (1\ 2\ 3\ k)\ (4 \leqslant k \leqslant n)$, 而 $(1\ 2\ 3\ k)$ 是奇置换). 于是不妨设 4 和 5 出现在 (1.1) 式的右端 (即 4 和 5 在 τ 下变动).

无论在上述的哪种情形, 都取 $\sigma = (3\ 4\ 5) \in A_n$. 由于 $\tau \in H \trianglelefteq A_n$, 故 $\tau' = \sigma\tau\sigma^{-1} \in H$. 于是 $\tau_1 = \tau^{-1}\tau' \in H$.

在 (1.1) 的情形, 有
$$\tau_1(1) = \tau^{-1}\sigma\tau\sigma^{-1}(1) = \tau^{-1}\sigma\tau(1) = \tau^{-1}\sigma(2) = \tau^{-1}(2) = 1.$$
而 τ 的不动点 (即不出现在 (1.1) 式右端的数字) 在 τ_1 下都不动, 所以 $D(\tau_1) > D(\tau)$, 矛盾于 τ 的选取.

在 (1.2) 的情形,
$$\tau_1 = ((\cdots)^{-1}(3\ 4)(1\ 2))(3\ 4\ 5)((1\ 2)(3\ 4)\cdots)(3\ 4\ 5)^{-1}.$$

显然 1 和 2 在 τ_1 下不动. 而 τ 的不动点中至多有一个 (即 "5") 可

能在 τ_1 下变动, 所以 τ 的不动点比 τ_1 的不动点个数至少少 1, 这与 τ 的选择相矛盾. 这就完成了 τ 是 3 轮换的证明.

下面证明 H 含有所有的 3 轮换. 无妨设上述的 $\tau = (1\ 2\ 3)$. 对于任一 $(i\ j\ k) \in A_n$, 取

$$\nu = \begin{pmatrix} 1 & 2 & 3 & 4 & 5 & \cdots & n \\ i & j & k & x_4 & x_5 & \cdots & x_n \end{pmatrix},$$

其中 $(x_4\ x_5\ \cdots\ x_n)$ 是 $\{1,2,\cdots,n\} \setminus \{i,j,k\}$ 的一个适当的排列, 使得 $\nu \in A_n$. 这样适当的排列是可以取到的, 原因是: 如果 ν 是奇置换, 将 ν 的表达式中的 x_4 和 x_5 对调, 即令

$$\nu' = \begin{pmatrix} 1 & 2 & 3 & 4 & 5 & \cdots & n \\ i & j & k & x_5 & x_4 & \cdots & x_n \end{pmatrix},$$

则 $\nu' = (x_4\ x_5)\nu$ 是偶置换. 由引理 1.10 即知 $(i\ j\ k) = \nu\tau\nu^{-1} \in H$. 这就完成了定理的证明. □

2.1.3 可解群

可解群这一术语的来源与一元多项式是否可以用四则运算和开方求其零点有关. 稍微准确地说, 一个多项式的零点可以用四则运算和开方求解当且仅当这个多项式的 Galios 群是可解群.

我们先介绍换位子群的概念.

定义 1.12 设 G 是群, $a,b \in G$. 规定 $[a,b] = aba^{-1}b^{-1}$, 并称之为 a 和 b 的**换位子**. 由群 G 的所有换位子生成的子群称为 G 的**换位子群**, 或**导群**, 记为 G'.

如果 G 是交换群, 则显然 $G' = \{e\}$. 因此, 从某种意义上讲, G' 是 G 的非交换性一种度量.

命题 1.13 G' 是 G 的正规子群.

证明 只要证明对于任意的 $g \in G$ 和 $[a,b] \in G'$,有 $g[a,b]g^{-1} \in G'$. 事实上,容易验证 $g[a,b]g^{-1} = [gag^{-1}, gbg^{-1}]$,仍为 G 中的换位子. 于是 $g[a,b]g^{-1} \in G'$,定理得证. □

换位子群最直接的意义在于

命题 1.14 G/G' 是交换群.

证明 对于任意的 $a, b \in G$,有 $aba^{-1}b^{-1} \in G'$,故

$$\bar{a}\bar{b}\bar{a}^{-1}\bar{b}^{-1} = \overline{aba^{-1}b^{-1}} = \bar{e} \in G/G',$$

所以 $\bar{a}\bar{b} = \bar{b}\bar{a}$. 证毕. □

命题 1.14 说明一个群模去换位子群可以使得商群成为交换群. 事实上,如下面的命题所述,换位子群是使得商群交换的最小的正规子群.

命题 1.15 设 $H \trianglelefteq G$,则 G/H 是交换群的充分必要条件是 $G' \leqslant H$.

证明 对于任意的 $g \in G$,以 $\bar{g}$ 记 g 在典范同态 $\pi: G \to G/H$ 下的像.

必要性 显然 $\ker \pi = H$. 对于任意的 $a, b \in G$,有 $\pi(aba^{-1}b^{-1}) = \bar{a}\bar{b}\bar{a}^{-1}\bar{b}^{-1} = \bar{e}$,故 $aba^{-1}b^{-1} \in \ker \pi = H$. 所以 $G' \leqslant H$.

充分性 对于任意的 $a, b \in G$,由于 $aba^{-1}b^{-1} \in G' \leqslant H$,故 $\overline{aba^{-1}b^{-1}} = \bar{e}$,即 $\bar{a}\bar{b} = \bar{b}\bar{a}$. 而 G/H 中的所有元素皆形如 $\bar{a}$ ($a \in G$),故 G/H 是交换群. □

现在我们引入可解群的概念. 首先递归地定义群 G 的 n 级导群 $G^{(n)}$:规定 $G^{(1)} = G'$,对 $n > 1$,规定 $G^{(n)} = (G^{(n-1)})'$.

定义 1.16 设 G 是群. 如果存在某个正整数 n 使得 $G^{(n)} = \{e\}$,则称 G 为**可解群**.

下面的命题给出可解群的另一种说法.

命题 1.17 设 G 是群,则 G 是可解群的充分必要条件是存在 G 的子群列 $G = G_0 \trianglerighteq G_1 \trianglerighteq \cdots \trianglerighteq G_s = \{e\}$,使得 G_i/G_{i+1} ($i = 0, 1, \cdots, s-1$) 都是交换群.

证明 必要性 取 $G_i = G^{(i)}$ 即可.

充分性 用归纳法证明 $G^{(i)} \leqslant G_i$ $(1 \leqslant i \leqslant s-1)$. 因为 G/G_1 是交换群, 由命题 1.15 知 $G' \leqslant G_1$, 即归纳法的第一步成立. 现在设 $G^{(i)} \leqslant G_i$ $(1 \leqslant i \leqslant s-1)$. 由于 G_i/G_{i+1} 是交换群, 所以 $G_i' \leqslant G_{i+1}$. 而 $G^{(i)} \leqslant G_i$, 故 $(G^{(i)})' \leqslant G_i' \leqslant G_{i+1}$, 即 $G^{(i+1)} \leqslant G_{i+1}$. 这就完成了归纳证明. 于是 $G^{(s)} \leqslant G_s = \{e\}$, 即有 $G^{(s)} = \{e\}$, 所以 G 是可解群. □

2.1.4 群的自同构群

如同在第 1 章 §1.1 的 1.1.5 中所说的, 任意一个群 G 的自同构的全体在复合运算下构成一个群 $\mathrm{Aut}(G)$. 一类特别重要的的自同构是所谓的**内自同构**, 其含义如下: 对于任一 $g \in G$, 定义 G 到自身的映射

$$\sigma_g: G \to G,$$
$$a \mapsto gag^{-1}$$

(也称为 g 所引起的 G 上的**共轭**变换). 容易看出 σ_g 是 G 的自同构. 事实上, 对于任意的 $a, b \in G$, 有

$$\sigma_g(ab) = g(ab)g^{-1} = (gag^{-1})(gbg^{-1}) = \sigma_g(a)\sigma_g(b),$$

所以 σ_g 是 G 的自同态. 又

$$a \in \ker(\sigma_g) \iff gag^{-1} = e \iff a = e,$$

所以 σ_g 是单同态. 再者, G 的任一元素 b 在 σ_g 有反像 $g^{-1}bg$, 所以 σ_g 是满射. 这就说明了 σ_g 是 G 的自同构.

现在考虑映射

$$\varphi: G \to \mathrm{Aut}(G),$$
$$g \mapsto \sigma_g.$$

我们来说明 φ 是群同态. 为此只要说明对于 $g, h \in G$, 有 $\sigma_{gh} = \sigma_g \sigma_h$. 事实上,对于任意的 $a \in G$,有

$$\sigma_{gh}(a) = (gh)a(gh)^{-1} = g(hah^{-1})g^{-1} = g(\sigma_h(a))g^{-1}$$
$$= \sigma_g(\sigma_h(a)) = (\sigma_g \sigma_h)(a),$$

即 $\sigma_{gh} = \sigma_g \sigma_h$.

同态 φ 的像记为 $\mathrm{Inn}(G)$,即 $\mathrm{Inn}(G)$ 是 G 的全体内自同构组成的集合. 由第 1 章 §1.1 的命题 1.25 知 $\mathrm{Inn}(G)$ 是 $\mathrm{Aut}(G)$ 的子群. 同态 φ 的核记为 $Z(G)$,则

$$g \in Z(G) \iff gag^{-1} = a \ (\forall\, a \in G) \iff ga = ag \ (\forall\, a \in G),$$

故 $Z(G)$ 是与 G 中所有元素乘法都可交换的元素组成的集合,即第 1 章 §1.1 的习题 41 中定义的群 G 的中心. 由群同态基本定理知 $Z(G) \triangleleft G$ 且 $G/Z(G) \cong \mathrm{Inn}(G)$.

定义 1.18 $\mathrm{Inn}(G)$ 称为 G 的**内自同构群**;$Z(G)$ 称为 G 的**中心**.

我们进一步指出 $\mathrm{Inn}(G)$ 是 $\mathrm{Aut}(G)$ 的正规子群. 事实上,对于任意的 $\tau \in \mathrm{Aut}(G)$ 和 $\sigma_g \in \mathrm{Inn}(G)$,有

$$\tau \sigma_g \tau^{-1} = \sigma_{\tau(g)} \in \mathrm{Inn}(G). \tag{1.3}$$

详言之, $\forall\, a \in G$,有

$$\tau \sigma_g \tau^{-1}(a) = \tau \sigma_g(\tau^{-1}(a)) = \tau(g\tau^{-1}(a)g^{-1})$$
$$= \tau(g)\tau(\tau^{-1}(a))\tau(g^{-1}) = \tau(g)a\tau(g)^{-1} = \sigma_{\tau(g)}(a).$$

这就证明了 (1.3) 式. 于是有下面的定义:

定义 1.19 $\mathrm{Aut}(G)/\mathrm{Inn}(G)$ 称为 G 的**外自同构群**,并称 $\mathrm{Aut}(G)\backslash \mathrm{Inn}(G)$ 中的自同构为 G 的**外自同构**.

Schreier 猜测,单群的外自同构群必为可解群. 由于有限单群分类工作的完成,这个猜测已经变成定理.

习 题

1. 设 g 为群 G 中的 rs 阶元素,其中 r 与 s 互素. 证明存在 $a, b \in G$ 满足 $g = ab$, $o(a) = r$, $o(b) = s$ 且 a, b 都是 g 的方幂.

2. 如果群 G 中的元素 g 的阶与正整数 k 互素,证明方程 $x^k = g$ 在 $\langle g \rangle$ 内恰有一个解.

3. 证明有理数加法群的任一有限生成子群都是循环群.

4. 设 G 是有限生成的交换群. 如果 G 的每个生成元的阶都有限, 证明 G 是有限群.

*5. 证明有限生成群的指数有限的子群也是有限生成的.

*6. 设 G 是群. 对于任一正整数 k, 令 $G^k = \{g^k \mid g \in G\}$. 证明 G 是循环群的充分必要条件是 G 的任意一个子群都是 G^k 这样的集合.

*7. 设 p 是素数, n 是正整数, $G = Z_{p^n}$. 试确定 $\text{Aut}(G)$.

8. 写出互不同构的所有的 36 阶交换群.

9. 求 $Z_3 \oplus Z_9 \oplus Z_9 \oplus Z_{243}$ 的 9 阶循环和非循环子群的个数.

10. 证明 S_n 可以由 $n-1$ 个对换 $(1\ 2), (1\ 3), \cdots, (1\ n)$ 生成, 也可以由 $(1\ 2), (2\ 3), \cdots, (n-1\ n)$ 生成.

11. 证明 S_n 可以由对换 $(1\ 2)$ 和轮换 $(1\ 2\ \cdots\ n)$ 生成.

12. 如果 n 是大于 2 的偶数, 证明 A_n 可以由 $(1\ 2\ 3), (1\ 2\ 4), \cdots, (1\ 2\ n)$ 生成, 也可以由 $(1\ 2\ 3), (2\ 3\ 4), \cdots, (n-2\ n-1\ n)$ 生成.

13. 证明: 如果 n 是大于 2 的偶数, A_n 可以由 $(1\ 2\ 3)$ 和 $(2\ 3\ \cdots\ n)$ 生成; 如果 n 是大于 2 的奇数, 则 A_n 可以由 $(1\ 2\ 3)$ 和 $(1\ 2\ \cdots\ n)$ 生成.

14. 设 $\sigma = (1\ 2\ \cdots\ n)$, 证明 σ 在 S_n 中的中心化子是 $\langle \sigma \rangle$, 并证明 σ 在 S_n 中的共轭类含有 $(n-1)!$ 个元素.

15. 设 $n > 2$, 证明 $Z(S_n) = \{(1)\}$.

16. 设 $n \geqslant 5$, 证明 S_n 中只有一个非平凡的真正规子群, 即 A_n.

17. 设 G 是群，$N \trianglelefteq G$, $N \cap G' = \{e\}$. 证明 $N \leqslant Z(G)$.

18. 证明可解群的子群和商群都是可解群.

19. 设 H, K 都是群 G 的正规子群，G/H 与 G/K 都可解. 证明 $G/H \cap K$ 也可解.

20. 如果群 G 恰有两个自同构，证明 G 必为交换群.

*21. 证明阶大于 2 的有限群至少有两个自同构.

22. 证明 $\mathrm{Aut}(\mathbb{Z}_2 \oplus \mathbb{Z}_2) \cong S_3$.

§2.2 群在集合上的作用和 Sylow 定理

本节将用群在集合上的作用的方法证明有限群理论中的最重要的定理之一，即 Sylow 定理. 群作用的思想和方法无论从理论上和应用上都具有基本的重要性.

2.2.1 群在集合上的作用

定义 2.1 设 G 是一个群，S 是一个集合，映射

$$f: G \times S \to S,$$
$$(g, s) \mapsto f(g, s) \text{ (也简记为 } g(s))$$

称为 G 在 S 上的一个**作用**，如果它满足以下两个条件：

(1) $e(s) = s$ ($\forall s \in S$);

(2) $g_1(g_2(s)) = (g_1 g_2)(s)$ ($\forall g_1, g_2 \in G$, $s \in S$).

设给定了一个群作用 $f: G \times S \to S$. 我们可以在 S 上定义一个二元关系 "$\sim$": 对于 $s_1, s_2 \in S$,

$$s_1 \sim s_2 \iff \text{存在 } g \in G \text{ 使得 } g(s_1) = s_2.$$

在这样的定义下，群的定义中的三条性质保证了 "$\sim$" 作为等价关系的三条性质. 确切地说，"$\sim$" 具有

(1) 反身性： $s \sim s$ (因为存在 $e \in G$, 使得 $e(s) = s$);

(2) 对称性：若 $s_1 \sim s_2$，即存在 $g \in G$，使得 $g(s_1) = s_2$. 两端以 g^{-1} 作用，得 $g^{-1}g(s_1) = g^{-1}(s_2)$，即 $s_1 = g^{-1}(s_2)$，故 $s_2 \sim s_1$.

(3) 传递性：若 $s_1 \sim s_2$, $s_2 \sim s_3$，即存在 $g_1, g_2 \in G$，使得 $g_1(s_1) = s_2, g_2(s_2) = s_3$. 于是

$$(g_2 g_1)(s_1) = g_2(g_1(s_1)) = g_2(s_2) = s_3.$$

S 在这个等价关系下的等价类称为**轨道**. $s(\in S)$ 所在的轨道记为 $\mathrm{Orb}(s)$. 于是有

$$S = \bigsqcup_{\mathrm{Orb}(s)} \mathrm{Orb}(s).$$

轨道中的元素个数称为**轨道的长**. $\mathrm{Orb}(s)$ 的长记为 $|\mathrm{Orb}(s)|$. 由此立得

命题 2.2 设群 G 作用在有限集合 S 上，$\mathrm{Orb}(s_1), \cdots, \mathrm{Orb}(s_t)$ 为所有轨道的集合，则

$$|S| = \sum_{i=1}^{t} |\mathrm{Orb}(s_i)|.$$

设群 G 作用在集合 S 上，$s \in S$. 令

$$\mathrm{Stab}(s) = \{g \in G \mid g(s) = s\}.$$

不难验证 $\mathrm{Stab}(s)$ 是 G 的子群. 事实上，显然 $e \in \mathrm{Stab}(s)$，故 $\mathrm{Stab}(s)$ 非空；对于任意的 $g_1, g_2 \in \mathrm{Stab}(s)$，有 $(g_1 g_2)(s) = g_1(g_2(s)) = g_1(s) = s$，故 $g_1 g_2 \in \mathrm{Stab}(s)$；又由 $g_1(s) = s$（两端用 g_1^{-1} 作用）得到 $g_1^{-1}(s) = s$，故 $g_1^{-1} \in \mathrm{Stab}(s)$. 这就证明了 $\mathrm{Stab}(s) \leqslant G$.

$\mathrm{Stab}(s)$ 称为 s 的**稳定子群** 或**稳定化子**.

命题 2.3 同一轨道中的元素的稳定子群彼此共轭. 详言之，设群 G 作用在 S 上，$g \in G, s, s' \in S$ 满足 $g(s) = s'$，则

$$\mathrm{Stab}(s') = g\mathrm{Stab}(s)g^{-1}.$$

证明 对于任一 $a \in G$, 有

$$a \in \mathrm{Stab}(s') \iff a(s') = s' \iff ag(s) = g(s)$$
$$\iff g^{-1}ag(s) = s \iff g^{-1}ag \in \mathrm{Stab}(s),$$

故 $\mathrm{Stab}(s) = g^{-1}\mathrm{Stab}(s')g$, 即 $\mathrm{Stab}(s') = g\mathrm{Stab}(s)g^{-1}$. $\square$

由轨道和稳定子群的定义立即得到下面的命题:

命题 2.4 设群 G 作用在有限集合 S 上, $s \in S$, 则

$$|\mathrm{Orb}(s)| = |G : \mathrm{Stab}(s)|.$$

特别地, 如果 G 又是有限群, 则 $|\mathrm{Orb}(s)|$ 整除 $|G|$.

证明 记 $H = \mathrm{Stab}(s)$, 定义映射

$$\varphi : G \text{ 关于 } \mathrm{Stab}(s) \text{ 的左陪集的集合} \to \mathrm{Orb}(s),$$
$$gH \mapsto g(s).$$

我们只要证明 φ 是双射.

首先验证 φ 良定义. 设 $g, g_1 \in G$, $g_1H = gH$, 则存在 $h \in H$ 使得 $g_1 = gh$. 于是 $g_1(s) = g(h(s)) = g(s)$. 这就证明了 φ 良定义.

再证明 φ 是单射. 如果 $g(s) = g_1(s)$, 则 $g_1^{-1}g(s) = s$, 所以 $g_1^{-1}g \in H$, 即 $g_1H = gH$.

由 $\mathrm{Orb}(s)$ 的定义知 φ 是满射. $\square$

由命题 2.2 和命题 2.4 立得

推论 2.5 设 S 是有限集合, 群 G 作用在集合 S 上, 则

$$|S| = \sum_{i=1}^{t} |G : \mathrm{Stab}(s_i)|,$$

其中 $s_1, \cdots, s_t$ 是所有轨道的代表元.

例 2.6 设 G 是有限群. 考虑共轭作用

$$G \times G \to G,$$
$$(g, x) \mapsto gxg^{-1}.$$

容易验证这是一个群作用. $x \in G$ 所在的轨道为 $\mathrm{Orb}(x) = \{gxg^{-1} \mid g \in G\}$, 称为 x 所在的**共轭类**, 记为 C_x. 设 $C_{x_1}, \cdots, C_{x_t}$ 为 G 的全部共轭类, 由命题 2.2 知

$$|G| = \sum_{i=1}^{t} |C_{x_i}|,$$

即 G 的阶等于 G 的所有共轭类的基数之和, 称为群的**类方程**. 注意到 $x \in Z(G) \iff gx = xg \ (\forall \ g \in G) \iff C_x = \{x\} \iff |C_x| = 1$, 故

$$|G| = |Z(G)| + \sum_{j=1}^{s} |C_{y_j}|,$$

其中 $C_{y_j} \ (j = 1, \cdots, s)$ 为 G 的所有基数大于 1 的共轭类.

x 的稳定化子

$$\mathrm{Stab}(x) = \{g \in G \mid gxg^{-1} = x\} = \{g \in G \mid gx = xg\},$$

即 G 中与 x 乘法可交换的元素的全体所构成的子群, 记为 $C_G(x)$ (即 $\{x\}$ 的中心化子, 参见第 1 章 §1.1 的习题 26). 由推论 2.5 知

$$|G| = \sum_{i=1}^{t} |G : C_G(y_i)| = |Z(G)| + \sum_{j=1}^{s} |G : C_G(y_j)|.$$

这个公式也称为群的**类方程**.

例 2.7 作为类方程的一个应用, 我们证明 p 群的中心一定非平凡. 所谓 p 群是指阶为素数 p 的方幂的群.

设 G 是 p 群, $|G| = p^n$. 在类方程

$$|G| = |Z(G)| + \sum_{j=1}^{s} |G : C_G(y_j)|$$

中所有的 $C_G(y_j) \ (j = 1, \cdots, s)$ 都是 G 的真子群, 故

$$p \mid |G : C_G(x_j)|.$$

所以 $p \mid |Z(G)|$.

2.2.2 Sylow 定理

本小节中证明 Sylow 定理, 它是群论的最重要结果之一.

定义 2.8 设 G 为有限群, p 为素数, $p^l \| |G|$, 则称 G 的 p^l 阶子群为 G 的 **Sylow p 子群**.

定理 2.9 (第一 Sylow 定理) 设 G 为有限群, p 为素数, $p^k \mid |G|$, 则 G 有 p^k 阶子群. 特别地, G 中存在 Sylow p 子群.

证明 对 G 的阶作归纳法. 若 $|G| \leqslant p$, 结论当然成立, 故可设 $|G| > p$. 如果 G 是交换群, 则本章命题 1.7 中的 $\bigoplus_{j=1}^{k_i} \mathbb{Z}_{p_i}^{l_{ij}}$ 就是 G 的 Sylow p_i 子群, 故定理成立. 故下面假设 G 非交换, 于是 G 的中心 $Z(G)$ 是 G 的真子群.

首先假定 $p \mid |Z(G)|$. 由定理对交换群成立, $Z(G)$ 有 p 阶子群 Z. 因为商群 G/Z 小于 G 的阶, 由归纳假设, 定理成立.

下面设 $p \nmid |Z(G)|$. 由例 2.6, 群 G 的类方程为

$$|G| = \sum_{i=1}^{t} |G : C_G(y_i)| = |Z(G)| + \sum_{j=1}^{s} |G : C_G(y_j)|,$$

其中 C_{y_j} $(j = 1, \cdots, s)$ 为 G 的所有基数大于 1 的共轭类. 这推出至少存在一个 j, 譬如 $j = 1$, 使得 $|C_{y_1}|$ 与 p 互素. 这样, G 的真子群 $C_G(y_1)$ 与 G 的阶包含的 p 的方幂的因子是相同的. 由归纳假设, 定理对 $C_G(y_1)$ 成立. 于是也对 G 成立. □

定理 2.10 (第二 Sylow 定理) 设 G 为有限群, p 为素数, P 为 G 的一个 Sylow p 子群. 又设 $p^k \mid |G|$, 则 G 的 p^k 阶子群必含于 P 的某个共轭子群中.

证明 设 $H \leqslant G$, $|H| = p^k$.

取 S 为 P 的所有左陪集组成的集合. 设 $|G| = mp^l$, $(m, p) = 1$, 则 $|P| = p^l$, $|S| = m$.

定义 H 在 S 上的作用为左乘, 即对于 $h \in H$, $aP \in S$ ($a \in G$), 令 $h(aP) = (ha)P$. 易验证这是一个群作用. 由命题 2.4, 有

$|\mathrm{Orb}(aP)| \mid |H|$, 而 $|H| = p^k$, 所以 $|\mathrm{Orb}(aP)| = 1$ 或 p^t $(1 \leqslant t \leqslant k)$. 又由命题 2.2 有 $|S| = \sum |\mathrm{Orb}(aP)|$, 而 $|S| = m$ 不是 p 的倍数, 所以至少有某一个陪集 aP 使得 $|\mathrm{Orb}(aP)| = 1$, 这等价于 $haP = aP$ ($\forall\, h \in H$), 即 $a^{-1}ha \in P$, 亦即 $h \in aPa^{-1}$. 故 $H \subseteq aPa^{-1}$. □

推论 2.11 对于确定的素数 p, 有限群 G 的所有 Sylow p 子群两两共轭, 即 Sylow p 子群的集合在 G 的内自同构下传递.

证明 设 P_1, P_2 为 G 的 Sylow p 子群. 由定理 2.10 知存在 $a \in G$ 使得 $P_1 \subseteq aP_2a^{-1}$. 但 $|P_1| = |aP_2a^{-1}|$, 故 $P_1 = aP_2a^{-1}$. □

定理 2.12 (第三 Sylow 定理) 设 G 为有限群, p 为素数, $|G| = p^l m, (p, m) = 1$. 以 r 记 G 的 Sylow p 子群个数, 则 $r \equiv 1 \pmod{p}$ 且 $r \mid m$.

在第 1 章 §1.1 的习题 26 中我们引入了群的子集的正规化子, 在这里我们对于子群重新叙述这一概念, 证明一个引理.

定义 2.13 设 $H \leqslant G$, 则称 $\{g \in G \mid gHg^{-1} = H\}$ 为 H 在 G 中的**正规化子**, 记为 $N_G(H)$.

显然 $H \triangleleft N_G(H)$.

引理 2.14 设 P 是有限群 G 的 Sylow p 子群, 则 $N_G(P)$ 只含有一个 (G 的)Sylow p 子群.

证明 设 $|G| = mp^l$, $(m, p) = 1$. 由于 $P \leqslant N_G(P) \leqslant G$ 且 $|P| = p^l$, 所以 $p^l \parallel |N_G(P)|$. 于是对于 G 的任一 Sylow p 子群 Q, 如果 $Q \subseteq N_G(P)$, 则 Q 是 $N_G(P)$ 的 Sylow p 子群. 显然 P 是 $N_G(P)$ 的 Sylow p 子群. 由于 $P \triangleleft N_G(P)$, 所以 P 在 $N_G(P)$ 的内自同构作用下不动. 假若又有 G 的 Sylow p 子群 $Q \subseteq N_G(P)$, $Q \neq P$, 则 (在 $N_G(P)$ 中考虑) 与推论 2.11 矛盾. □

第三 Sylow 定理的证明 设 P 是 G 的一个 Sylow p 子群. 取 S 为 G 的所有 Sylow p 子群组成的集合, 定义 P 在 S 上的作用为共轭作用, 即对于 $a \in P$ 和 $Q \in S$, $a(Q) = aQa^{-1}$. 显然 $\mathrm{Orb}(P) = \{P\}$, 即 $|\mathrm{Orb}(P)| = 1$. 不难看出, 满足 $|\mathrm{Orb}(Q)| = 1$ 的 G 的 Sylow p 子群只有 P. 事实上, 如果 $|\mathrm{Orb}(Q)| = 1$, 即

$aQa^{-1} = Q$ ($\forall a \in P$), 亦即 $a \in N_G(Q)$, 于是 $P \subseteq N_G(Q)$. 由引理 2.14 知 $N_G(Q)$ 中只有一个 Sylow p 子群, 故 $P = Q$.

由命题 2.2 有 $r = |S| = \sum |\mathrm{Orb}(Q)|$, 其中 $\mathrm{Orb}(Q)$ 取遍 G 的 Sylow p 子群在 P 的共轭作用下的轨道. 由上面的讨论知: 除了 $|\mathrm{Orb}(P)| = 1$ 之外, 其余的 $|\mathrm{Orb}(Q)|$ 都大于 1. 但 $|\mathrm{Orb}(Q)| \mid |P| = p^l$ (见命题 2.4), 故 $|\mathrm{Orb}(Q)| \equiv 0 \pmod{p}$. 于是 $r \equiv 1 \pmod{p}$.

我们再证明 $r \mid m$. 仍取 S 为 G 的所有 Sylow p 子群组成的集合, 考虑 G 在 S 上的共轭作用. 由推论 2.11 知整个 S 构成一条轨道. 由命题 2.4 知 $r = |S| \mid |G| = mp^l$. 但上面已证 $r \equiv 1 \pmod{p}$, 所以 $(r, p) = 1$, 亦有 $(r, p^l) = 1$. 故 $r \mid m$. □

习 题

1. 设 G 是有限群, $H < G$ 且 $|G : H| = n > 1$. 证明 G 必含有一个指数整除 $n!$ 的非平凡的正规子群或者 G 同构于 S_n 的一个子群.

2. 设 G 是有限群, p 为 $|G|$ 的最小素因子. 证明 G 的指数为 p 的子群 (如果存在) 必正规.

3. 证明 p^2 阶群必交换 (这里 p 是素数), 并且这种群在同构意义下只有两个.

4. 证明 p 群是可解群.

5. 证明非交换 6 阶群必同构于 S_3.

6. 写出 S_4 的一个 Sylow 2 子群和一个 Sylow 3 子群.

7. 设 G 是群, $H \triangleleft G$, $K \triangleleft G$, 且 $H \cap K = \{e\}$, 则 H 和 K 之间元素的乘法可交换.

8. 定出所有互不同构的 15 阶群.

9. 定出所有互不同构的 10 阶群.

10. 设 p, q 是不同的素数. 证明不存在 pq 阶单群.

11. 设 p, q 是不同的素数. 证明 $p^2 q$ 阶群必含有正规的 Sylow 子群.

12. 证明不存在 56 阶单群.

*13. 证明 60 阶单群必同构于 A_5.

14. 设 p 为素数, 群 G 的阶为 p^3. 如果 G 非交换, 证明 $G' = Z(G)$.

15. 设 G 为 p 群, $N \trianglelefteq G, |N| = p$. 证明 $N \leqslant Z(G)$.

16. 证明不存在群 G 满足 $G' \cong S_3$.

17. 证明不存在群 G 满足 $G' \cong S_4$.

18. 证明 $A_n(n > 4)$ 中每个 3 轮换都可以表成一个换位子. 由此证明 $A_n' = A_n$.

19. 设 G 为有限群, $N \trianglelefteq G, P$ 为 N 的一个 Sylow p 子群. 证明 $G = NN_G(P)$.

20. 设 G 是有限群, 且 G 有一个非平凡的循环的 Sylow 2 子群. 证明 G 有指数为 2 的子群.

21. 设 p 是素数, $F = \mathbb{Z}/p\mathbb{Z}, G = \mathrm{GL}_n(F)$. 具体写出 G 的一个 Sylow p 子群.

§2.3 合成群列

在线性代数中我们经常用子空间和商空间来研究原来的线性空间. 在群论中我们也采用类似的方法. 一个重要的不同之处在于: 在群论中我们只能对于正规子群作商群, 而在线性代数中对于任意的子空间都可以作商空间.

假若群 G 有非平凡的正规子群 G_1, 则我们可以对于 G_1 和 G/G_1 作同样的考虑, 这种考虑可以做到所出现的商群都是单群的情形为止 (子群可以认为是关于由幺元组成的平凡子群的商群). 我们要引入的合成群列就是具有这种性质的群列.

2.3.1 次正规群列与合成群列

定义 3.1 设 G 是群. 一个有限长的子群降链

$$G = G_0 > G_1 > \cdots > G_r = \{e\}$$

如果满足

$$G_i \neq G_{i-1} \text{ 且 } G_i \trianglelefteq G_{i-1} \quad (\forall\, 1 \leqslant i \leqslant r),$$

则称之为 G 的一个**次正规群列**.

注意：在次正规群列中并不要求 $G_i \trianglelefteq G$ ($i \geqslant 2$).

定义 3.2 设 $G = G_0 > G_1 > \cdots > G_r = \{e\}$ 是 G 的一个次正规群列. 如果 G_{i-1}/G_i ($1 \leqslant i \leqslant r$) 都是单群，则称之为 G 的一个**合成群列**，而称每个商群 G_{i-1}/G_i 为 G 的一个**合成因子**.

当然，一般来讲，一个群不一定有合成群列，例如整数加法群 $\mathbb{Z}$ 就没有合成群列. 而且不难看出，有限群总有合成群列，但合成群列通常并不唯一被 G 所确定. 对于无限群 G，下面的定理 3.7 给出了 G 有合成群列的充要条件.

2.3.2 Schreier 定理与 Jordan-Hölder 定理

定理 3.3 (Schreier 定理) 有限群的任意一个次正规群列都可以加细为合成群列.

证明 设 $G = G_0 > G_1 > \cdots > G_r = \{e\}$ 是 G 的一个次正规群列. 我们称 r 为此列的长度. 如果有某个 i ($1 \leqslant i \leqslant r$) 使得 G_{i-1}/G_i 不是单群，即 G_{i-1}/G_i 有非平凡的正规子群 $\bar{H}$. 由第一同构定理 (即第 1 章 §1.1 的定理 1.30) 中的结论 (2) 知：$\bar{H}$ 在典范同态 $G_{i-1} \to G_{i-1}/G_i$ 下的反像 H 为 G_{i-1} 的正规子群，且 $G_{i-1} \neq H \neq G_i$. 于是

$$G = G_0 > G_1 > \cdots G_{i-1} > H > G_i > \cdots > G_r = \{e\}$$

是 G 的长度为 $r+1$ 的次正规群列. 由于 G 是有限群，所以次正规群列的长度有限. 故上述的加细过程必在有限步之后停止. 此时所有相邻的两个群的商群都是单群. 这个群列就是合成群列. □

推论 3.4 任意有限群皆有合成群列.

证明 设 G 为有限群. 无妨设 $|G| > 1$. 对于次正规群列 $G \triangleright \{e\}$ 应用定理 3.3 即可. □

有限群的合成群列有一定意义下的唯一性. 见下面的重要定理.

定理 3.5 (Jordan-Hölder 定理) 任一有限群的所有合成群列的长度皆相等, 且它们的合成因子在不计顺序的意义下对应同构.

证明 设 G 是有限群. 对于 G 的合成群列的最小长度 r 作归纳法.

若 $r = 1$, 即 $G \triangleright \{e\}$ 为合成群列. 这等价于 G 是单群, 所以这个群列是唯一的合成群列.

现在设对于合成群列的最小长度 $\leqslant r - 1$ 的群定理已证. 设 G 的合成群列的最小长度为 r, 即存在 G 的合成群列

$$G \triangleright G_1 \triangleright G_2 \triangleright \cdots \triangleright G_r = \{e\}.$$

设又有 G 的合成群列

$$G \triangleright H_1 \triangleright H_2 \triangleright \cdots \triangleright H_s = \{e\}.$$

若 $H_1 = G_1$, 则对于 G_1 用归纳假设即可.

若 $H_1 \neq G_1$, 由于 $H_1, G_1 \trianglelefteq G$, 故 $G_1 < H_1 G_1 \trianglelefteq G$. 因 G/G_1 是单群, 得 $G = G_1 H_1$. 令 $K = G_1 \cap H_1 \trianglelefteq G$, 由第二同构定理可知

$$G/G_1 \cong H_1/K, \quad G/H_1 \cong G_1/K$$

(特别地, G_1/K, H_1/K 为单群). 设

$$K = K_0 \triangleright K_1 \triangleright \cdots \triangleright K_t = \{e\}$$

为 K 的一个合成群列. 我们得到 G_1 的两个合成群列

$$G_1 \triangleright G_2 \triangleright \cdots \triangleright G_r = \{e\}.$$

和
$$G_1 > K > K_1 > \cdots > K_t = \{e\}.$$

它们的长度分别为 $r-1$ 和 $t+1$, 由归纳假设得 $t = r-2$, 且它们的合成因子在不计顺序的意义下对应同构. 同样的推理得到 H_1 也有两个合成群列

$$H_1 > H_2 > \cdots > H_s = \{e\}$$

和

$$H_1 > K > K_1 > \cdots > K_{r-2} = \{e\},$$

长度分别为 $s-1$ 和 $r-1$, 由归纳假设可得 $r = s$, 且它们的合成因子在不计顺序的意义下对应同构. 这样我们得到 G 的两个合成群列

$$G > G_1 > K > \cdots > K_{r-2} = \{e\}$$

和

$$G > H_1 > K > \cdots > K_{r-2} = \{e\},$$

且它们的合成因子在不计顺序的意义下对应同构. 所以, 群 G 原来的两个合成群列的合成因子在不计顺序的意义下也对应同构. 定理证毕. □

以上谈的都是有限群, 对于无限群来说, 不一定存在合成群列, 见本节末的习题 1. 但是, 如果无限群存在某些所谓的 "有限性条件", 也能存在合成群列, 并成立 Jordan-Hölder 定理.

下面, 我们引入无限群的若干有限性条件.

定义 3.6 (1) 关于子群 (或正规子群) 的**升链条件**的含义是: 对于由 G 的子群 (或正规子群) 组成的上升群列 (升链)

$$H_1 \leqslant H_2 \leqslant H_3 \leqslant \cdots,$$

总可找到正整数 k, 使 $H_k = H_{k+1} = \cdots$.

(2) 关于子群 (或正规子群) 的**降链条件**的含义是：对于由 G 的子群 (或正规子群) 组成的下降群列 (降链)

$$G_1 \geqslant G_2 \geqslant G_3 \geqslant \cdots,$$

总可找到正整数 k，使 $G_k = G_{k+1} = \cdots$.

(3) 关于子群 (或正规子群) 的**极大条件**的含义是：对于由 G 的子群 (或正规子群) 组成的任一非空集合 $\mathcal{S}$，总存在极大元素 $M \in \mathcal{S}$，即 M 满足：由 $H \in \mathcal{S}$ 和 $M \leqslant H$ 可推出 $H = M$.

(4) 关于子群 (或正规子群) 的**极小条件**的含义是：对于由 G 的子群 (或正规子群) 组成的任一非空集合 $\mathcal{S}$，总存在极小元素 $M \in \mathcal{S}$，即 M 满足：由 $H \in \mathcal{S}$ 和 $M \geqslant H$ 可推出 $H = M$.

不难证明，升链条件和极大条件等价，而降链条件和极小条件等价. 有兴趣的读者可以自行证明.

对于无限群来说，下面的定理给出了合成群列存在的充分必要条件，我们略去它的证明.

定理 3.7 群 G 存在合成群列的充分必要条件是 G 满足关于子群的次正规群列的升链条件和降链条件.

习 题

1. 证明整数加法群 $\mathbb{Z}$ 没有合成群列.
2. 写出 $\mathbb{Z}_6$ 的两种合成群列.
3. 写出 S_3 和 S_4 的合成群列.
4. 设 $F = \mathbb{Z}/2\mathbb{Z}$，试写出 $\mathrm{GL}_2(F)$ 的一个合成群列.

§2.4 自 由 群

自由群可以认为是其元素之间没有任何关系的群，因此任意一个群都可以视为自由群的同态像.

我们只考虑有限生成的自由群,其实这里的讨论很容易推广到无限的情形.

设 $X = \{x_1, \cdots, x_n\}$ $(n \geqslant 1)$. 又取 $X' = \{x'_1, \cdots, x'_n\}$ 为与 X 一一对应的集合,但是 x_i 与 x'_i 之间没有任何关系 (在下面我们将看到 x_i 与 x'_i 相当于互逆的元素). 令 $S = X \cup X'$. 由 S 的元素组成的有限序列 $w = a_1 \cdots a_t$ (其中 $a_i \in S$, $i = 1, \cdots, t$) 称为一个**字**. 我们允许空集合组成的字,称为**空字**. 在所有的字的集合 W 上定义乘法为两个字的连写. 容易看出 W 在此乘法下构成一个幺半群 (空字为幺元).

两个字 w_1 和 w_2 称为**相邻**的,如果它们中的一个形如 uv,而另一个形如 $ux_ix'_iv$ 或 ux'_ix_iv,其中 $u,v \in W$,$x_i \in X$,$x'_i \in X'$.

两个字 w_1 和 w_2 称为**等价**的,记为 $w_1 \sim w_2$,如果存在有限多个字 $f_1, \cdots, f_r$,使得 $w_1 = f_1$,$w_2 = f_r$,并且 f_i 与 f_{i+1} 相邻 ($\forall i = 1, \cdots, r-1$). 容易验证 $\sim$ 是 W 上的等价关系. 以 $\overline{w}$ 记字 w 所在的等价类. 定义等价类的乘法为 $\overline{w_1}\,\overline{w_2} = \overline{w_1 w_2}$. 容易验证这个乘法是良定义的,并且等价类集合 $S/\sim$ 在这个乘法下构成群.

定义 4.1 等价类的集合 $S/\sim$ 在上述乘法下构成的群称为 X 上的**自由群**.

命题 4.2 设 $G = \langle g_1, \cdots, g_n \rangle$,$F$ 是集合 $X = \{x_1, \cdots, x_n\}$ 上的自由群,则

$$\begin{aligned} \varphi: F &\to G, \\ \overline{x_i} &\mapsto g_i, \\ \overline{x'_i} &\mapsto g_i^{-1}, \\ \overline{\varnothing} &\mapsto e \end{aligned}$$

(再延拓到整个 F 上) 是群同态.

此命题的证明只是逐条验证,在此我们略去.

定义 4.3 以 N 记命题 4.2 中的同态 φ 的核. 设 f_i $(i \in I)$ 为 N 的生成元的一部分, 使得包含它的最小的正规子群 (即 F 的所有包含 $\{f_i \mid i \in I\}$ 的正规子群的交) 等于 N, 则称 $\varphi(f_i) = e$ $(i \in I)$ 为群 G 的一组**定义关系**. 如果 N 是有限生成的, 则称 G 是**有限展示的**.

例 4.4 易见 $S_3 = \langle (1\ 2), (1\ 2\ 3) \rangle$. 令 F 为 $\{x_1, x_2\}$ 上的自由群, 定义
$$\begin{aligned} \varphi: F &\to G, \\ \bar{x}_1 &\mapsto (1\ 2), \\ \bar{x}_2 &\mapsto (1\ 2\ 3), \\ \bar{\varnothing} &\mapsto (1). \end{aligned}$$

易见 $\bar{x}_1^2, \bar{x}_2^3, (\bar{x}_1 \bar{x}_2)^2 \in N(= \ker \varphi)$. 我们证明 N 等于包含 $\bar{x}_1^2$, $\bar{x}_2^3$, $(\bar{x}_1 \bar{x}_2)^2$ 的最小的正规子群 H. 事实上, 在 F/H 中有 $\tilde{x}_1 \tilde{x}_2 \tilde{x}_1 \tilde{x}_2 = e$ (其中 $\tilde{x}_i = \bar{x}_i H$), 故 $\tilde{x}_2 \tilde{x}_1 = \tilde{x}_1^{-1} \tilde{x}_2^{-1} = \tilde{x}_1 \tilde{x}_2^2$. 利用这个等式可以将 F/H 中任一元素写成 $\tilde{x}_1^i \tilde{x}_2^j$ $(0 \leqslant i \leqslant 1,\ 0 \leqslant j \leqslant 2)$ 的形状. 于是 $F/H = \{e, \tilde{x}_1, \tilde{x}_2, \tilde{x}_2^2, \tilde{x}_1 \tilde{x}_2, \tilde{x}_1 \tilde{x}_2^2\}$. 所以 $|G : H| \leqslant 6$. 而 $|G : N| = |S_3| = 6$ 且 $N \supseteq H$ (因为 $N \trianglelefteq G$ 且 $\{\bar{x}_1^2, \bar{x}_2^3, (\bar{x}_1 \bar{x}_2)^2\} \subseteq N$), 所以 $H = N$. 若记 $S_3 = \langle g_1, g_2 \rangle$, 则 S_3 的定义关系是 $g_1^2 = g_2^3 = (g_1 g_2)^2 = e$.

习 题

1. 证明 S_4 由元素 a, b 生成, 而 a, b 适合 $a^2 = b^3 = e$, $(ab)^4 = e$.

2. 证明 A_4 由元素 a, b 生成, 而 a, b 适合 $a^2 = b^3 = e$, $(ab)^3 = e$.

3. 设群 G 由元素 a, b 生成, 有定义关系 $a^4 = b^4 = e$, $a^2 = b^2$, $b^{-1}ab = a^{-1}$. 证明 G 为第 1 章 §1.3 的习题 11 定义的 8 阶四元数群.

4. 设 F 是的自由群, G, H 是群. 设 $\alpha : F \to G$ 是同态, $\beta : H \to G$ 是满同态, 则存在同态 $\gamma : F \to H$ 使得 $\alpha = \beta \gamma$. (本习题的结论常称为是**自由群的万有性质**或**自由群的投射性质**)

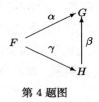

第 4 题图

§2.5 正多面体及有限旋转群

群论本质上是研究对称的学科. 正因为如此, 它在物理、化学、生物、晶体学等诸多学科中才有着重要的应用.

在第 1 章 §1.1 例 1.7 中定义了图形的对称群. 作为一个比较简单的例子, 又在例 1.8 中研究了平面正多边形的对称群, 即二面体群. 我们在本节中讲述正多面体的旋转变换群以及空间有限旋转群的分类.

为了研究有限旋转群, 我们先从几何的角度对于第 1 章 §1.1 例 1.6 中研究过的正交变换群做些进一步的讨论.

称通常的实空间为三维欧氏空间. 我们把它理解为实数域上定义了距离函数的三维向量空间, 记做 $\mathbb{R}^3$. 取一个直角坐标系, 设 O 为坐标原点, 则空间中的每个点 p 等同于向量 $\overrightarrow{OP}$. 设点 P 的坐标是 (x, y, z), 我们以 p 表示向量 $\begin{pmatrix} x \\ y \\ z \end{pmatrix}$, 即我们把点 P 和向量 p 等同看待.

欧氏空间 $\mathbb{R}^3$ 到自身的一个变换 α 叫做**保距变换**, 如果 α 保持任意两点之间的距离不变; 而 α 叫做**正交变换**, 如果它是保距变换, 并且还保持坐标原点不动. 正交变换一定是线性变换, 请读者试证明之.

§2.5 正多面体及有限旋转群   73

从几何学中我们知道：假定 α 是正交变换．设 α 在所取定的直角坐标系之下的矩阵是 M_α，则 M_α 是 3×3 实矩阵，满足

$$\alpha(\boldsymbol{p}) = \boldsymbol{M}_\alpha \begin{pmatrix} x \\ y \\ z \end{pmatrix}.$$

因为 α 是正交变换，$\boldsymbol{M}_\alpha$ 的行列式 $\det(\boldsymbol{M}_\alpha) = \pm 1$．如果 $\det(\boldsymbol{M}_\alpha) = 1$，则 α 是绕原点的旋转．

全体正交变换组成一个群，叫做实三维**正交变换群**，记做 $\mathbb{O}_3(\mathbb{R})$，或者简记做 $\mathbb{O}_3$．其中行列式为 1 的正交变换即旋转变换的全体组成 $\mathbb{O}_3$ 的指数为 2 的正规子群，记做 $\mathbb{O}_3^+$．

一个旋转变换由两个要素所确定，即旋转轴和旋转角度．旋转轴是过坐标原点的直线，在旋转轴取定了正方向之后，旋转角度依逆时针方向计．

所谓正多面体的旋转变换群由三维欧氏空间中的所有把该正多面体变到自身的旋转变换所组成．它和第 1 章 §1.1 例 1.7 中定义的图形的对称群有些区别，后者是考虑所有的正交变换，而这里只考虑旋转变换．

2.5.1 正多面体的旋转变换群

从古希腊时代，人们就已经知道只有五种正多面体，即正四面体、正六面体、正八面体、正十二面体和正二十面体 (见图 2.1)．我们首先复习一下在中学立体几何课程中学过的关于正多面体的基本事实．

1. 正多面体的诸面是全等的正多边形，正六面体的面是正方形，正十二面体的面是正五边形，而其他三种正多面体的面是正三角形．

2. 正多面体的诸多面角也彼此全等．

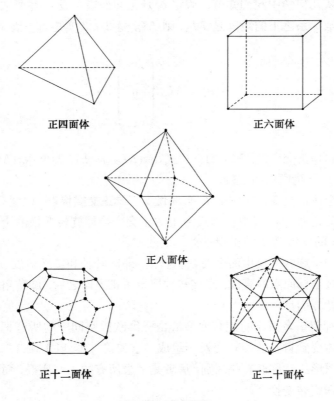

图 2.1 正多面体

3. 每个正多面体都内接于一个球. 如果它的两个顶点的连线经过球心, 则称这两个顶点是**互相对极的** 顶点.

4. 以一个正多面体诸面的中心作为顶点, 相邻两个面中心连线作为边得到的多面体叫做原正多面体的**对偶**, 它也是正多面体. 容易看出, 正四面体自对偶, 正六面体与正八面体互为对偶, 正十二面体与正二十面体互为对偶.

5. 正多面体的一个旋转变换如果保持三个顶点不动, 则它是恒等变换.

我们首先来确定每个正多面体的旋转变换群. 明显地, 互为对偶的正多面体的旋转变换群是同构的. 因此只需确定正四面体、正六面体和正十二面体的旋转变换群就可以了.

先看正四面体, 见图 2.2. 我们设其旋转变换群是 G. 首先我们证明 G 在该正四面体的顶点集合 $\{A,B,C,D\}$ 上是传递的. 从几何上可以看到, 以过点 A 和正三角形 $\triangle BCD$ 的中心 M 的直线为轴旋转角度 $2\pi/3$ 和 $4\pi/3$ 的旋转变换轮换 B,C,D 三点, 这两个旋转和恒等变换一起组成 G 的一个 3 阶子群, 它是 G 关于点 A 的稳定子群, 记做 G_A. 同样地, G 关于点 B 的稳定子群 G_B 也轮换 A,C,D 三点. 由此已经看出, G 在顶点集合 $\{A,B,C,D\}$ 上是传递的 (A,B,C,D 在 G 的作用下只有一个轨道). 于是由命题 2.4,

$$|G| = 4 \cdot |G_A| = 12.$$

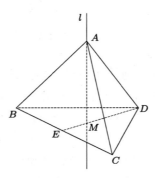

图 2.2 正四面体

另一方面, 每个旋转变换都对应于顶点集合 $\{A,B,C,D\}$ 的一个置换, 而且, 不同的旋转变换对应的置换显然不同 (因为每个非平凡的旋转变换只保持旋转轴上的点不动). 这样, G 同构于 S_4 的一个 12 阶子群. 众所周知, S_4 只有一个 12 阶子群, 即 A_4 (见本节末的习题 1), 故 $G \cong A_4$.

再看正六面体, 见图 2.3. 我们设其旋转变换群是 G. 与前面讨论的正四面体的情况相同,我们可以证明 G 在该正六面体的顶点集合上是传递的 (证明留给读者作为习题). 取定一点 A (见图 2.3). G 关于点 A 的稳定子群 G_A 是 3 阶循环群, 由以过 A, A' 的直线 ℓ_2 为轴旋转角度为 $2\pi/3$ 的旋转变换生成. 由命题 2.4,

$$|G| = 8 \cdot |G_A| = 24.$$

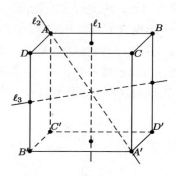

图 2.3 正六面体

下面考虑 G 在正六面体的四条主对角线 AA', BB', CC' 和 DD' 上的作用. 它把 G 同态地映到 S_4 的一个子群. 我们断言同态核必为 id, 由 $|G| = 24$, 即得到 $G \cong S_4$. 用反证法, 假定同态核不为 id, 则有一非平凡旋转 α 把至少一条主对角线的两个端点互变, 譬如把 A, A' 互变. 由于正交变换保持距离, α 也必把与 A 相邻的两点 B 和 D 分别变到 B' 和 D'. 只考虑 A, A', B, B' 四点. α 的旋转轴必为与该四点所在平面垂直并过球心的直线. 但从几何上看, 旋转 α 显然不能把 D, D' 互变, 这是一个矛盾.

最后看正十二面体, 见图 2.4. 正十二面体有 12 个面, 每个面都是正五边形. 设想画出这 12 个正五边形的所有对角线, 每个面上有 5 条, 共 60 条. 任取正十二面体的一条边 PQ, 有两个面以它为邻边. 每个面上有一条对角线与该边平行, 因此这两条对角线也互相平行. 设这两条对角线为 AD 和 BC. 连接 AB 和 CD. 由于连线也是其他面中的对角线,长度相等,并与原来的两条对角线垂直. 于是我们得到了一个由对角线组成的正方形 $ABCD$. 再考虑与 P,Q 对极的两点 P' 和 Q' 连成的边,同样可得到一个由对角线组成的正方形 $A'B'C'D'$,并且这个正方形与先前得到的正方形 $ABCD$ 平行. 在这两个正方形的顶点之间再连四条边 AC', BD', CA' 和 DB',就得到一个边长都相等的六面体. 因为在构作此六面体时选的两边 PQ 和 $P'Q'$ 的中点连线是该正十二面体的旋转角度为 π 的旋转变换的旋转轴,这推出在这两个正方形之间的四条连线都与这两个正方形垂直,因此得到的六面体是正立方体. 容易看出这个正立方体的 12 条边分属正十二面体的 12 个面.

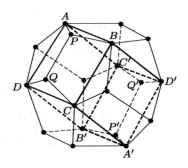

图 2.4 正十二面体

进一步,从 60 条对角线中的每一条出发,用上法都可以得到一个正立方体,因此至少有五个这样的正立方体. 我们断言,每条对角线只能属于一个正立方体,因此恰有五个这样的正立方体. 为说明这点,只需注意同一正立方体的任意两边或平行或垂直,而同一个面上的两条不同的对角线既不平行也不垂直即可.

下面考虑正十二面体的旋转群 G. 与前相同,容易证明 G 在该正十二面体的顶点集合上是传递的. 取定一个顶点,以它和其对极点连线为轴的非平凡旋转有两个,于是保持该顶点不动的稳定子群是 3 阶的. 这样,$|G| = 3 \cdot 20 = 60$. 考虑 G 在上述五个正立方体上的作用,则 G 同态地映到 S_5 的子群. 设 K 是同态核,

我们断言 $|K|=1$. 为证明这点, 我们要再次应用属于同一正六面体的边或平行或垂直的事实. 因为 G 中有三类旋转变换, 其旋转轴分别过正十二面体的对极点连线、对面心点连线和对边中点连线. 第一种旋转把由邻近极点的面的对角线组成的正三角形的三条边互变. 而这三条边既不平行, 也不垂直, 因此分属不同的正六面体, 故这类旋转不属于 K. 第二种旋转把与旋转轴相交的一个正五边形的五条对角线互变, 这五条对角线既不平行, 也不垂直, 因此分属不同的正六面体, 故这类旋转也不属于 K. 对于第三种旋转, 从几何上也容易看出它可以把某条对角线变到与它既不平行也不垂直的另一对角线, 因此也不在 K 中. 但这里我们宁愿用群论的方法来证明这点. 由前面已经证明的, 假定 $K \neq \{\text{id}\}$, 则 $|K|=2$ 或者 4. 如果 $|K|=2$, 则 $K \leqslant Z(G)$. 于是 G 将有 10 阶元素和 6 阶元素, 这是不可能的. 而如果 $|K|=4$, 则 G/K 是 15 阶群, 由 Sylow 定理, 它的 5 阶子群 $H/K \triangleleft G/K$, 于是 $H \triangleleft G$. 再用 Sylow 定理, H 中 5 阶子群唯一, 因而 G 中 5 阶子群也唯一, 这样, G 中只有 4 个 5 阶非平凡旋转, 与实际情况矛盾.

到此我们已经证明了 $K=\{\text{id}\}$. 于是 G 同构于 S_5 的 60 阶子群. 因为 S_5 只有一个 60 阶子群, 即 A_5 (见本节末的习题 2), 这就得到了 $G \cong A_5$.

2.5.2 三维欧氏空间的有限旋转群

$\mathbb{O}_3^+$ 的有限子群叫做三维欧氏空间的有限**旋转群**. 设 G 是有限 n 阶旋转群, $n \geqslant 2$. 为了研究有限旋转群, 我们先给出下面的概念. 对于每个非平凡的旋转 α, 如果其旋转轴是 ℓ_α, 我们称 ℓ_α 与单位球的两个交点为 α 的**极点**, 同一旋转轴的两个极点叫做**互为对极的**, 而 G 中所有旋转变换的极点组成的集合叫做 G 的**极点集合**, 记做 $\mathcal{P}$.

再来证明一个简单的事实: G 中任一旋转变换 α 把极点仍然变为极点. 设 α 把极点 P 变到点 Q, 即 $\alpha(P)=Q$. 如果 P 是旋转

σ 的极点,则 $\sigma(P) = P$. 于是有 $(\alpha\sigma\alpha^{-1})(Q) = (\alpha\sigma\alpha^{-1})(\alpha(P)) = (\alpha\sigma\alpha^{-1}\alpha)(P) = \alpha(\sigma(P)) = \alpha(P) = Q$. 这说明 Q 是旋转 $\alpha\sigma\alpha^{-1}$ 的极点,得证.

考虑 G 在极点集合 $\mathcal{P}$ 上作用的轨道,假定一共有 k 个. 设第 i 个轨道 $\mathcal{O}_i$ 包含极点 P_i, 它是旋转 α_i 的极点,其稳定子群 H_i 的阶是 h_i, 于是 $|\mathcal{O}_i| = n/h_i = c_i$. 因为 H_i 中的每个非单位元素都是以 P_i 为极点的旋转,故 H_i 为 h_i 阶循环群. 因此,以 P_i 为极点的旋转共有 $h_i - 1$ 个. 由于属于同一轨道的极点具有互相共轭的稳定子群,它们的阶相等. 因此,以 $\mathcal{O}_i$ 中其他点为极点的非平凡旋转也有 $h_i - 1$ 个. 这样, G 的极点总数 (出现多次的要重复计算) 为

$$\sum_{i=1}^{k}(h_i - 1)c_i = nk - \sum_{i=1}^{k} c_i.$$

另一方面, G 有 $n-1$ 个非平凡旋转,故有 $2(n-1)$ 个极点. 这样,我们有

$$2(n-1) = nk - \sum_{i=1}^{k} c_i. \tag{5.1}$$

因为极点是非平凡旋转变换的不动点,任一极点稳定子群的阶至少为 2. 这说明 $1 \leqslant c_i \leqslant n/2$. 又由 $n \geqslant 2$, 容易看出 $2 \leqslant k \leqslant 3$. 如果 $k = 2$, 则 $c_1 = c_2 = 1$. 如果 $k = 3$, 我们把 (5.1) 式改写为

$$1 + \frac{2}{n} = \frac{1}{h_1} + \frac{1}{h_2} + \frac{1}{h_3}, \tag{5.2}$$

并不妨设 $h_1 \leqslant h_2 \leqslant h_3$. 如果 $h_1 \geqslant 3$, 则 (5.2) 式右边最大为 1, 因此不能成立. 由此得 $h_1 = 2$. 再由 (5.2) 式得到

$$\frac{1}{2} + \frac{2}{n} = \frac{1}{h_2} + \frac{1}{h_3} \leqslant \frac{2}{h_2},$$

于是 $h_2 \leqslant 3$. 如果 $h_2 = 2$, 则 $h_3 = n/2$ 并且 n 是偶数. 如果 $h_2 = 3$, 则

$$\frac{1}{6} + \frac{2}{n} = \frac{1}{h_3}.$$

由计算得到三种情况:

(1) $h_3 = 3, n = 12$; (2) $h_3 = 4, n = 24$; (3) $h_3 = 5, n = 60$.

下面我们分情况来确定所有可能的有限旋转群 G.

首先设 $k = 2$. 这时有 $c_1 = c_2 = 1$. 于是 G 只有两个极点, 并且每个旋转都以它们作为极点. 显然, G 为 n 阶循环群.

再设 $k = 3, h_1 = h_2 = 2, h_3 = n/2, n = 2m$ 是偶数. 因为 $\mathcal{O}_3$ 只包含两个极点, 譬如 P, Q, 则它们必为对极的. 这是因为以 P 为极点的旋转把 $\mathcal{O}_3$ 保持不动, 因此也把 Q 保持不动. 于是 PQ 是直径. 因为 P 的稳定子群 H_3 的阶 $h_3 = n/2 = m$, 故 H_3 为 m 阶循环群, 其生成元是旋转角为 $2\pi/m$ 的旋转变换 α. 再考虑 H_3 之外的旋转变换. 因为它们所对应的极点都在 $\mathcal{O}_1$ 和 $\mathcal{O}_2$ 中, 而这些极点的稳定子群均为 2 阶, 于是这些旋转变换都是 2 阶的. 这就得到 G 是 $2m$ 阶二面体群 D_{2m}.

下面考虑 $k = 3, h_1 = 2, h_2 = 3$ 的情形, 见图 2.5.

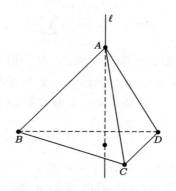

图 2.5 正四面体

先设 $h_3 = 3, n = 12$. 这时 $\mathcal{O}_3$ 中有四点, 设为 A, B, C, D. 任取一点 A, 再取一个与 A 不对极的点 B (事实上, $\mathcal{O}_3$ 中的每个点都不与 A 对极). 因为 H_3 是 3 阶循环群, 它在 $\{B, C, D\}$ 上的作用是传递的. 这推出点 B, C, D 组成正三角形. 再从 B 点着眼,

同样的推理得到点 A, C, D 也组成正三角形. 于是 A, B, C, D 组成正四面体. 因为 G 中每个元素都把 $\mathcal{O}_3$ 变到自身，G 同态地映到正四面体 $ABCD$ 的对称群的子群上. 又因为每个非平凡旋转只固定单位球上的两点，故同态核为 $\{\mathrm{id}\}$. 于是 G 同构于正四面体 $ABCD$ 的对称群 A_4 的子群. 最后，因为 $|G|=12$, 与 A_4 的阶相同，故 $G \cong A_4$.

再设 $h_3 = 4$, $n = 24$, 见图 2.6. 首先我们注意一个显然的事实：如果一个极点和它的对极点分属两个不同的轨道，则第二个轨道恰由第一个轨道中所有点的对极点所组成，因此两个轨道的长相等. 从反面说就得到，如果旋转群 G 在极点集合上的的轨道长度互不相同，则每个点都与它的对极点同属一个轨道. 在现在考虑的情况里，G 有三个轨道，其长度分别为 12, 8 和 6. 因此每个点和它的对极点都在同一轨道中.

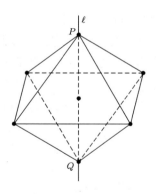

图 2.6 正八面体

考虑轨道 $\mathcal{O}_3$，其长度为 6. 取两个互为对极的点 P 和 Q. 因为其稳定子群 H_3 是 4 阶循环群，与前面相同的推理得知 $\mathcal{O}_3$ 中除 P, Q 外的四点组成一个垂直于 PQ 的正方形. 又因为这四个点是两两互为对极的，此正方形的中心即单位球心 O. 于是 $\mathcal{O}_3$ 中六点组成正八面体，G 是该正八面体的对称群的子群. 因为 $|G|=24$,

与正八面体的对称群即 S_4 的阶相同, 故 $G \cong S_4$.

最后设 $h_3 = 5$, $n = 60$, 见图 2.7. G 有三个轨道, 其长度分别为 30, 20 和 12. 与前种情况相同, 每个点和它的对极点在同一轨道中. 考虑轨道 $\mathcal{O}_3$, 其长度为 12. 在其中取两个互为对极的点 P 和 P', 设此两点所在的直线为 ℓ. 令 $\mathcal{M} = \mathcal{O}_3 \setminus \{P, P'\}$. 取点 $Q \in \mathcal{M}$ 使得距离 $\|PQ\|$ 尽可能短. 因为点 P 的稳定子群 H_3 是 5 阶循环群, 它在 $\mathcal{M}$ 上有两个轨道. 这两个轨道组成两个正五边形 $QRSTU$ 和 $Q'R'S'T'U'$, 且 ℓ 垂直于它们并通过它们的中心 (见图 2.7). 我们断言这两个正五边形不在同一平面上. 若否, 该平面将过球心, 且集合 $\mathcal{N} = \mathcal{O}_3 \setminus \{Q, Q'\}$ 将不能形成两个正五边形, 矛盾于 G 在 $\mathcal{O}_3$ 上的传递性. 这说明距离 $\|PQ'\| > \|PQ\|$. 因此恰存在五个极点, 譬如 Q, R, S, T, U, 它们与 P 的距离为 $\|PQ\|$. 连接任意两个其间距离等于 $\|PQ\|$ 的极点, 得到一个凸多面体. 因为每个极点连接五个另外的极点, 该多面体的边数为 $12 \cdot 5 / 2 = 30$. 由 Euler 公式, 该多面体的面数为 $30 + 2 - 12 = 20$. 由此得到每个面都是三角形. 由 G 在 $\mathcal{O}_3$ 上的传递性, 以及每个极点的稳定子群在与其相邻的五个极点上的传递性, 得到 G 在边集合上的传递性. 于是每个面都是正三角形, 且该多面体是正二十面体. 因此, G 是正二十面体对称群, 即 A_5 的同态像. 与前面情形 ($h_3 = 3$,

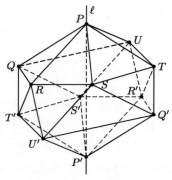

图 2.7 正二十面体

$n=12$) 类似的推理得到同态核为 $\{\mathrm{id}\}$. 于是 G 同构于正二十面体对称群 A_5 的子群. 因为 $|G|=60$, 与 A_5 的阶相同, 故 $G \cong A_5$.

习 题

1. 证明 S_4 只有一个 12 阶子群, 即 A_4.
2. 证明 S_5 只有一个 60 阶子群, 即 A_5.
3. 应用本节的结果给出空间正多面体的一个分类.

第 3 章 环

§3.1 环的若干基本知识

3.1.1 中国剩余定理

我们要把整数环中国剩余定理推广到一般的幺环上去. 先引入理想互素的概念.

定义 1.1 设 I, J 是幺环 R 的理想. 如果 $I + J = R$, 则称 I 与 J **互素**.

由于 R 等于 (1) (1 生成的理想), 所以 I 与 J 互素也可以表述为 $I + J = (1)$. 回想两个整数互素的定义: m 和 n ($\in \mathbb{Z}$) 称为互素的, 如果 m 和 n 的最大公因子等于 1, 这也等价于存在 $u, v \in \mathbb{Z}$ 使得 $um + vn = 1$. 用理想的语言表述, 即 $(m) + (n) = (1)$. 由此可见定义 1.1 给出的互素的概念是整数互素的推广.

在一般的环中, 理想有交与和的运算. 由于环有乘法运算, 所以也可以考虑理想的乘积. 但是一般讲来, 即使在交换幺环内, 两个理想作为环的子集的乘积, 其结果不一定是理想 (在加法下不一定封闭). 这就导致下面的定义.

定义 1.2 设 I, J 是环 R 的理想, 则称包含 $\{ab \mid a \in I, b \in J\}$ 的所有理想的交为 I 与 J 的**积**, 记为 IJ.

容易看出

$$IJ = \left\{ \sum_{\text{有限}} a_i b_i \,\bigg|\, a_i \in I, b_i \in J \right\}.$$

归纳地可以定义有限多个理想的积: 设 I_i ($i = 1, \cdots, n$) 都是 R 的理想, 则 I_i ($i = 1, \cdots, n$) 的积 $\prod_{i=1}^{n} I_i$ 定义为 $(((I_1 I_2) I_3) \cdots I_{n-1}) I_n$.

容易看出 $(((I_1I_2)I_3)\cdots I_{n-1})I_n = \left\{\sum_{\text{有限}} a_{i1}a_{i2}\cdots a_{in} \;\Big|\; a_{ij} \in I_j \right\}$.
由此可见理想的乘法满足结合律，所以上述的积可以写为 $I_1\cdots I_n$.
如果 R 是交换环，则理想的乘法满足交换律.

关于理想的交与积的关系，显然有 $IJ \subseteq I \cap J$. 关于理想的交与和的关系，读者可自行验证分配律，即 $(I+J)K = IK + JK$，$K(I+J) = KI + KJ$，其中 I, J, K 都是环 R 的理想.

关于理想的互素与乘积的关系，有

命题 1.3 设 I_1, I_2, J 为幺环 R 的理想. 如果 I_1, I_2 都与 J 互素，则 I_1I_2 与 J 互素.

证明 由条件，存在 $a_1 \in I_1, a_2 \in I_2$ 以及 $b_1, b_2 \in J$，使得
$$a_1 + b_1 = 1, \quad a_2 + b_2 = 1.$$
两式相乘，得 $a_1a_2 + (a_1b_2 + b_1a_2 + b_1b_2) = 1$. 其中 $a_1a_2 \in I_1I_2$，$a_1b_2 + b_1a_2 + b_1b_2 \in J$，故 I_1I_2 与 J 互素. □

推论 1.4 设 $I_1, \cdots, I_n, J$ 为幺环 R 的理想，I_i 都与 J 互素 ($\forall\, i = 1, 2, \cdots, n$)，则 $I_1\cdots I_n$ 与 J 互素.

证明 对 n 作归纳即可. □

定理 1.5 (中国剩余定理) 设 $I_1, \cdots, I_n$ 为幺环 R 的两两互素的理想，则
$$R/(I_1 \cap \cdots \cap I_n) \cong R/I_1 \oplus \cdots \oplus R/I_n.$$

说明 如果 R 是交换幺环，则定理 1.5 结论中的 $I_1 \cap \cdots \cap I_n$ 可以用 $I_1\cdots I_n$ 代替 (参见习题 2).

证明 定义映射
$$\begin{aligned} \varphi: R &\to R/I_1 \oplus \cdots \oplus R/I_n, \\ a &\mapsto (a+I_1, \cdots, a+I_n). \end{aligned}$$

显然 φ 是环同态，且 $\ker\varphi = I_1 \cap \cdots \cap I_n$. 根据同态基本定理，只要能够证明 φ 是满射，就能得到定理的结论.

由于 $I_1,\cdots,I_n$ 两两互素，故 I_1 与 $I_2\cdots I_n$ 互素，即 $I_1+I_2\cdots I_n = R$. 而 $I_2\cdots I_n \subseteq I_2\cap\cdots\cap I_n$，所以

$$I_1 + I_2\cap\cdots\cap I_n = R.$$

于是存在 $a_1 \in I_1, b \in I_2\cap\cdots\cap I_n$，使得 $a_1+b = 1$. 取 $x_1 = 1-a_1 = b$，则

$$\varphi(x_1) = (1+I_1, I_2, \cdots, I_n).$$

类似地，对于任一 i $(2 \leqslant i \leqslant n)$，存在 $x_i \in R$，使得

$$\varphi(x_i) = (I_1, \cdots, I_{i-1}, 1+I_i, I_{i+1}, \cdots, I_n).$$

现在对于任一 $(r_1+I_1, \cdots, r_n+I_n) \in R/I_1 \oplus \cdots \oplus R/I_n$，取 $x = r_1 x_1 + \cdots + r_n x_n$，则有 $\varphi(x) = (r_1+I_1, \cdots, r_n+I_n)$. 这就证明了 φ 是满射. □

3.1.2 素理想与极大理想

本小节中的环都设定为交换幺环.

定义 1.6 设 P 为环 R 的理想，$P \neq R$. 如果对于任意的 $a,b \in R, ab \in P$ 蕴含 $a \in P$ 或 $b \in P$，则称 P 为 R 的**素理想**. 如果对于环 R 的任意理想 $I, I \supsetneq P$ 蕴含 $I = R$，则称 P 为 R 的**极大理想**.

定理 1.7 设 R 是环，则
(1) P 是素理想当且仅当商环 R/P 是整环；
(2) P 是极大理想当且仅当商环 R/P 是域.

证明 以 $\bar{a}$ 记 $a+P \in R/P$. 易见
(1) P 是素理想

$$\Longleftrightarrow ab \in P \text{ 蕴含 } a \in P \text{ 或 } b \in P \ (\forall\, a,b \in R)$$

$$\Longleftrightarrow \overline{ab} = \bar{0} \text{ 蕴含 } \bar{a} = \bar{0} \text{ 或 } \bar{b} = \bar{0} \ (\forall\, \bar{a},\bar{b} \in R/P)$$

$$\Longleftrightarrow R/P \text{ 是整环}.$$

(2) P 是极大理想

$\iff \forall a \in R \setminus P$, 有 $(a) + P = (1)$

$\iff \forall a \in R \setminus P$, 存在 $r \in R, p \in P$ 使得 $ra + p = 1$

$\iff \forall \bar{a} \in (R/P) \setminus \{\bar{0}\}$, 存在 $\bar{r} \in R/P$ 使得 $\bar{r}\bar{a} = \bar{1}$

$\iff R/P$ 是域. □

由于域是整环，所以有

推论 1.8 交换幺环的极大理想必是素理想.

3.1.3 分式域与分式化

类似于由整数环 $\mathbb{Z}$ 出发 (通过除法) 构造有理数域 $\mathbb{Q}$, 在本小节我们首先从任一整环出发构造其分式域.

设 R 是整环，即 R 是没有非零零因子的交换幺环.

令
$$S = \{(a,b) \mid a, b \in R, b \neq 0\}.$$

在 S 上定义一个关系 "$\sim$":
$$(a,b) \sim (a',b') \text{ 当且仅当 } ab' = a'b.$$

我们来验证 $\sim$ 是 S 上的等价关系:

(1) 反身性: 因为 $ab = ab$, 所以 $(a,b) \sim (a,b)$.

(2) 对称性: 设 $(a,b) \sim (a',b')$, 则 $ab' = a'b$, 即 $a'b = ab'$, 所以
$$(a',b') \sim (a,b).$$

(3) 传递性: 设 $(a,b) \sim (a',b'), (a',b') \sim (a'',b'')$, 则 $ab' = a'b$, $a'b'' = a''b'$. 于是 $b'ab'' = (ab')b'' = (a'b)b'' = (a'b'')b = (a''b')b = b'a''b$. 由于 R 是整环且 $b' \neq 0$, 故有 $ab'' = a''b$, 即 $(a,b) \sim (a'',b'')$.

这就证明了 $\sim$ 是等价关系.

以 $S/\sim$ 记等价类的集合, 以 $\overline{(a,b)}$ 记 (a,b) 所在的等价类. 实际上此处的 (a,b) 相当于 (由整数环出发构造有理数域时的) 分数 $\dfrac{a}{b}$, 而 $\overline{(a,b)}$ 就相当于数值等于 $\dfrac{a}{b}$ 的 (不一定既约的) 所有分数.

于是, 在 $S/\sim$ 上如下定义加法和乘法是理所当然的:

$$\overline{(a,b)} + \overline{(c,d)} = \overline{(ad+bc,bd)},$$

$$\overline{(a,b)}\ \overline{(c,d)} = \overline{(ac,bd)}.$$

读者通过直接计算可以验证此二运算是良定义的 (相当于同一个分数的不同表达式不会影响运算的结果). 进一步, $S/\sim$ 在此二运算下构成一个域. 此时 R 与 $S/\sim$ 的子集 $\{\overline{(a,1)} \mid a \in R\}$ 之间有双射: $a \leftrightarrow \overline{(a,1)}$. 在此双射下 R 可视为 $S/\sim$ 的子环.

定义 1.9 上面定义的域 $S/\sim$ 称为整环 R 的**分式域**.

下面我们推广分式域的概念.

设 R 是交换幺环, S 是环 R 的非空子集. 如果对于任意的 $s,s' \in S$, 都有 $ss' \in S$, 则称 S 为 R 的一个乘法封闭子集. 无妨假定 $1 \in S$(否则就把 1 添加到 S 中). 为简单起见, 我们假定 S 中没有 R 的零因子. 在集合 $R \times S$ 上定义二元关系 "$\sim$" 如下: $(r,s) \sim (r',s') \iff rs' = r's$ (其中 $r,r' \in R,\ s,s' \in S$). 不难证明 $\sim$ 是等价关系. 在等价类集合 $R \times S/\sim$ 上定义加、乘法与分式域中的定义相同, 则此二运算也是良定义的, 且 $R \times S/\sim$ 在这样的加、乘法下构成一个环, 称为 R 关于 S 的**分式化**, 记为 $S^{-1}R$. 把 (r,s) 所在的等价类记为 $\dfrac{r}{s}$. 容易验证映射 $R \to S^{-1}R$: $r \mapsto \dfrac{r}{1}$ 是环的单同态. 这就是说 R 可以视为 $S^{-1}R$ 的子环.

如果 R 是整环, 取 $S = R \setminus \{0\}$, 则 $S^{-1}R$ 就是 R 的分式域.

最常用的分式化有两种, 一是取 $S = R \setminus P$, 其中 P 是 R 的一个素理想. 这时 $S^{-1}R$ 通常记为 R_P. 二是取 $S = \{f^n \mid n \in \mathbb{Z}, n \geqslant 0\}$, 其中 f 不是 R 的零因子. 这时 $S^{-1}R$ 通常记为 $f^{-1}R$.

对于一般的幺环 R 以及一般的乘法封闭子集 S(可以含有 R 的零因子)，也可以定义分式化 $S^{-1}R$. 它们在若干场合下也有重要的应用.

习 题

(除特别声明外，此习题中的环都是指交换幺环.)

1. 设 I, J 为环 R 的理想，I, J 互素，证明 $IJ = I \cap J$.
2. 设 $I_1, \cdots, I_n$ 为环 R 的两两互素的理想，证明

$$I_1 \cdots I_n = I_1 \cap \cdots \cap I_n.$$

3. 设 I, J, K 为环 R 的理想，$IJ \subseteq K$ 且 I 与 K 互素，证明 $J \subseteq K$.
4. 设 I, J, K 为环 R 的理想，$I, J \supseteq K$ 且 I 与 J 互素，证明 $IJ \supseteq K$.
5. 设 p 是一个素数，n 是大于 1 的整数，$R = \mathbb{Z}/(p^n)$，证明：
   (1) R 的元素不是可逆元就是幂零元；
   (2) R 只有一个素理想，记做 P；
   (3) 商环 R/P 是域.
6. 设 $\mathfrak{M}$ 是 p 进整数环 $\mathbb{Z}_p$ 的赋值理想，证明对于任意正整数 n，有 $\mathbb{Z}_p/\mathfrak{M}^n \cong \mathbb{Z}/(p^n)$.
7. 设 $\varphi: R \to R_1$ 是把 1 映成 1 的环同态. 如果 Q 是 R_1 的素理想，证明 $P = \varphi^{-1}(Q)$ 是 R 的素理想. 如果 Q 是 R_1 的极大理想，$\varphi^{-1}(Q)$ 一定是 R 的极大理想吗？
8. 若环 R 的一个素理想 P 包含有限多个理想 $I_i (1 \leqslant i \leqslant n)$ 的交，证明 P 包含某个 I_i.
9. 若环 R 的一个理想 I 含于有限多个素理想 $P_i (1 \leqslant i \leqslant n)$ 的并，证明 I 含于某个 P_i.
10. 证明有限环的素理想都是极大理想.
11. 设 p 为素数，写出分式环 $\mathbb{Z}_{(p)}$(表成 $\mathbb{Q}$ 的子集).

12. 设 $m \in \mathbb{Z}$, $m \neq 0$, 写出分式环 $m^{-1}\mathbb{Z}$(表成 $\mathbb{Q}$ 的子集).

13. 设 P 为环 R 的素理想 (于是 R 可以视为 R_P 的子环).

(1) 对于 R 的任一理想 I, 证明 $I \cdot R_P$ 是 R_P 的理想;

(2) 对于 R 的任一素理想 Q, 证明 $Q \cdot R_P$ 是 R_P 的素理想或平凡理想 (1);

(3) 证明 $P \cdot R_P$ 是 R_P 唯一的极大理想;

(4) 证明 $Q \mapsto Q \cdot R_P$ 给出 R 的含于 P 的素理想的集合到 R_P 的素理想的集合的双射.

§3.2 整环内的因子分解理论

本节的内容是整环的整除性理论, 是整数环 (以及域上的一元多项式环) 的整除性理论的推广.

3.2.1 整除性、相伴、不可约元与素元

定义 2.1 设 R 为整环, $a, b \in R$. 如果存在 $c \in R$ 使得 $b = ac$, 则称 a 是 b 的**因子**, b 是 a 的**倍式**, 同时称 a **整除** b, 记为 $a \mid b$. 如果 $a, b \neq 0$, $a \mid b$ 且 $b \mid a$, 则称 a 与 b **相伴**, 记为 $a \stackrel{a}{\sim} b$.

容易看出: 如果 $a \neq 0$, $a = bc$, 则 $a \stackrel{a}{\sim} b$ 当且仅当 c 为 R 的可逆元. 事实上, 如果 $a \stackrel{a}{\sim} b$, 则 $a \mid b$, 即存在 $d \in R$ 使得 $b = ad$. 于是 $a \cdot 1 = bc = adc$. 而 R 为整环且 $a \neq 0$, 所以 $dc = 1$, 即 c 可逆. 反之, 若 c 可逆, 在 $a = bc$ 两端乘以 c^{-1}, 得 $c^{-1}a = b$, 即 $a \mid b$. 又有 $b \mid a$, 故 $a \stackrel{a}{\sim} b$. 显然任一可逆元以及 a 与可逆元的乘积都是 a 的因子, 称它们为 a 的平凡因子.

定义 2.2 设 R 为整环, $a_1, \cdots, a_n, b \in R$. 如果 $b \mid a_i$ ($\forall 1 \leqslant i \leqslant n$), 则称 b 为 $a_1, \cdots, a_n$ 的**公因子**. 如果 d 是 $a_1, \cdots, a_n$ 的公因子, 且 $a_1, \cdots, a_n$ 的任一公因子都整除 d, 则称 d 为 $a_1, \cdots, a_n$ 的**最大公因子**, 记为 $d = \gcd(a_1, \cdots, a_n)$ 或 $d = (a_1, \cdots, a_n)$. 相反地, 如果 $a_i \mid b$ ($\forall 1 \leqslant i \leqslant n$), 则称 b 为 $a_1, \cdots, a_n$ 的**公倍式**.

如果 c 是 $a_1,\cdots,a_n$ 的公倍式，且 c 整除 $a_1,\cdots,a_n$ 的任一公倍式，则称 c 为 $a_1,\cdots,a_n$ 的**最小公倍**，记为 $c = \text{lcm}(a_1,\cdots,a_n)$ 或 $c = [a_1,\cdots,a_n]$。

注意：d 是 $a_1,\cdots,a_n$ 的最大公因子当且仅当与 d 相伴的任一元素都是 $a_1,\cdots,a_n$ 的最大公因子。对于最小公倍也有同样的事实。

一般而言，整环中的一些元素的最大公因子和最小公倍不一定存在。一个经典的例子是下面的例 2.3。

例 2.3 设 $R = \mathbb{Z}[\sqrt{-5}] = \{a+b\sqrt{-5} \mid a,b \in \mathbb{Z}\}$。在 R 中有 $9 = 3\cdot 3 = (2+\sqrt{-5})(2-\sqrt{-5})$。我们来证明 9 和 $3(2+\sqrt{-5})$ 没有最大公因子。

首先我们断言 3 在 R 中只有平凡因子 $\pm 1, \pm 3$。事实上，设 $a+b\sqrt{-5} \in R$ 是 3 的因子，则存在 $c+d\sqrt{-5} \in R$ 使得 $3 = (a+b\sqrt{-5})(c+d\sqrt{-5})$。两端乘以自身的复共轭（即取两端绝对值的平方），得到 $(a^2+5b^2)(c^2+5d^2) = 9$。假若 $|b| > 1$，则 $a^2+5b^2 > 5$，不可能整除 9。所以 $b = 0$ 或 ± 1。若 $b = \pm 1$，则 $a = \pm 2$。于是 $a+b\sqrt{-5} = \pm 2 \pm \sqrt{-5}$（四种可能）。但显然 $\pm 2 \pm \sqrt{-5} \nmid 3$（否则设 $3 = (t+s\sqrt{-5})(\pm 2 \pm \sqrt{-5})$ $(t,s \in \mathbb{Z})$。两端取绝对值的平方，得到 $t^2+5s^2 = 1$，于是 $t = \pm 1, s = 0$。而 $3 \neq \pm 1(\pm 2 \pm \sqrt{-5})$，矛盾)，所以断言为真。

同样可以证明 $2+\sqrt{-5}$ 只有平凡因子。

现在假设 9 和 $3(2+\sqrt{-5})$ 有最大公因子 $\alpha \in R$。由于 3 和 $2+\sqrt{-5}$ 都是 9 和 $3(2+\sqrt{-5})$ 的公因子，所以 $3 \mid \alpha$ 且 $2+\sqrt{-5} \mid \alpha$。于是存在 $\beta \in R$ 使得 $\alpha = 3\beta$。由于 $\alpha \mid 9$，即 $3\beta \mid 9$，故 $\beta \mid 3$。由上面的断言知 $\beta = \pm 1, \pm 3$。若 $\beta = \pm 1$，则 $\alpha = \pm 3$，这与 $2+\sqrt{-5} \mid \alpha$ 矛盾。若 $\beta = \pm 3$，则 $\alpha = \pm 9$。但 $\alpha \mid 3(2+\sqrt{-5})$，故 $3 \mid (2+\sqrt{-5})$，矛盾于 $2+\sqrt{-5}$ 只有平凡因子。

定义 2.4 设 R 为整环。如果 $a \in R, a \neq 0, a$ 不是可逆元，且 $a = bc(b,c \in R)$ 蕴含 b 为可逆元或 c 为可逆元，则称 a 为 R 的**不可约元**；如果 $p \in R$ 不是可逆元 (可以是 0)，且 $p \mid bc(b,c \in R)$ 蕴

含 $p\,|\,b$ 或 $p\,|\,c$, 则称 p 为 R 的**素元**.

容易看出素元定义中的条件 " $p\,|\,bc\ (b,c \in R)$ 蕴含 $p\,|\,b$ 或 $p\,|\,c$ " 亦可改述为 " $p\,|\,a_1\cdots a_n\ (a_i \in R)$ 蕴含 $p\,|\,a_i$ (对于某个 $i=1,\cdots,n$)".

不难证明非零素元必是不可约元. 事实上, 如果 $p \neq 0$ 是 R 的素元, 设 $p = bc\ (b,c \in R)$, 则 $p\,|\,b$ 或 $p\,|\,c$. 无妨设 $p\,|\,b$, 则存在 $d \in R$ 使得 $b = pd$. 于是 $p = bc = pdc$. 而 $p \neq 0$, 所以 $dc = 1$, 即 c 为可逆元. 这就证明了 p 是不可约元.

反之, 不可约元未必是素元. 例如, 例 2.3 中的断言说明 3 是 $R = \mathbb{Z}[\sqrt{-5}]$ 的不可约元. 但 $3\,|\,9 = (2+\sqrt{-5})(2-\sqrt{-5})$, $3 \nmid 2 \pm \sqrt{-5}$, 所以 3 不是 R 的素元. $2 \pm \sqrt{-5}$ 也是如此.

在下一小节我们将会看到素元与不可约元的这种差别恰是一个整环是否具有因子分解唯一性的关键所在.

3.2.2 唯一因子分解整环

定义 2.5 设 R 为整环. 如果 R 的任一非零的不可逆元都可以表示为有限多个不可约元的乘积 (此条件常称为**因子链条件**), 并且这种表达式是唯一的, 即: 对于任一 $a \in R$, $a \neq 0$, 如果

$$a = p_1 p_2 \cdots p_n = q_1 q_2 \cdots q_m$$

(其中 $p_i(1 \leqslant i \leqslant n)$, $q_j(1 \leqslant j \leqslant m)$ 都是不可约元), 则必有 $n = m$, 且适当调换 q_j 的顺序可以使得 $p_i \stackrel{a}{\sim} q_i\ (\forall\ 1 \leqslant i \leqslant n)$, 则称 R 为**唯一分解整环**, 常简写为 UFD.

定理 2.6 设 R 是整环, 则 R 是唯一分解整环的充分必要条件是:

(1) R 满足因子链条件;

(2) R 中不可约元都是素元.

证明 必要性 只要证明 R 的不可约元必是素元. 设 a 是 R 的不可约元, $a\,|\,bc$. 无妨设 $b,c \neq 0$ 且 b,c 都不可逆 (否则显然

a 整除 b, c 之一, 正是我们要证明的). 由于 R 是 UFD, 所以有分解式 $b = b_1 \cdots b_m, c = c_1 \cdots c_n$, 其中 b_i, c_j 都是不可约元. 于是 $a | b_1 \cdots b_m c_1 \cdots c_n$. 由 R 的不可约因子分解的唯一性, 无妨设 $a \overset{a}{\sim} b_1$. 而 $b_1 | b$, 故 $a | b$. 这就证明了 a 是素元.

充分性 设 $a \in R$ 是非零的不可逆元. 考虑 a 的所有分解式所含的不可约因子的个数, 最少的因子个数记为 n. 我们对 n 作归纳.

若 $n = 1$, 即 a 不可约. 设又有 $a = q_1 \cdots q_m$ ($q_1, \cdots, q_m$ 皆为不可逆元). 由于 a 是素元, 故无妨设 $a | q_1$. 又有 $q_1 | a$, 故 $a \overset{a}{\sim} q_1$. 假若 $m > 1$, 则 q_1 不可逆且 $q_2 \cdots q_m$ 不可逆, 与 a 不可约矛盾. 故 $m = 1$. 这就完成了 $n = 1$ 情形的证明.

现在设 $n-1$ 的情形结论为真. 设 $a = p_1 p_2 \cdots p_n = q_1 q_2 \cdots q_m$ ($m \geqslant n$) 为 a 的两个不可约因子分解式. 由于 p_1 不可约, 故 p_1 是素元, 于是 $p_1 | q_i$ (对于某个 $1 \leqslant i \leqslant m$). 调换 $q_1, \cdots, q_m$ 的顺序, 可设 $p_1 | q_1$. 设 $q_1 = u p_1$. 因为 p_1, q_1 都不可约, 所以 u 可逆. 在 $p_1 p_2 \cdots p_n = q_1 \cdots q_m$ 两端消去 p_1, 得到 $p_2 \cdots p_n = (u q_2) \cdots q_m$. 由归纳假设知 $n-1 = m-1$ 且适当调换 q_j 的顺序可以使得 $p_i \overset{a}{\sim} q_i$ ($\forall\, 2 \leqslant i \leqslant n$). 由此立得 n 的情形的结论. □

3.2.3 主理想整环与欧几里得环

在本小节我们介绍两类重要的环, 即主理想整环与欧几里得环. 事实上, 主理想整环一定是唯一分解整环, 而欧几里得环一定是主理想整环. 最后我们将证明唯一分解整环上的多项式环仍是唯一分解整环.

定义 2.7 设 R 为整环. 如果 R 的任一理想都是主理想, 则称 R 是**主理想整环**, 常简写为 PID.

一般的整环中与整除性有关的概念都可以用理想的语言表述. 例如, 设 R 是整环, $a, b \in R$, 则显然有

$a \mid b \iff$ 存在 $c \in R$ 使得 $b = ac \iff b \in (a) \iff (a) \supseteq (b)$,

因此

$$a \overset{a}{\sim} b \iff (a) = (b), \quad a \text{ 可逆} \iff (a) = R.$$

此外，对于 $p \in R$,

p 是素元

$\iff$ 对于任意的 $a, b \in R, p \mid ab$ 蕴含 $p \mid a$ 或 $p \mid b$

$\iff$ 对于任意的 $a, b \in R, ab \in (p)$ 蕴含 $a \in (p)$ 或 $b \in (p)$

$\iff (p)$ 是素理想.

对于主理想整环，我们还有

命题 2.8 设 R 是主理想整环，$a \in R$，则 a 是不可约元当且仅当 (a) 是非零极大理想.

证明 必要性 因为 a 是不可约元，所以 $a \neq 0$，故 $(a) \neq \{0\}$. 设 I 为 R 的理想，$(a) \subsetneq I$，我们只要证明 $I = R$. 由于 R 是 PID，所以存在 $b \in R$ 使得 $I = (b)$. 由 $(a) \subsetneq (b)$ 知 $b \mid a$ 但 $a \nmid b$. 设 $c \in R$ 使得 $a = bc$. 易见 b 是可逆元 (否则由 a 的不可约性得到 c 可逆，导致 $a \mid b$，矛盾). 于是 $I = (b) = R$.

充分性 由于 (a) 是非零极大理想，所以 $a \neq 0$ 且 a 不可逆. 设 $a = bc$，则 $(a) \subseteq (b), (a) \subseteq (c)$. 假若 b, c 都不可逆，则由 (a) 的极大性知 $(a) = (b)$. 同样 $(a) = (c)$. 故 $(a) = (bc) = (b)(c) = (a^2)$，即存在 (可逆元) $u \in R$ 使得 $a = ua^2$. 于是 $1 = ua$，矛盾于 a 不可逆. □

由上面的结果立即得到

推论 2.9 主理想整环中的不可约元必是素元.

证明 设 R 是主理想整环，$a \in R$，则 a 不可约 $\Longrightarrow (a)$ 是非零极大理想 $\Longrightarrow (a)$ 是素理想 $\Longrightarrow a$ 是素元. □

由此推论容易证明

定理 2.10 主理想整环是唯一分解整环.

证明 设 R 是主理想整环. 由推论 2.9 和定理 2.6, 我们只要证明 R 满足因子链条件. 以下用反证法证明这个结论.

设 $a \in R, a \neq 0$ 且不可逆. 假若 a 不能分解为有限多个不可约因子的乘积, 则 a 必可约 (否则 $a = a$ 就是有限多个 (一个) 不可约因子的乘积分解式). 设 $a = a_1^{(1)} a_2^{(1)}$ (这里 $a_1^{(1)}, a_2^{(1)}$ 都是不可逆元), 则 $a_1^{(1)}, a_2^{(1)}$ 中必有一个不能分解为有限多个不可约因子的乘积, 无妨设 $a_1^{(1)}$ 是这样的元素. 用理想的语言表达, 即 $(a) \subsetneq (a_1^{(1)})$, $a_1^{(1)}$ 不可逆且不能分解为有限多个不可约因子的乘积. 对 $a_1^{(1)}$ 重复同样的讨论, 知存在 $a_1^{(2)} \in R$, 使得 $(a_1^{(1)}) \subsetneq (a_1^{(2)})$, $a_1^{(2)}$ 不可逆且不能分解为有限多个不可约因子的乘积. 如此下去, 我们得到理想的无穷升链
$$(a) \subsetneq (a_1^{(1)}) \subsetneq (a_1^{(2)}) \subsetneq \cdots.$$

令 $I = \bigcup_{i=1}^{\infty} (a_1^{(i)})$. 容易验证 I 是 R 的理想. 事实上, 对于任意的 $x, y \in I$, 设 $x \in (a_1^{(j)})$, $y \in (a_1^{(k)})$, 无妨设 $j \geq k$, 则 $x, y \in (a_1^{(j)})$, 于是 $x - y \in (a_1^{(j)}) \subset I$. 又对于任意的 $r \in R$, 有 $rx \in (a_1^{(j)}) \subset I$. 这就证明了 I 是理想.

因为 R 是主理想整环, 所以存在 $b \in R$ 使得 $I = (b)$. 由于 $b \in I = \bigcup_{i=1}^{\infty} (a_1^{(i)})$, 故 b 属于某个 $(a_1^{(n)})$ $(n \in \mathbb{N})$. 于是 $I = (b) \subseteq (a_1^{(n)}) \subsetneq (a_1^{(n+1)}) \subseteq I$, 矛盾. 这说明 R 必须满足因子链条件. □

现在我们介绍欧几里得环.

定义 2.11 设 R 为整环. 如果存在 $R \setminus \{0\}$ 到非负整数集 $\mathbb{N}$ 的映射 d, 满足: 对于任意的 $a, b \in R (b \neq 0)$, 存在 $q, r \in R$, 使得
$$a = qb + r, \quad r = 0 \text{ 或 } d(r) < d(b),$$

则称 R 为**欧几里得环**.

粗略地说, 欧几里得环就是能够进行带余除法的环. 例如整数环以及域上的一元多项式环. 对于整数环取 $d(n) = |n|$ $(n \in \mathbb{Z})$,

对于域 K 上的一元多项式环取 $d(f(x)) = \deg f(x)$ $(f(x) \in K[x])$, 这两种环就满足欧几里得环的定义. 我们再给出一个不太普通的例子.

例 2.12 令 $R = \mathbb{Z}[i] = \{m + ni \mid m, n \in \mathbb{Z}\}$, 其中 $i = \sqrt{-1}$. 我们来证明 R 是欧几里得环. 为此, 对于 $a = m + ni \in R$, 定义 $d(a) = |a|^2 = m^2 + n^2$. 对于任意的 $a, b \in R$, $b \neq 0$, $bR = \{(m+ni)b \mid m, n \in \mathbb{Z}\}$ 是复平面 $\mathbb{C}$ 上边长为 $|b|$ 的正方形网格的格点. 设与点 a 距离最近的格点为 $(m_0 + n_0 i)b$. 取 $q = m_0 + n_0 i$, $r = a - qb$, 则 $|r| < |b|$ (即正方形上一点到四个顶点距离的最小值小于边长), 故 $d(r) < d(b)$. 这就证明了 R 是欧几里得环.

定理 2.13 欧几里得环是主理想整环.

证明 设 R 是欧几里得环, I 为 R 的理想. 只要证明 I 是主理想. 若 $I = \{0\}$, 则 I 是主理想. 若 $I \neq \{0\}$, 取 I 中的非零元 b 使得 $d(b)$ 达到最小 (即 $d(b) = \min\{d(x) \mid x \in I, x \neq 0\}$). 对于任一 $a \in I$, 设 $a = qb + r$, $q, r \in R$, $r = 0$ 或 $d(r) < d(b)$. 由于 $a, b \in I$, 所以 $r = a - qb \in I$. 于是 $r = 0$ (否则与 $d(b)$ 的最小性矛盾), 即 $a = qb$. 这就证明了 $I \subseteq (b)$. 由于 $b \in I$, 所以 $I \supseteq (b)$. 故 $I = (b)$ 是主理想. □

由定理 2.10 立得

推论 2.14 欧几里得环是唯一分解整环.

3.2.4 唯一分解整环上的多项式环

本小节将证明唯一分解整环上的多项式环仍是唯一分解整环. 这就提供了更多的唯一分解整环.

我们首先对于多项式环作一些说明.

通常我们常说 "以 x 为变元的多项式", 但却很少考虑 "变元 x" 的含意. 严格地说, 数学中的一切新概念都应当从已有的概念出发来引入. 现在我们引入 "变元 x" 的确切定义.

为简单起见，设 R 是交换幺环. 以往我们常用

$$f(x) = a_0 + a_1 x + \cdots + a_n x^n, \quad a_i \in R$$

来表示系数在 R 中的多项式. 显然 $f(x)$ 完全由其系数组成的序列 $(a_0, a_1, \cdots, a_n)$ 所确定. 当然不同的多项式的次数可能不等, 因此我们不能固定这种序列的长度. 一个自然的途径就是将 $f(x)$ 的 x^m $(m>n)$ 的系数都视为 0. 于是我们可以用只有有限多个位置处不等于 0 的无穷序列表达一般的多项式. 这种序列与可数多个 R 的直和 $\bigoplus_{i=0}^{\infty} R$ 中的元素在形状上一样, 但是 (多项式的运算所对应的) 序列的运算与直和中的运算有很大差别. 设又有

$$g(x) = b_0 + b_1 x + \cdots + b_m x^m, \quad b_j \in R,$$

则 $f(x) + g(x)$ 所对应的序列等于 $f(x)$ 和 $g(x)$ 对应的序列按分量相加, 即与 $\bigoplus_{i=0}^{\infty} R$ 中的加法一样. 但是 $f(x) \cdot g(x)$ 所对应的序列并不等于 $f(x)$ 和 $g(x)$ 对应的序列按分量相乘, 而是

$$(a_0 b_0, a_0 b_1 + a_1 b_0, \cdots, a_0 b_i + a_1 b_{i-1} + \cdots + a_i b_0, \cdots),$$

其中 $a_0 b_i + a_1 b_{i-1} + \cdots + a_i b_0$ 是序列的第 $i+1$ 个分量.

综上所述, 我们可以定义系数在 R 中的多项式的全体为

$$S = \{(a_0, a_1, \cdots) \mid a_i \in R, \text{只有有限多个 } a_i \text{ 不为 } 0\}.$$

在 S 上定义加法为

$$(a_0, a_1, \cdots) + (b_0, b_1, \cdots) = (a_0 + b_0, a_1 + b_1, \cdots),$$

乘法为

$$(a_0, a_1, \cdots) \cdot (b_0, b_1, \cdots)$$
$$= (a_0 b_0, a_0 b_1 + a_1 b_0, \cdots, a_0 b_i + a_1 b_{i-1} + \cdots + a_i b_0, \cdots).$$

$(S; +, \cdot)$ 构成一个环，称为 R 上的**一元多项式环**.

在这种记号下，通常的变元 x 就是序列 $(0, 1, 0, \cdots)$. 这样我们就从 R 出发引入了 "变元 x". 显然，环 $(S; +, \cdot)$ 中的运算与通常的多项式运算规律完全一样. 即环 $(S; +, \cdot)$ 与多项式环 $R[x]$ 是一回事.

有了一元多项式环，就可以定义二元多项式环为一元多项式环上的一元多项式环. 归纳地可以定义**多元多项式环**. 像通常一样，(以 $x_1, \cdots, x_n$ 为变元的) R 上的 n 元多项式环记为 $R[x_1, \cdots, x_n]$.

一个简单但是常用的事实是: 如果 R 是整环，$f(x), g(x) \in R[x]$，则 $\deg(f(x)g(x)) = \deg f(x) + \deg g(x)$. 由此立即看出: $R[x]$ 仍是整环; $R[x]$ 中的可逆元与 R 的可逆元是一样的，即 $R[x]^\times = R^\times$; R 的不可约元在 $R[x]$ 中仍不可约. 这些结果对于 R 上的 n 元多项式环也成立 (对 n 作归纳即知).

像在高等代数中一样，整环 R 上的 n 元多项式环的分式域称为 n 元**有理分式域**，记为 $R(x_1, \cdots, x_n)$. 显然

$$R(x_1, \cdots, x_n) = \left\{ \frac{f(x_1, \cdots, x_n)}{g(x_1, \cdots, x_n)} \,\Big|\, f, g \in R[x_1, \cdots, x_n], g \neq 0 \right\}.$$

定义 2.15 设 R 是唯一分解整环，$f(x) \in R[x]$. $f(x)$ 的各项系数的最大公因子称为 $f(x)$ 的**容度**，记为 $c(f(x))$. 若 $\deg f(x) \geqslant 1$ 且 $c(f(x)) = 1$，则称 $f(x)$ 为 $R[x]$ 中的**本原多项式**.

引理 2.16 (Gauss 引理) 设 R 是唯一分解整环，则 $R[x]$ 中两个本原多项式的乘积仍为 $R[x]$ 中的本原多项式.

证明 设

$$g(x) = a_0 + a_1 x + \cdots + a_n x^n,$$

$$h(x) = b_0 + b_1 x + \cdots + b_m x^m$$

为 $R[x]$ 中的本原多项式，$f(x) = g(x)h(x)$. 假设 $f(x)$ 不是本原多项式. 取 $c(f(x))$ 的一个素因子 $p \in R$. 由于 $g(x), h(x)$ 本原，所以

存在 i $(0 \leqslant i \leqslant n)$ 和 j $(0 \leqslant j \leqslant m)$ 使得

$$p \mid a_0, \cdots, a_{i-1} \text{ 但 } p \nmid a_i,$$
$$p \mid b_0, \cdots, b_{j-1} \text{ 但 } p \nmid b_j.$$

于是 $f(x)$ 的 x^{i+j} 的系数 $c_{i+j} = \sum_{k=0}^{i+j} a_k b_{i+j-k}$ (若 $k > n$, 则把 a_k 作为 0; b_{i+j-k} 类似) 中只有 $k = i$ 的一项 (即 $a_i b_j$) 不被 p 整除, 其余各项都被 p 整除. 这导致 $p \nmid c_{i+j}$, 矛盾于 $p \mid \mathrm{c}(f(x))$. □

Gauss 引理的直接推论是

推论 2.17 设 R 是唯一分解整环, $f(x), g(x) \in R[x]$, 则

$$\mathrm{c}(f(x)g(x)) = \mathrm{c}(f(x))\mathrm{c}(g(x)).$$

请读者自行证明此结果.

一般来讲, 如果将多项式的系数取值范围扩大, 则不可约多项式可能变成可约的. 例如 $x^2 + 1$ 在 $\mathbb{R}[x]$ 中不可约, 但在 $\mathbb{C}[x]$ 中就可约了. 但是, 由 Gauss 引理可以得到以下的结果:

推论 2.18 设 R 是唯一分解整环, K 是 R 的分式域, $f(x) \in R[x]$, $\deg f(x) \geqslant 1$. 如果 $f(x)$ 在 $R[x]$ 中不可约, 则 $f(x)$ 在 $K[x]$ 中也不可约.

证明 假设结论不真, 则存在 $K(x)$ 中的不可逆元 $g(x), h(x)$ (于是 $\deg g(x), \deg h(x) \geqslant 1$), 使得 $f(x) = g(x)h(x)$. 设 $g(x), h(x)$ 各项系数分母的乘积分别为 $r, s \in R$, 在 $f(x) = g(x)h(x)$ 两端乘以 rs, 得到 $rs \cdot f(x) = (r \cdot g(x))(s \cdot h(x)) \in R[x]$. 将 $r \cdot g(x)$ 和 $s \cdot h(x)$ 的容度提出, 即设 $r \cdot g(x) = a \cdot g_1(x)$, $s \cdot h(x) = b \cdot h_1(x)$, 其中 $a = \mathrm{c}(g(x))$, $b = \mathrm{c}(h(x))$, $g_1(x), h_1(x)$ 为 $R[x]$ 中的本原多项式. 比较

$$rs \cdot f(x) = (r \cdot g(x))(s \cdot h(x)) = ab \cdot g_1(x)h_1(x) \quad (2.1)$$

的两端. 由于 $f(x)$ 不可约且次数大于 0, 所以必为本原多项式. 故 $\mathrm{c}(rs \cdot f(x)) = rs$. 由 Gauss 引理知 $g_1(x)h_1(x)$ 为本原多项式, 故

$c(ab \cdot g_1(x)h_1(x)) = ab$. 于是 $rs \overset{a}{\sim} ab$, 即存在 $u \in R^\times$ 使得 $rs = uab$. 由 (2.1) 式即得 $f(x) = ug_1(x)h_1(x)$, 其中 $\deg g_1(x) = \deg g(x) \geqslant 1$, $\deg h_1(x) = \deg h(x) \geqslant 1$, 这与 $f(x)$ 在 $R[x]$ 中不可约矛盾. □

定理 2.19 唯一分解整环上的多项式环仍是唯一分解整环.

证明 设 R 是唯一分解整环. 首先证明 $R[x]$ 满足因子链条件. 设 $f(x) \in R[x]$ 非零不可逆, $c(f(x)) = c$, 则 $f(x) = cf_1(x)$. 由 R 是 UFD 知 c 等于有限多个不可约因子的乘积. 只要再说明 $f_1(x)$ 也具有同样性质. 由于 $f_1(x)$ 是本原多项式, 所以它的非平凡因子 (即与 1 以及它自身都不相伴的因子) 的次数小于它的次数. 于是 $f_1(x)$ 可分解为至多 $\deg f(x)$ 个 (一次) 因子的乘积. 这就证明了 $R[x]$ 满足因子链条件.

为证明定理, 只要证明 $R[x]$ 的不可约元必是素元. 设 $f(x)$ 为 $R[x]$ 的不可约元. 又设 $f(x) \mid g(x)h(x)$ $(g(x), h(x) \in R[x])$, 即存在 $q(x) \in R[x]$ 使得

$$q(x)f(x) = g(x)h(x). \tag{2.2}$$

如果 $\deg f(x) = 0$, 即 $f(x) = a$ 为 R 的不可约元. 在 (2.2) 式两端取容度, 得到 $c(q(x))a = c(g(x))c(h(x))$, 故 $a \mid c(g(x))c(h(x))$. 因为 R 是 UFD, 所以 a 是 R 的素元. 于是 $a \mid c(g(x))$ 或 $a \mid c(h(x))$, 更有 $a \mid g(x)$ 或 $a \mid h(x)$.

现设 $\deg f(x) > 0$. 以 K 记 R 的分式域. 由推论 2.18 知 $f(x)$ 在 $K[x]$ 中不可约. 而 $K[x]$ 是欧几里得环, 更是 UFD, 所以 $f(x)$ 是 $K[x]$ 中的素元. 将 (2.2) 式视为 $K[x]$ 中的等式, 则 $f(x)$ 整除 $g(x), h(x)$ 之一. 无妨设 $f(x) \mid g(x)$, 即存在 $d(x) \in K[x]$ 使得 $g(x) = d(x)f(x)$. 两端乘以 $d(x)$ 各项系数的分母之积 r, 得到 $rg(x) = (rd(x))f(x)$. 设 $c(g(x)) = b$, $g(x) = bg_1(x)$, $c(rd(x)) = c$, $rd(x) = cd_1(x)$, 则有

$$rbg_1(x) = cd_1(x)f(x), \tag{2.3}$$

其中 $g_1(x), d_1(x)$ 都是 $R[x]$ 中的本原多项式. 由 $f(x)$ 不可约且

deg $f(x) > 0$ 知 $f(x)$ 亦本原. 根据 Gauss 引理即知 $d_1(x)f(x)$ 是本原多项式. 观察 (2.3) 式两端的容度, 得到 $rb \overset{a}{\sim} c$. 两端消去 c, 得到 $d_1(x)f(x) = ug_1(x)$, 其中 $u \in R^\times$. 故 $f(x) \mid g_1(x) \mid g(x)$. 这就证明了 $f(x)$ 是 $R[x]$ 的素元. □

推论 2.20 唯一分解整环上的多元多项式环是唯一分解环.

证明 对多项式环的不定元个数作归纳即可. □

习 题

1. 构造一个不满足因子链条件的的整环.

2. 设 R 是满足因子链条件的整环, 证明 R 是唯一分解整环当且仅当 R 中任意两个元素都有最大公因子.

3. 设 R 是唯一分解整环, S 是 R 的一个乘法封闭子集, $0 \notin S$. 证明分式环 $S^{-1}R$ 也是唯一分解整环.

4. 举例说明唯一分解整环的子环不一定是唯一分解整环.

5. 设 R 是唯一分解整环, P 是 R 的素理想. 举例说明商环 R/P 不一定是唯一分解整环.

6. 证明一元多项式环 $\mathbb{Z}[x]$ 的任一主理想都不是极大理想.

7. 设 K 是域. 系数在 K 中的形式幂级数 $\sum_{i=0}^{\infty} a_i x^i$ ($a_i \in K$, x 为不定元) 的全体在通常的加法和乘法下构成一个环, 称为 K 上的一元**形式幂级数环**, 记为 $K[[x]]$.

(1) 设 $f(x) = \sum_{i=0}^{\infty} a_i x^i \in K[[x]]$, 证明 $f(x)$ 是 $K[[x]]$ 的可逆元当且仅当 $a_0 \neq 0$;

(2) 证明 $K[[x]]$ 是主理想整环.

8. 证明: 主理想整环中的非零素理想是极大理想.

9. 设 R 是主理想整环, $a, b, d \in R$, 则 $(a, b) = (d)$ 当且仅当 d 是 a, b 的最大公因子.

10. 设 R 是主理想整环, D 是包含 R 的主理想整环, $a, b, d \in R$, d 是 a, b 在 R 中的最大公因子. 证明 d 也是 a, b 在 D 中的最

大公因子.

11. 设 R 是主理想整环，P 是 R 的一个非零素理想. 证明在分式环 R_P 上可以定义一个绝对值函数，满足第 1 章 §1.3 例 3.3 中的三个条件.

12. 设 K 是代数数域 (见第 1 章 §1.3 例 3.2). K 的元素 α 称为一个**代数整数**, 如果 α 是一个首项系数为 1 的整系数多项式的零点. 设 d 是无平方因子的整数，$K = \mathbb{Q}(\sqrt{d})$.

(1) 如果 $d \equiv 2, 3 \pmod 4$, 证明 K 中代数整数的集合等于

$$\{a + b\sqrt{d} \mid a, b \in \mathbb{Z}\};$$

(2) 如果 $d \equiv 1 \pmod 4$, 证明 K 中代数整数的集合等于

$$\left\{ a + b\frac{1+\sqrt{d}}{2} \,\middle|\, a, b \in \mathbb{Z} \right\}.$$

由此证明 K 中的代数整数的全体构成一个环, 称为 K 的**代数整数环**.

13. 证明 $\mathbb{Q}(\sqrt{-3})$ 的代数整数环是欧几里得环.

14. 证明 $\mathbb{Q}(\sqrt{2})$ 的代数整数环是欧几里得环.

15. 证明 $\mathbb{Q}(\sqrt{5})$ 的代数整数环是欧几里得环.

16. 证明环 $\mathbb{Z}[i]$(其中 $i = \sqrt{-1}$) 的可逆元素乘法群为 $\{\pm 1, \pm i\}$.

17. 设 p 为素数. 如果 $p \equiv 1 \pmod 4$, 证明存在 $a, b \in \mathbb{Z}$, 使得

$$p = a^2 + b^2.$$

18. 证明环 $\mathbb{Z}[i]$ 的不可约元 (在相伴意义下) 有且仅有以下三种:

(1) $1 + i$; (2) $a + bi$, 其中 $a, b \in \mathbb{Z}$ 满足 $a^2 + b^2 \equiv 1 \pmod 4$ 为素数; (3) $p \equiv 3 \pmod 4$ 为素数.

19. 设 K 是域, $K[x, y]$ 是 K 上的二元多项式环,

$$R = K[x, y]/(x^3 - y^2).$$

(1) 证明 R 是整环;

(2) 令 $P_0 = (\bar{x}, \bar{y})(\subset R)$, 证明 P_0 是 R 的极大理想, 且

$$(P_0 \cdot R_{P_0})/(P_0 \cdot R_{P_0})^2$$

作为 K 向量空间的维数为 2;

(3) 令 $P_1 = (\bar{x} - 1, \bar{y} - 1)(\subset R)$, 证明 P_1 是 R 的极大理想, 且 $(P_1 \cdot R_{P_1})/(P_1 \cdot R_{P_1})^2$ 作为 K 向量空间的维数为 1.

20. 设 R 是唯一分解整环, K 为 R 的分式域, $f(x)$ 是 $R[x]$ 中的首项系数为 1 的多项式. 如果 $g(x)$ 是 $f(x)$ 在 $K[x]$ 中的首项系数为 1 的因子, 证明 $g(x) \in R[x]$.

21. (**Eisenstein 判别法**) 设 R 是唯一分解整环, $f(x) = a_n x^n + a_{n-1} x^{n-1} + \cdots + a_0 \in R[x]$. 如果存在 R 的不可约元 p 满足 $p \nmid a_n$, $p \mid a_i (\forall\, i < n)$, $p^2 \nmid a_0$, 证明 $f(x)$ 在 $F[x]$ 中不可约 (F 是 R 的分式域).

22. 判断下列多项式在一元多项式环 $\mathbb{Q}(i)[x]$ 中是否可约:

(1) $x^{p-1} + x^{p-2} + \cdots + 1$, 其中 p 为素数;

(2) $x^4 + (8 + i)x^3 + (3 - 4i)x + 5$.

第 4 章 域

§4.1 域扩张的基本概念

在第 1 章 §1.1 的 1.3.3 小节 (见命题 3.6) 我们证明过任意一个域都包含着某个素域. 换句话说, 任一域都是某个素域的扩域 (如果 F 是 K 的子域, 就称 K 是 F 的**扩域**, 同时也称 K 是 F 的**域扩张**, 记为 K/F). 因此域论的主要内容是研究域的扩张.

我们先引入一些术语和记号.

定义 1.1 设 K 是 F 的扩域, $S \subseteq K$. 所谓 F 上**由 S 生成的域**是指 K 中包含 S 的最小的 F 的扩域, 记为 $F(S)$. 若 $K = F(S)$, 则称 S 为 K **在 F 上的生成系**, 亦称 K **在 F 上由 S 生成**. 可以由有限集合生成的 F 的扩域称为 F 上**有限生成**的域, 否则称为**无限生成**的域. 可以由一个元素 (组成的集合) 生成的扩域称为**单扩张**. 若 $S = \{\alpha_1, \cdots, \alpha_t\}$, 则记 $F(S) = F(\alpha_1, \cdots, \alpha_t)$.

对于任意 (有限或无限) 的生成系 S, 容易看出,

$$F(S) = \{f(s_1, \cdots, s_n) | n \geqslant 0, s_i \in S, f(x_1, \cdots, x_n) \in F(x_1, \cdots, x_n)\}.$$

定义 1.2 设 E, F 是域 K 的子域, 称 K 中包含 E 和 F 的最小的子域为 E 与 F 的**合成**, 记为 EF.

容易看出, 用定义 1.1 中给出的记号, 有 $EF = E(F) = F(E)$.

定义 1.3 域的**同态**就是环同态. 域的**同构**就是环同构.

由于同态的核是理想, 而域只有两个平凡理想 (即 0 理想和域自身) (见第 1 章 §1.1 引理 3.7), 所以域的同态只有两种, 即单同态 (核为 0 理想) 和零同态 (核为域自身). 域的单同态也称为**域嵌入**. 如果 K 和 E 都是域 F 的扩域, $\sigma: K \to E$ 是一个域嵌入,

并且 σ 在 F 上的限制是恒同映射 (即 $\sigma(\alpha) = \alpha$ ($\forall \alpha \in F$)), 则称 σ 为一个 F-**嵌入**. 如果进一步地, σ 是同构, 则称 σ 是 F-**同构**.

4.1.1 域的代数扩张与超越扩张

定义 1.4 设 K/F 是域扩张, $t_1, \cdots, t_n \in K$. 如果存在系数在 F 中的非零多项式 $f(x_1, \cdots, x_n)$, 使得 $f(t_1, \cdots, t_n) = 0$, 则称 $t_1, \cdots, t_n$ 在 F 上**代数相关**, 否则称 $t_1, \cdots, t_n$ 在 F 上**代数无关**. 特别地, 如果 K 中的一个元素 t 在 F 上是代数相关的 (即 t 是 $F[x]$ 中某个非零多项式的零点), 则称 t 是 F 上的**代数元**. K 中不是 F 上的代数元的元素称为 F 上的**超越元**. 如果 K 的所有元素都是 F 上的代数元, 则称 K/F 为**代数扩张**, 否则称为**超越扩张**.

我们先看一种形式上最简单的域扩张.

命题 1.5 设 F 是域, $K = F(\alpha)$. 如果 α 是 F 上的超越元, 则 $F(\alpha)$ 同构于 F 上的一元有理分式域 $F(x)$.

证明 定义映射

$$\sigma : F(x) \to F(\alpha) = K,$$
$$\frac{f(x)}{g(x)} \mapsto \frac{f(\alpha)}{g(\alpha)},$$

其中 $f(x), g(x) \in F[x]$, $g(x) \neq 0$. 易见 σ 保持加、乘法运算, 且是满射, 所以 σ 是满同态. 又由 α 的超越性易验证 $\ker \sigma = \{0\}$, 故 σ 是单同态, 于是 σ 是同构. □

4.1.2 代数单扩张

本小节考虑最简单的代数扩张, 即由一个元素生成的代数扩张.

设 F 是域, $K = F(\alpha)$, 其中 α 是 F 上的代数元.

定义 1.6 设 F, α, K 如上所述. 称 $F[x]$ 中满足 $f(\alpha) = 0$ 的次数最低的首一(即首项系数为 1 的) 多项式 $f(x)$ 为 α **在 F 上的极小多项式**, 记为 $\mathrm{Irr}(\alpha, F)$.

命题 1.7 $f(x)$ 为 α 在 F 上的极小多项式的充分必要条件是 $f(x)$ 为 $F[x]$ 中以 α 为零点的首一不可约多项式.

证明 必要性 假若 $f(x)$ 可约, 设 $f(x) = g(x)h(x)$, $g(x), h(x)$ 为 $F[x]$ 中次数大于 0 的首一多项式, 则 $\deg g(x), \deg h(x) < \deg f(x)$. 以 $x = \alpha$ 代入, 得 $0 = f(\alpha) = g(\alpha)h(\alpha) \in K$, 其中 $K = F(\alpha)$. 由于 K 是域, 故必有 $g(\alpha) = 0$ 或 $h(\alpha) = 0$, 与 $f(x)$ 次数最低矛盾.

充分性 假设有首一多项式 $g(x) \in F[x]$ 满足 $\deg g(x) < \deg f(x)$ 且 $g(\alpha) = 0$. 由于 $f(x)$ 不可约, 故 $(f(x), g(x)) = 1$. 所以存在 $u(x), v(x) \in F[x]$ 使得 $u(x)f(x) + v(x)g(x) = 1$. 两端以 $x = \alpha$ 代入, 得 $0 = 1$, 矛盾. □

下面的命题用多项式环给出代数单扩张的刻画.

命题 1.8 设 F 是域, $K = F(\alpha)$, α 是 F 上的代数元, $f(x)$ 为 α 在 F 上的极小多项式, 则 $K \cong F[x]/(f(x))$.

证明 考虑映射

$$\begin{aligned} \sigma: F[x] &\to F(\alpha), \\ g(x) &\mapsto g(\alpha). \end{aligned}$$

易见 σ 是同态. 与第 1 章 §1.3 的例 3.2 一样可以证明 $F(\alpha) = F[\alpha]$. 所以 σ 是满同态. 只要再证明 $\ker \sigma = (f(x))$. 对于任一 $g(x) \in (f(x))$, 设 $g(x) = q(x)f(x)$ (其中 $q(x) \in F[x]$), 则有 $\sigma(g(x)) = g(\alpha) = q(\alpha)f(\alpha) = 0$, 故 $g(x) \in \ker \sigma$. 这说明 $(f(x)) \subseteq \ker \sigma$. 反之, 设 $g(x) \in \ker \sigma$, 即 $g(\alpha) = 0$. 由于 $f(x)$ 不可约, 所以 $(f(x), g(x)) = 1$ 或 $f(x)$. 如果 $(f(x), g(x)) = 1$, 则存在 $u(x), v(x) \in F[x]$ 使得 $u(x)f(x) + v(x)g(x) = 1$. 两端以 $x = \alpha$ 代入, 得 $0 = 1$, 矛盾. 故 $(f(x), g(x)) = f(x)$, 即 $f(x) \mid g(x)$, 亦即 $g(x) \in (f(x))$. 这就证明了 $\ker \sigma \subseteq (f(x))$, 从而命题得证. □

4.1.3 有限扩张

设 K/F 是域扩张, 则 K 上的加法以及 F 的元素与 K 的元

素的乘法显然满足 F 上的线性空间的 (八条) 定义性质. 所以 K 可以作为 F 上的线性空间.

定义 1.9 设 K/F 是域扩张, 则 K 作为 F 上的线性空间的维数 $\dim_F K$ 称为 K/F 的**次数**, 记为 $[K:F]$. 如果 $[K:F] < \infty$, 则称 K/F 为**有限扩张**, 否则称为**无限扩张**.

例如超越扩张 $F(\alpha)/F$ 一定是无限扩张 (因为 $1, \alpha, \alpha^2, \cdots$ 在 F 上线性无关).

关于有限扩张的基本事实是

命题 1.10 设 K/E 和 E/F 是域扩张, 则 K/F 是有限扩张当且仅当 K/E 和 E/F 都是有限扩张. 此时有

$$[K:F] = [K:E][E:F].$$

证明 只要证明 $[K:F] = [K:E][E:F]$. 设 $\alpha_1, \cdots, \alpha_m$ 是 E 的 F-基, $\beta_1, \cdots, \beta_n$ 是 K 的 E-基. 只要证明

$$\{\alpha_i \beta_j \mid 1 \leqslant i \leqslant m, 1 \leqslant j \leqslant n\}$$

是 K 的 F-基. 事实上, 对于任一 $\kappa \in K$, 存在 $\varepsilon_1, \cdots, \varepsilon_n \in E$ 使得 $\kappa = \sum_{j=1}^{n} \varepsilon_j \beta_j$. 而对于任一 $\varepsilon_j (\in E)$, 存在 $a_{1j}, \cdots, a_{mj} \in F$ 使得 $\varepsilon_j = \sum_{i=1}^{m} a_{ij} \alpha_i$. 于是 $\kappa = \sum_{j=1}^{n} \sum_{i=1}^{m} a_{ij} \alpha_i \beta_j$, 即 K 的任一元素可以表成 $\alpha_i \beta_j$ ($1 \leqslant i \leqslant m, 1 \leqslant j \leqslant n$) 的 F-线性组合. 另一方面, 设有 F 的元素 a_{ij} ($1 \leqslant i \leqslant m, 1 \leqslant j \leqslant n$) 使得 $\sum_{j=1}^{n} \sum_{i=1}^{m} a_{ij} \alpha_i \beta_j = 0$. 由于 $\sum_{i=1}^{m} a_{ij} \alpha_i \in E$ 且 $\beta_1, \cdots, \beta_n$ 是 K 的 E-基, 所以 $\sum_{i=1}^{m} a_{ij} \alpha_i = 0$. 又 $a_{ij} \in F$ 且 $\alpha_1, \cdots, \alpha_m$ 是 E 的 F-基, 所以 $a_{ij} = 0$ ($\forall i, j$). 这就证明了 $\{\alpha_i \beta_j \mid 1 \leqslant i \leqslant m, 1 \leqslant j \leqslant n\}$ 是 K 的 F-基. □

代数扩张与有限扩张有密切的关系. 首先我们有

命题 1.11 设 L/F 是域扩张, $\alpha \in L$, 则 α 为 F 上的代数元的充分必要条件是 $[F(\alpha) : F] = \deg \mathrm{Irr}(\alpha, F)$.

证明 令 $K = F(\alpha)$, $f(x) = \mathrm{Irr}(\alpha, F)$. 设 $\deg f(x) = n$.

必要性 只要证明 $1, \alpha, \alpha^2, \cdots, \alpha^{n-1}$ 是 K 的 F-基. 首先, 不难看出这 n 个元素 F-线性无关. 否则存在不全为零的 $c_i \in F$ ($i = 0, 1, \cdots, n-1$), 使得 $\sum_{i=0}^{n-1} c_i \alpha^i = 0$, 即 $\sum_{i=0}^{n-1} c_i x^i$ 是以 α 为零点的非零多项式, 其次数小于 n. 这矛盾于 $f(x)$ 是 α 在 F 上的最小多项式. 其次, 如命题 1.8 的证明中所述, 我们有 $K = F(\alpha) = F[\alpha]$. 所以对于 $\beta \in K$, 可设 $\beta = g(\alpha)$, 其中 $g(x) \in F[x]$. 由带余除法, 存在 $q(x), r(x) \in F[x]$, 使得 $g(x) = q(x) f(x) + r(x)$, $r(x) = 0$ 或 $\deg r(x) < n$. 于是 $g(\alpha) = q(\alpha) \cdot 0 + r(\alpha) = r(\alpha)$. 而 $r(\alpha)$ 是 $1, \alpha, \alpha^2, \cdots, \alpha^{n-1}$ 的 F-线性组合. 这就证明了 $1, \alpha, \alpha^2, \cdots, \alpha^{n-1}$ 是 K 的 F-基.

充分性 因为 $\dim_F F(\alpha) = n$, 所以 $1, \alpha, \alpha^2, \cdots, \alpha^n$ 在 F 上线性相关, 即存在不全为零的 $a_i \in F$ ($0 \leqslant i \leqslant n$) 使得 $\sum_{i=0}^{n} a_i \alpha^i = 0$. 故 α 是 F 上的代数元. □

定义 1.12 如果有理数域 $\mathbb{Q}$ 上的代数元的极小多项式的次数为 n, 则称该代数元为 n **次代数数**.

由以上两个命题容易得到代数扩张与有限扩张的如下关系:

命题 1.13 K/F 是有限扩张当且仅当 K/F 是有限生成的代数扩张.

证明 **必要性** 假若 K/F 是超越扩张, 即存在 $\alpha \in K$, α 是 F 上的超越元, 于是 $[F(\alpha) : F] = \infty$, 更有 $[K : F] = \infty$. 这说明 K/F 一定是代数扩张. 又 K 作为 F 上的线性空间的 (有限多个) 基元素组成 K 在 F 上的生成元集, 所以 K/F 是有限生成的.

充分性 设 $K = F(\alpha_1, \cdots, \alpha_n)$. 因为 K/F 是代数扩张, 所以 α_i ($1 \leqslant i \leqslant n$) 都是 F 上的代数元. 令 $F_0 = F$, $F_i = F(\alpha_1, \cdots, \alpha_i)$, 则 $F_n = K$, 且 $F_i = F_{i-1}(\alpha_i)$. 显然 α_i 是 F_{i-1} 上的代数元, 所以 $[F_i : F_{i-1}] < \infty$. 反复应用命题 1.10 即知

$$[K : F] = \prod_{i=1}^{n} [F_i : F_{i-1}] < \infty. \qquad \square$$

推论 1.14 设 K/F 是域扩张，则 K 中在 F 上的代数元的全体构成 K 的子域，称为 F 在 K 中的**代数闭包**。

证明 以 E 记 K 中在 F 上的代数元的全体。只要证明 E 对于四则运算封闭。设 $\alpha, \beta \in E$。由上面命题知 $[F(\alpha, \beta) : F] < \infty$。但 $\alpha + \beta \in F(\alpha, \beta)$，所以 $[F(\alpha + \beta) : F] < \infty$。再应用上面命题，即知 $\alpha + \beta$ 是 F 上的代数元，即 $\alpha + \beta \in E$。同样可以证明 $\alpha - \beta$，$\alpha\beta$，α/β ($\beta \neq 0$) 都属于 E。 □

说明 利用代数扩张与有限扩张的关系我们证明了代数元的和、差、积、商仍是代数元。如果直接用代数元的定义来证明这个事实，即从两个代数元满足的代数方程去构造它们的和、差、积、商满足的代数方程，将会很麻烦。这种将问题转化的方法值得认真领会。在后面关于"可分元"的讨论还会遇到这种方法(参见 §4.3 中推论 3.16 的证明)。

例 1.15 作为命题 1.10 的一个应用，我们给出著名的三大几何作图难题(即三等分角、立方倍积、化圆为方)不可能性的证明。

所谓尺规作图就是首先取平面上的一条直线作为基线，在此基线上取定一个原点 O 以及单位长。然后反复地做 (有限多次) 以下两件事情：(1) 过已知的两点作直线；(2) 以已知点为圆心作已知长度为半径的圆。由平面几何中的作图法可知，这样可以过已知点作已知直线的垂线，也可以将任意已知的线段进行任意等分。把基线作为 (解析几何中的) 实坐标平面上的 x 轴，过原点作 x 轴的垂线，作为 y 轴，又有了单位长，这样就给出了平面上的一个直角坐标系。我们来考查通过尺规作图可以得到的点的坐标以及两点间的距离会是什么样的数。

首先，由于运用尺规作图可以将线段进行任意等分，所以 x 轴 (以及 y 轴) 上的坐标为有理数的点都可以做出，从而平面上以有理数作为坐标的点都可以做出。任意这样的两个点之间的距离 (根据勾股定理) 都是有理数的平方根 (即一、二次代数数)。现在设经过有限次尺规作图后所得到的点的 x, y 坐标和两点之间的距离添加到有理数域上得到的域为 L. 继续做尺规作图, 得到的新的点只有以下三种可能: (i) 两条直线的交点. 由于连接坐标在 L 中的点的直线方程的系数仍然可以取在 L 中, 所以这样两条直线的交点坐标仍属于 L. (ii) 一条直线与一个圆的交点. 由于直线与圆的方程的系数都在 L 中, 所以它们的交点的坐标属于 L 或 L 的二次扩张 L'. (iii) 两个圆的交点. 设这两个圆的方程为

$$\begin{cases} (x-a)^2 + (y-b)^2 = r^2, \\ (x-c)^2 + (y-d)^2 = s^2, \end{cases}$$

其中 $a, b, c, d, r, s \in L$. 两个方程相减, 得到与此方程组同解的一个二次方程与一次方程联立的方程组, 这样又归回为第 (ii) 种情形. 这样得到的新的点与其他已经做出的任一点之间的距离(添加到 L 上)最多引起 L 或 L' 的二次扩张.

以上的讨论说明: 经过有限次尺规作图所得到的点的坐标以及两点之间的距离添加到有理数域 $\mathbb{Q}$ 上所得到的域 K 只可能是 $\mathbb{Q}$ 上的一连串的(有限多个)二次扩张, 根据命题 1.10 即知 $[K:\mathbb{Q}]$ 是 2 的方幂.

现在我们回到三大难题. 确切地说, 尺规作图的任务是在用这种作图法可以得到的图形上继续作图, 例如三等分角的含义是将尺规作图所得到的角三等分. 为了说明三等分角的不可能性, 我们来证明 $60°$ 角不能用尺规作图三等分($60°$ 角当然可以用尺规作图得到). 三角学中有三倍角公式: $\cos 3\theta = 4\cos^3 \theta - 3\cos \theta$. 以 $\theta = 20°$ 代入, 得到 $\frac{1}{2} = 4\cos^3 20° - 3\cos 20°$, 即 $\cos 20°$ 满足方程 $4x^3 - 3x = \frac{1}{2}$. 令 $x = \frac{y+1}{2}$, 代入化简后得到 $y^3 + 3y^2 - 3 = 0$. 由艾森斯坦判别法知 $y^3 + 3y^2 - 3$ 在 $\mathbb{Q}[y]$ 中不可约, 所以 $4x^3 - 3x - \frac{1}{2}$ 在 $\mathbb{Q}[x]$ 中不可约, 于是 $[\mathbb{Q}(\cos 20°):\mathbb{Q}] = 3$. 假如 $20°$ 能够用尺规作图做出, 则 $\cos 20°$ 也可以做出 (它是以原点 O 为顶点, x 轴为一条边的 $20°$ 角的另一条边与单位圆 $x^2 + y^2 = 1$ 交点的 x 坐标). 这矛盾于上面所说的经过有限次尺规作图所得到域 K 在 $\mathbb{Q}$ 上的

扩张次数为 2 的方幂.

至于立方倍积问题本质上就是要用尺规作图做出长度为 $\sqrt[3]{2}$ 的线段. 而 $\sqrt[3]{2}$ 是三次代数数, 不可能用尺规作图做出. 化圆为方是要作一个边长为 $\sqrt{\pi}$ 的正方形. 而 π 是超越数 (我们承认这个事实), 所以 $\sqrt{\pi}$ 也是超越数, 不可能用尺规作图做出.

4.1.4 代数封闭域

在前面几小节我们都是假定有一个域扩张, 然后在给定的扩域中进行讨论, 例如考虑扩域中的元素是否是子域上的某个多项式的零点. 这种讨论对于数域是可行的, 因为复数域是最大的数域. 但是对于一般的域 (例如有限域、p-进数域、域上的有理分式域) 就行不通了.

现在我们要从一个域 F 出发来构造它的扩域. F 的超越单扩张很简单, 就是 F 上的一元有理分式域. 我们的兴趣在于构造 F 的代数扩张. 也就是说, 对于任一 $f(x) \in F[x]$, 构造一个扩域 K, 使得 $f(x)$ 在 K 中有零点. 当然, 不失一般性, 无妨假定 $f(x)$ 不可约.

定理 1.16 设 F 是域, $f(x)$ 是 $F[x]$ 中的不可约多项式, 则存在 F 的含有 $f(x)$ 的零点的扩域 (此扩域可以具体地构造为 $F[x]/(f(x))$).

证明 因为 $f(x)$ 是不可约多项式, 由第 3 章 §3.2 的命题 2.8 知 $(f(x))$ 是 $F[x]$ 的极大理想, 所以 $F[x]/(f(x))$ 是域. 对于任一 $g(x) \in F[x]$, 以 $\overline{g(x)}$ 记在 $F[x]/(f(x))$ 中所在的陪集, 即 $\overline{g(x)} = g(x) + (f(x))$, 则

$$f(\bar{x}) = \overline{f(x)} = \bar{0},$$

即 $\bar{x}$ 是 $f(x)$ 在 $F[x]/(f(x))$ 中的零点.

映射

$$\iota : F \to F[x]/(f(x)),$$
$$a \mapsto \bar{a}$$

不是零同态 (例如 $\iota(1) = \bar{1} \neq \bar{0}$), 所以 ι 是单同态. 把 F 在 ι 下的像与 F 等同, 则 $F[x]/(f(x))$ 是 F 的扩域. □

直观地想, 对于给定的域 F, 可以把 F 上的所有多项式的零点都添加到 F 上, 得到一个 (通常是无限生成的) 扩域 (即 F 上的所有的代数元组成的域). 但这里有一个含糊的问题: 不同多项式的零点引起的扩域之间的关系如何? 这样的域是否唯一? 要想把这个问题说清楚, 需要借助于集合论中的公理 (例如 Zorn 引理). 我们在此不进入这个话题, 只是承认这样的域存在, 并且在同构意义下是唯一的. 此域称为 F 的**代数封闭域**, 记为 $\overline{F}$.

不难证明: F 的代数封闭域 $\overline{F}$ 具有代数基本定理所叙述的好的性质, 即 $\overline{F}$ 上的任一次数大于 0 的多项式在 $\overline{F}$ 中必有零点, 亦即 $\overline{F}$ 上的任一次数大于 0 的多项式在 $\overline{F}[x]$ 中可以分解为一次因式的乘积, 也就是说 $\overline{F}$ 上没有次数大于 1 的代数扩张. 事实上, 设 $f(x) \in \overline{F}[x]$, $f(x) = x^n + \alpha_1 x^{n-1} + \cdots + \alpha_n$, 其中 $\alpha_i \in \overline{F}$, 则 $K = F(\alpha_1, \cdots, \alpha_n)$ 是 F 上有限生成的代数扩张. 由命题 1.13 知 $[K : F] < \infty$. 设 β 是 $f(x)$ 的一个零点, 则 $[K(\beta) : K] = n$. 于是 $[K(\beta) : F] < \infty$, 故 β 是 F 上的代数元, 即 $\beta \in \overline{F}$.

抛开基域 F, 直接考虑具有代数基本定理所叙述的好的性质的域. 我们有

定义 1.17 设 Ω 是域, 如果 Ω 上的任一次数大于 0 的多项式在 Ω 中都有零点, 则称 Ω 为**代数封闭域**.

习 题

1. 设 E 和 F 都是域 K 的子域, 证明 $E \cup F$ 是域当且仅当 E 和 F 之间有包含关系.

2. 证明 $\mathbb{Q}$ 的域自同构只有恒同自同构.

3. 给出从域 $\mathbb{Q}(i)$ 到复数域 $\mathbb{C}$ 的全部域嵌入 ($i = \sqrt{-1}$).

4. 证明不存在从域 $\mathbb{Q}(i)$ 到域 $\mathbb{Q}(\sqrt{2})$ 的域嵌入.

5. 设 K 是域, α 是 K 上的超越元, 证明 $K(\alpha)$ 到自身的域

嵌入有无穷多个.

6. 求下列元素在 $\mathbb{Q}$ 上的极小多项式:

(1) $a+bi$, 其中 $a,b \in \mathbb{Q}, b \neq 0$;

(2) $e^{\frac{2\pi i}{p}}$, 其中 p 为奇素数, e 为自然对数的底.

7. 设 K/F 是域的有限扩张, $[K:F]$ 为素数, $\alpha \in K \setminus F$, 证明 $K = F(\alpha)$.

8. 设 K/F 是域的有限扩张, $\alpha \in K$ 是 F 上的一个 n 次代数元, 证明 $n \mid [K:F]$.

9. 设 K/F 是域扩张, $\alpha \in K$ 是 F 上的一个奇数次代数元, 证明 $F(\alpha) = F(\alpha^2)$.

10. 设 K 是域. 如果 $x^n - a \in K[x]$ 不可约, 证明对于 n 的任一正因子 m, $x^m - a$ 在 $K[x]$ 中也不可约.

11. 求下列域 K 作为 $\mathbb{Q}$ 线性空间的一组基:

(1) $K = \mathbb{Q}(\sqrt{2}, \sqrt{3})$;

(2) $K = \mathbb{Q}(\sqrt{3}, i, \omega)$, 其中 $\omega = \dfrac{-1+\sqrt{-3}}{2}$;

(3) $K = \mathbb{Q}(e^{\frac{2\pi i}{p}})$, 其中 p 为奇素数.

12. 设 E, K 是域扩张 L/F 的两个中间域, 证明:

(1) $[EK:F]$ 有限当且仅当 $[E:F]$ 和 $[K:F]$ 都有限;

(2) $[EK:F] \leqslant [E:F] \cdot [K:F]$;

(3) 如果 $[E:F]$ 和 $[K:F]$ 互素, 则 (2) 中等式成立.

13. 设 K/F 是域的有限扩张, 证明 K 的任一 F- 自同态都是自同构.

§4.2 分裂域与正规扩张

4.2.1 多项式的分裂域

设 F 是域. 在本小节我们考虑包含 F 上的一个多项式的全

部零点的扩域.

定义 2.1 设 K/F 是域扩张,$f(x) \in F[x]$,K 含有 $f(x)$ 的所有的零点. 称 F 上由 $f(x)$ 的所有的零点生成的 K 的子域为 $f(x)$ 在 F 上的**分裂域**.

关于分裂域的一个简单事实是:

命题 2.2 设 F 是域,$f(x) \in F[x]$,L 为 $f(x)$ 在 F 上的某个分裂域的扩域,则 $f(x)$ 在 F 上的分裂域在 L 中唯一,并且此分裂域在 L 的任一 F- 自同构下映到自身.

证明 设 $f(x)$ 在 $L[x]$ 中有两种分解式

$$f(x) = a(x-\alpha_1)\cdots(x-\alpha_n) = a(x-\beta_1)\cdots(x-\beta_n),$$

由于 $L[x]$ 是 UFD,所以适当调换 β_i 的顺序后,有 $\alpha_i = \beta_i$ ($\forall\, 1 \leqslant i \leqslant n$). 即 $f(x)$ 在 L 中的零点集合是唯一确定的. 而 L 中所包含的 $f(x)$ 在 F 上的分裂域就是 F 上由这个零点集合生成的扩域,所以此分裂域唯一.

记此分裂域为 E. 对于 L 的任一 F- 自同构 $\sigma: L \to L$,显然 $\sigma(E) = F(\sigma(\alpha_1), \cdots, \sigma(\alpha_n))$. 而 $\sigma(\alpha_1), \cdots, \sigma(\alpha_n)$ 是 $f^\sigma(x)$ 的全部零点 ($f^\sigma(x)$ 表示 $f(x)$ 的系数用 σ 作用后得到的多项式),所以 $\sigma(E)$ 是 $f^\sigma(x)$ 在 F 上的分裂域. 注意到 $f^\sigma(x) = f(x)$ (因为 $f(x) \in F[x]$ 且 σ 是 F- 自同构),故 $\sigma(E)$ 是含于 L 的 $f(x)$ 在 F 上的分裂域. 由上面证明的唯一性即知 $\sigma(E) = E$. □

命题 2.3 设 F 是域,$f(x) \in F[x]$,则 $f(x)$ 在 F 上的分裂域存在,并且在 F- 同构意义下是唯一的.

证明 先证明分裂域的存在性. 对 $\deg f(x)$ 作归纳.

如果 $\deg f(x) = 1$,则 F 就是 $f(x)$ 在 F 上的分裂域. 现在设对于次数小于 n 的多项式结论已证. 设 $f(x) \in F[x]$,$\deg f(x) = n$. 取 $f(x)$ 在 $F[x]$ 中的一个不可约因子 $f_1(x)$ (可以是 $f(x)$). 由定理 1.16 知存在域 $E_1 = F(\alpha)$,其中 α 是 $f_1(x)$ 的一个零点. 于是 $f_1(x) = (x-\alpha)g(x)$,其中 $g(x) \in E_1[x]$,$\deg g(x) = n-1$. 由归纳假

设知存在 $g(x)$ 在 E_1 上的分裂域 E, 即 $E = E_1(\alpha_2, \cdots, \alpha_n)$, 其中 $\alpha_2, \cdots, \alpha_n$ 是 $g(x)$ 的全部零点. 于是 $E = F(\alpha, \alpha_2, \cdots, \alpha_n)$ 是 $f(x)$ 在 F 上的分裂域.

为了证明唯一性, 我们先证明一个引理.

引理 2.4 设 $\sigma: F \to F'$ 是域同构, $f(x)$ 为 $F[x]$ 中的不可约多项式, $K = F(\alpha)$, α 为 $f(x)$ 的一个零点. 又设 $K' = F'(\alpha')$, 其中 α' 是 $f^\sigma(x)$ 的一个零点 ($f^\sigma(x)$ 为 σ 作用在 $f(x)$ 的各项系数上所得到的 $F'[x]$ 中的多项式), 则映射

$$\sigma': K \to K',$$
$$g(\alpha) \mapsto g^\sigma(\alpha'), \quad g(x) \in F[x]$$

是域同构.

证明 首先需要证明 σ' 良定义, 即对于 $g(x), h(x) \in F[x]$, 如果 $g(\alpha) = h(\alpha)$, 则应有 $\sigma'(g(\alpha)) = \sigma'(h(\alpha))$. 事实上, 由 $g(\alpha) = h(\alpha)$ 知 α 是 $g(x) - h(x)(\in F[x])$ 的零点. 而 $f(x) \in F[x]$ 是以 α 为零点的不可约多项式, 即 $f(x) = \mathrm{Irr}(\alpha, F)$, 所以 $f(x) \mid g(x) - h(x)$, 即存在 $q(x) \in F[x]$ 使得 $g(x) - h(x) = f(x)q(x)$. 两端用 σ 作用, 再令 $x = \alpha'$, 得到 $g^\sigma(\alpha') - h^\sigma(\alpha') = f^\sigma(\alpha')q^\sigma(\alpha') = 0$. 这就证明了 σ' 良定义.

显然 σ' 保持运算, 既单且满, 所以 σ' 是域同构. □

现在回到命题 2.3 中唯一性的证明. 我们证明一个更广泛的命题. 此命题在分裂域与所谓 "正规扩张" 之间的关系 (见定理 2.7) 的证明中也是重要的.

命题 2.5 设 $\sigma: F \to F'$ 是域同构, $f(x) \in F[x]$, E 为 $f(x)$ 在 F 上的一个分裂域, E' 为 $f^\sigma(x)$ 在 F' 上的一个分裂域, 则存在同构 $\tilde{\sigma}: E \to E'$, 满足 $\tilde{\sigma}|_F = \sigma$.

证明 对 $[E:F]$ 作归纳. 若 $[E:F] = 1$, 即 $f(x) = \prod_{\text{有限}}(x - \alpha_i)$, 其中 $\alpha_i \in F$. 于是 $f^\sigma(x) = \prod_{\text{有限}}(x - \sigma(\alpha_i))$, 其中 $\sigma(\alpha_i) \in F'$. 故

$E' = F'$. 取 $\tilde{\sigma} = \sigma$ 即可.

设 $[E:F] < n$ 时命题已证, 这里 $n \geqslant 2$. 此时 $f(x)$ 在 $F[x]$ 中必有次数大于 1 的不可约因子. 设 $f_1(x)$ 是一个这样的因子. 又设 $\alpha \in E$ 是 $f_1(x)$ 的一个零点, $\alpha' \in E'$ 是 $f_1^\sigma(x)$ 的一个零点. 由引理 2.4 知

$$\sigma': F(\alpha) \to F'(\alpha'),$$
$$g(\alpha) \mapsto g^\sigma(\alpha'), \quad g(x) \in F[x]$$

是域同构. 由于 $[F(\alpha):F] = \deg f(x) > 1$, 所以 $[E:F(\alpha)] < n$. 显然 E 是 $f(x)$ 在 $F(\alpha)$ 上的分裂域, E' 是 $f^\sigma(x) = f^{\sigma'}(x)$ 在 $F'(\alpha') = \sigma'(F(\alpha))$ 上的分裂域. 由归纳假设即知存在域同构 $\tilde{\sigma}: E \to E'$, 满足 $\tilde{\sigma}|_{F(\alpha)} = \sigma'$, 于是 $\tilde{\sigma}|_F = \sigma'|_F = \sigma$. □

在命题 2.5 中取 $F' = F$, $\sigma = \text{id}$, 就得到命题 2.3 中的唯一性. 命题 2.3 证毕. □

4.2.2 正规扩张

现在我们引入正规扩张的的概念.

定义 2.6 设 E/F 是代数扩张. 如果对于 $F[x]$ 中任一不可约多项式 $f(x)$, E 含有 $f(x)$ 的一个零点蕴含 E 含有 $f(x)$ 的所有零点 (即: 如果 $f(x)$ 在 $E[x]$ 中有一个一次因子, 则 $f(x)$ 在 $E[x]$ 中能分解为一次因子的乘积), 则称 E/F 为**正规扩张**.

定理 2.7 E/F 是有限正规扩张当且仅当 E 是 $F[x]$ 中某个多项式在 F 上的分裂域.

证明 必要性 由于 E/F 是有限扩张, 故可设

$$E = F(\alpha_1, \cdots, \alpha_m).$$

设 $\text{Irr}(\alpha_i, F) = f_i(x)$, $1 \leqslant i \leqslant m$. 由 E/F 的正规性知 E 含有所有 $f_i(x)$ 的全部零点, 即 E 含有 $f(x) = \prod_{i=1}^{n} f_i(x)$ 的全部零点, 所以 E 包含 $f(x)$ 的分裂域 E_1. 反包含 $E \subseteq E_1$ 是显然的 (因为 $\alpha_i \in E_1$).

充分性 设 E 是 $f(x)$ 的分裂域，$g(x)$ 是 $F[x]$ 中的不可约多项式，且存在 $\alpha \in E$ 使得 $g(\alpha)=0$. 设 β 为 $g(x)$ 的另一个零点，则

$$\sigma: F(\alpha) \to F(\beta),$$
$$g(\alpha) \mapsto g(\beta), \quad g(x) \in F[x]$$

是域同构 (因为 $F(\alpha) \to F[x]/(g(x))$, $\alpha \mapsto \bar{x}$ 和 $F(\beta) \to F[x]/(g(x))$, $\beta \mapsto \bar{x}$ 都是域同构). 以 L 记 $f(x)g(x)$ 在 F 上的 (包含 E 的) 分裂域. 由命题 2.5 知 σ 可以提升为 L 的自同构 $\tilde{\sigma}$. 显然 $\tilde{\sigma}|_F = \sigma|_F = \mathrm{id}$. 由命题 2.2 知 $\tilde{\sigma}(E) = E$. 于是 $\beta = \sigma(\alpha) = \tilde{\sigma}(\alpha) \in \tilde{\sigma}(E) = E$. 这就证明了 E/F 是有限正规扩张. □

推论 2.8 设 E/F 是有限正规扩张，L/E 是任意域扩张，则 L 的任意 F-自同构把 E 映到自身.

证明 应用定理 2.7 和命题 2.2 即可. □

在本小节的最后我们引入一个概念.

定义 2.9 设 K/F 是有限扩张. 如果域扩张 L/K 满足：

(1) L/F 正规；

(2) 对于 K 和 L 的任一中间域 E, E/F 正规蕴含 $E = L$,

则称 L 为 K 在 F 上的**正规闭包**.

直观地说，K 在 F 上的正规闭包就是 F 上包含 K 的最小的正规扩张. 不难证明正规闭包的存在性和在 F-同构意义下的唯一性. 我们在这里就不给出证明了.

4.2.3 有限域

设 K 是有限域，则 K 所包含的素域一定是 p 元有限域 $GF(p)$，这里 p 是某一个素数 (否则 K 包含 $\mathbb{Q}$，与 $|K| < \infty$ 矛盾). 并且 $K/GF(p)$ 一定是有限扩张 (否则也不可能有 $|K| < \infty$). 设 $[K: GF(p)] = n$, 则 $|K| = p^n$. 反之，我们有

定理 2.10 对于任一素数 p 和任一正整数 n, 存在 p^n 个元素组成的有限域，并且这种域在同构意义下是唯一的. 由 p^n 个元素

组成的有限域记为 $GF(p^n)$.

证明 首先我们证明 $f(x) = x^{p^n} - x \in GF(p)[x]$ 在 $GF(p)$ 上的 (任一) 分裂域 E 是含 p^n 个元素的有限域. 事实上, 由于 $f'(x) = p^n x^{p^n-1} - 1 = -1 \neq 0$, 由高等代数中关于重因式的结果知 $f(x)$ 无重因式, 即 $f(x)$ 在 E 中有 p^n 个不同的零点. 不难看出这 p^n 个零点构成域, 其原因是: 对于任意两个零点 α, β, $(\alpha - \beta)^{p^n} - (\alpha - \beta) = \alpha^{p^n} - \beta^{p^n} - (\alpha - \beta) = 0$, 即 α, β 的差仍为 $f(x)$ 的零点; 又容易验证 α, β 的积与商 (除数不为 0) 也是 $f(x)$ 的零点. 这就是说 $f(x)$ 在 E 中的 p^n 个零点构成域. 又显然此域包含 $GF(p)$, 所以 E 由这些零点组成, 即 $|E| = p^n$.

另一方面, 任意给定一个含 p^n 个元素的有限域 K, $K^\times$ 是阶为 $p^n - 1$ 的乘法群. 由 Lagrange 定理 (第 1 章定理 1.17), 任一 $\alpha \in K^\times$ 满足 $\alpha^{p^n - 1} = 1$, 即 $\alpha^{p^n} = \alpha$, 亦即 α 是 $f(x)$ 的零点. 又显然 0 也是 $f(x)$ 的零点, 所以 K 由 $f(x)$ 的零点组成, 即 K 是 $f(x)$ 在 $GF(p)$ 上的分裂域. 由命题 2.3 即知所有由 p^n 个元素组成的有限域都同构. □

命题 2.11 $GF(p^n)$ 的非零元素乘法群是循环群.

证明 由于 $GF(p^n)$ 是域, 所以对于任意正整数 m, $x^m = 1$ 至多有 m 个根. 由第 2 章 §2.1 命题 1.5 即知 $GF(p^n)^\times$ 是循环群. □

在本小节最后我们介绍有限域的一个重要的自同构.

命题 2.12 映射

$$\begin{aligned} GF(p^n) &\to GF(p^n), \\ \alpha &\mapsto \alpha^p \end{aligned}$$

是 $GF(p^n)$ 的自同构, 称之为**Frobenius 自同构**, 记为 Frob_p.

证明 对于任意的 $\alpha, \beta \in GF(p^n)$, 有 $(\alpha + \beta)^p = \alpha^p + \beta^p$, $(\alpha\beta)^p = \alpha^p \beta^p$, 即 Frob_p 保持加、乘法运算, 所以 Frob_p 是 $GF(p^n)$ 的自同态. 显然 Frob_p 不是零同态, 所以是单射. 而 Frob_p 的定义域和值域所含的元素个数相等 (都是 p^n), 所以 Frob_p 是满射. 这就

证明了 Frob_p 是 $GF(p^n)$ 的自同构.　　□

习　题

1. 求下列多项式在 $\mathbb{Q}$ 上的分裂域:

(1) $(x^2-2)(x^2-3)$;

(2) x^3-2.

2. 设 p 为素数, 求 $x^{p^n}-1$ 在 $GF(p)$ 上的分裂域.

3. 求 x^6+2x^3+2 在 $GF(3)$ 上的分裂域.

4. 设 F 是域, K 是多项式 $f(x)\in F[x]$ 在 F 上的分裂域, E 是 K/F 的中间域. 证明 K 也是 $f(x)$ 在 E 上的分裂域.

5. 设 K/F 是有限正规扩张, E 为中间域. 证明 E/F 正规当且仅当 E 关于 K/F 是稳定的, 即对于 K 的任一 F-自同构 σ, 都有 $\sigma(E)=E$.

6. 设 E,K 是有限扩张 L/F 的两个中间域, 证明: 如果 E/F 和 K/F 都正规, 则 $E\cap K/F$ 和 EK/F 也都正规.

7. 设 E,K 是有限扩张 L/F 的两个中间域, 证明: 如果 K/F 正规, 则 EK/E 正规.

8. 设 K/E 和 E/F 都是正规扩张, 问 K/F 是否正规?

9. 构造一个 8 个元素的有限域, 并写出加法和乘法表.

10. 证明 $f(x)=x^2+1$ 和 $g(x)=x^2-x-1$ 都在 $GF(3)[x]$ 中不可约. 以 α 和 β 分别记 $f(x)$ 和 $g(x)$ 在 $GF(9)$ 中的一个零点, 试给出 $GF(3)(\alpha)$ 到 $GF(3)(\beta)$ 的一个同构映射.

11. 证明 $GF(p^m)\subseteq GF(p^n)$ 当且仅当 $m\mid n$.

12. 在 $GF(p)[x]$ 中证明 $x^{p^m}-x \mid x^{p^n}-x$ 当且仅当 $m\mid n$.

13. 设 $f(x)$ 为 $GF(p)[x]$ 中的 m 次不可约多项式, 证明 $f(x)\mid$

$x^{p^n} - x$ 当且仅当 $m \mid n$.

§4.3 可分扩张

本节介绍的可分扩张是域论中最重要的扩张,即 "Galois 扩张"的基础之一. 所谓 Galois 扩张就是可分正规扩张.

4.3.1 域上的多项式的重因式

本小节的内容与高等代数中关于重因式的讨论基本相同.

定义 3.1 设 F 是域,$f(x) \in F[x]$,K 为 $f(x)$ 在 F 上的分裂域. 如果 $f(x) = a \prod_{i=1}^{m}(x - \alpha_i)^{k_i}$,其中 $a \neq 0$,$\alpha_i \in K$ 两两不等,则称 $x - \alpha_i$ 为 $f(x)$ 的 k_i **重因式**,α_i 称为 $f(x) = 0$ 的 k_i **重根**. 一重因式也称为**单因式**.

引理 3.2 设 F 是域,$f(x) \in F[x]$,α 为 $f(x) = 0$ 的 k 重根. 以 $f'(x)$ 表示 $f(x)$ 的 (形式) 导数,则

(1) 若 $\mathrm{char}(F) \nmid k$,则 $f'(x) = 0$ 以 α 为 $k-1$ 重根;

(2) 若 $\mathrm{char}(F) \mid k$,则 $f'(x) = 0$ 以 α 为至少 k 重根.

证明 设 K 为 $f(x)$ 在 F 上的分裂域,则 $f(x) = (x-\alpha)^k g(x) \in K[x]$,其中 $g(\alpha) \neq 0$. 故
$$f'(x) = (x-\alpha)^{k-1} h(x),$$
其中 $h(x) = kg(x) + (x-\alpha)g'(x)$. 于是

(1) 若 $\mathrm{char}(F) \nmid k$,则以 $x = \alpha$ 代入 $h(x)$ 得 $kg(\alpha) \neq 0$,即 $x - \alpha$ 不是 $h(x)$ 的因式,所以结论为真.

(2) 若 $\mathrm{char}(F) \mid k$,则 $k = 0 \in F$,即 $f'(x) = (x-\alpha)^k g'(x)$,所以结论为真. □

命题 3.3 设 F 是域,$f(x) \in F[x]$,则 $f(x) = 0$ 有重根当且仅当 $(f(x), f'(x)) \neq 1$.

证明 **必要性** 设 K 为 $f(x)$ 在 F 上的分裂域. 若 $\alpha \in K$ 为 $f(x) = 0$ 的重根, 由引理 3.2 知 $(x - \alpha) \mid (f(x), f'(x))$. 即在 $K[x]$ 中 $(f(x), f'(x)) \neq 1$. 但最大公因子与域的扩张无关, 所以在 $F[x]$ 中亦有 $(f(x), f'(x)) \neq 1$.

充分性 假若 $f(x) = 0$ 无重根, 则直接计算可知 $f(x) = 0$ 的任一根不是 $f'(x) = 0$ 的根. 于是 $(f(x), f'(x)) = 1$. □

推论 3.4 设 F 是域, $f(x)$ 为 $F[x]$ 中的不可约多项式, 则 $f(x) = 0$ 无重根当且仅当 $f'(x) \neq 0$.

证明 **必要性** 假若 $f'(x) = 0$, 则 $(f(x), f'(x)) = f(x)$. 由命题 3.3 即知 $f(x) = 0$ 有重根.

充分性 假若 $f(x) = 0$ 有重根, 由命题 3.3 知 $(f(x), f'(x)) \neq 1$. 而 $f(x)$ 不可约, 故 $(f(x), f'(x)) = f(x)$, 即 $f(x) \mid f'(x)$. 但 $\deg f'(x) < \deg f(x)$, 所以 $f'(x) = 0$. □

推论 3.5 特征 0 的域上的不可约多项式必只有单因式.

证明 易见特征 0 的域上的不可约多项式的导数不等于 0, 故结论为真. □

4.3.2 可分多项式

定义 3.6 设 F 是域, $f(x)$ 为 $F[x]$ 中的不可约多项式, K 为 $f(x)$ 在 F 上的分裂域. 如果 $f(x)$ 在 $K[x]$ 中的所有因式都是单因式, 则称 $f(x)$ 是 F 上的**可分多项式**, 否则称为**不可分多项式**.

推论 3.5 可以改述为

命题 3.7 特征 0 的域上的不可约多项式都是可分多项式.

对于特征 p 的域, 有

命题 3.8 有限域上的不可约多项式都是可分多项式.

证明 设 $f(x) = a_0 + a_1 x + \cdots + a_{n-1} x^{n-1} + a_n x^n \in GF(p^n)[x]$, p 为素数. 如果 $f(x)$ 不可约且不可分, 由推论 3.4 知 $f'(x) = 0$, 即

$$\sum_{i=1}^{n} i a_i x^{i-1} = 0.$$

对于 $1 \leqslant i \leqslant n$, 如果 $p \nmid i$, 由 $ia_i = 0$ 知 $a_i = 0$. 于是 $f(x) = \sum_{j=1}^{m} a_{pj} x^{pj}$, 其中 m 为 $\frac{n}{p}$ 的整数部分. 设 a_{pj} 在 $GF(p^n)$ 的 Frobenius 自同构下的原像为 b_j, 即 $b_j^p = a_{pj}$, 则 $f(x) = \sum_{j=1}^{m} b_j^p x^{pj} = \left(\sum_{j=1}^{m} b_j x^j \right)^p$, 与 $f(x)$ 不可约矛盾. □

我们给出不可分多项式的一个经典例子.

例 3.9 设 $F = GF(p)(t)$ 为 $GF(p)$ 上的一元有理分式域, 令 $f(x) = x^p - t$. 我们来证明 $f(x)$ 是 F 上的不可分多项式. 以 K 记 $f(x)$ 在 F 上的分裂域, 设 $\alpha \in K$ 是 $f(x)$ 的一个零点, 即 $\alpha^p = t$, 则在 $K[x]$ 中有 $f(x) = x^p - \alpha^p = (x-\alpha)^p$. 于是, 为了证明 $f(x)$ 是 F 上的不可分多项式, 只要证明 $f(x)$ 在 $F[x]$ 中不可约. 假设 $f(x) = g(x)h(x)$, $g(x)h(x) \in F[x]$, $\deg g(x) = m$, $1 \leqslant m < p$. 无妨设 $g(x)$ 为首一多项式. 因为 $f(x) = (x-\alpha)^p$ 且 $K[x]$ 是 UFD, 所以 $g(x) = (x-\alpha)^m$, 于是 $g(x)$ 的常数项 $\alpha^m \in F$. 由 $(m,p) = 1$ 知存在 $u,v \in \mathbb{Z}$ 使得 $um + vp = 1$. 故 $\alpha = (\alpha^m)^u (\alpha^p)^v \in F$. 这说明 t 在 F 中有 p 次方根, 矛盾.

4.3.3 可分扩张与不可分扩张

定义 3.10 设 K/F 是代数扩张, $\alpha \in K$. 如果 $\mathrm{Irr}(\alpha, F)$ 是可分多项式, 则称 α 是 F 上的**可分元素**, 否则称为**不可分元素**.

定义 3.11 设 K/F 是代数扩张. 如果 K 的所有元素都是 F 上的可分元素, 则称 K/F 为**可分扩张**, 否则称为**不可分扩张**.

我们来考查可分扩张与域嵌入的关系.

命题 3.12 设 $\sigma : K \to L$ 为域嵌入. 又设 α 为 K 上的代数元, α 在 K 上的极小多项式为 $f(x)$, L 包含 $f^\sigma(x)$ 的所有的零点, 则 σ 可以扩充为 $K(\alpha)$ 到 L 的域嵌入. 进一步地, 这种扩充与 $f^\sigma(x)$ 的零点一一对应.

证明 设 Π 为 $f^\sigma(x)$ 在 L 中的零点集合, Σ 为 σ 在 $K(\alpha)$ 上

的扩充 (到 L 的嵌入) 的集合.

在本章的引理 2.4 中取 $F=K$, $F'=\sigma(K)$, 则对于任一 $\beta_i \in \Pi$,

$$\tau_i : K(\alpha) \to (\sigma(K))(\beta_i),$$
$$g(\alpha) \mapsto g^\sigma(\beta_i), \quad g(x) \in K[x]$$

是域同构. 而 $(\sigma(K))(\beta_i) \subseteq L$, 所以 τ_i 是由 $K(\alpha)$ 到 L 的一个嵌入, 即 $\tau_i \in \Sigma$. 这就定义了映射

$$\Phi : \Pi \to \Sigma,$$
$$\beta_i \mapsto \tau_i.$$

Φ 显然是单射 (若 $\beta_i \neq \beta_j$, 则 $\tau_i(\alpha) = \beta_i \neq \beta_j = \tau_j(\alpha)$, 即 $\tau_i \neq \tau_j$, 亦即 $\Phi(\beta_i) \neq \Phi(\beta_j)$). 另一方面, 对于由 $K(\alpha)$ 到 L 的任一嵌入 ρ, 易见 $\rho(\alpha)$ 必是 $f^\sigma(x)$ 的零点. 事实上, 因为 $\rho|_K = \sigma$ 且 $f(x) \in K[x]$, 所以 $f^\rho(x) = f^\sigma(x)$. 于是 $0 = \rho(f(\alpha)) = f^\rho(\rho(\alpha)) = f^\sigma(\rho(\alpha))$, 即 $\rho(\alpha)$ 是 $f^\sigma(x)$ 的零点. 这说明 Φ 是满射. 故 Φ 是双射. □

推论 3.13 设 $K, L, \sigma, \alpha, f(x)$ 如命题 3.12 所述, 则 σ 在 $K(\alpha)$ 上的扩充 (到 L 的嵌入) 的个数 $\leqslant \deg f(x)$ $(= [K(\alpha) : K])$, "$=$" 成立当且仅当 α 是 K 上的可分元.

证明 令 n 为 σ 在 $K(\alpha)$ 上的扩充 (到 L 的嵌入) 的个数. 由命题 3.12 知 n 等于 $f(x)$ 的零点个数. 而 $f(x)$ 的零点个数 $\leqslant \deg f(x)$, 故 $n \leqslant \deg f(x)$. 此式中 "$=$" 成立当且仅当 $f(x)$ 无重根, 当且仅当 α 是 K 上的可分元. □

命题 3.14 设 K/F 是有限扩张, $K = F(\alpha_1, \cdots, \alpha_t)$, $g_i(x) = \mathrm{Irr}(\alpha_i, F)$ $(i = 1, \cdots, t)$, E 为 $\prod_{i=1}^{t} g_i(x)$ 在 F 上的分裂域, 则 K/F 是可分扩张当且仅当 K 到 E 的 F-嵌入的个数等于 $[K : F]$.

证明 令 $K_i = F(\alpha_1, \cdots, \alpha_i)$ $(1 \leqslant i \leqslant t)$. 以 n_i 记 K_i 到 E 的 F-嵌入的个数. 我们断言

$$n_i \leqslant [K_i : F],$$

且 "=" 成立当且仅当 α_j $(1 \leqslant j \leqslant i)$ 皆为 K_{j-1} 上的可分元.

对 i 作归纳法. 由推论 3.13(取 $K = F$, $\sigma = \mathrm{id}_F$) 知断言在 $i = 1$ 时成立.

现在设断言对于 $i - 1$ 成立 $(1 < i \leqslant t)$. 设 K_{i-1} 到 E 的所有 F-嵌入为 $\{\sigma_j \mid j = 1, \cdots, n_{i-1}\}$. 令 $f_i(x) = \mathrm{Irr}(\alpha_i, K_{i-1})$, r_i 为 $f_i(x)$ 在 E 中的零点的个数. 容易看出 r_i 也是 $f_i^{\sigma_j}(x)$ 在 E 中的零点的个数 ($\forall\, j = 1, \cdots, n_{i-1}$) (事实上, 由于 $f_i(x) \mid g_i(x)$, 所以 $f_i^{\sigma_j}(x) \mid g_i^{\sigma_j}(x)(= g_i(x))$, 故 $f_i^{\sigma_j}(x)$ 的零点属于 E. 易见: 求导数与 σ_j 可以交换次序, 根据推论 3.4 即知 $f_i(x)$ 与 $f_i^{\sigma_j}(x)$ 同时有或无重因式). 根据命题 3.12, 任一 σ_j 可以扩充为 r_i 个由 $K_i = K_{i-1}(\alpha_i)$ 到 E 的 (F-) 嵌入. 所以

$$n_i = n_{i-1} r_i \leqslant [K_{i-1} : F][K_i : K_{i-1}],$$

其中 "=" 成立当且仅当 $n_{i-1} = [K_{i-1} : F]$ 并且 $r_i = [K_i : K_{i-1}]$, 由归纳假设及推论 3.13 这又当且仅当 α_j $(1 \leqslant j \leqslant i-1)$ 皆为 K_{j-1} 上的可分元并且 α_i 为 K_{i-1} 上的可分元. 这就证明了我们的断言.

现在证明命题 3.14. 若 K/F 是可分扩张, 则生成元 $\alpha_1, \cdots, \alpha_t$ 当然都是 F 上的可分元. 于是 α_j $(1 \leqslant j \leqslant t)$ 皆为 K_{j-1} 上的可分元 (因为 $f_i(x) \mid g_i(x)$). 由上面的断言即知 K 到 E 的 F-嵌入的个数 n_t 等于 $[K : F]$. 反之, 若 K/F 不是可分扩张, 则存在 F 上的不可分元 $\beta \in K$. 将 β 扩充为 K 的一组 F-生成元 $\beta_1 = \beta, \beta_2, \cdots, \beta_s$. 由上面的断言即知 K 到 E 的 F-嵌入的个数小于 $[K : F]$. □

推论 3.15 设 $K = F(\alpha_1, \cdots, \alpha_t)$, 则 K/F 是可分扩张当且仅当 $\alpha_1, \cdots, \alpha_t$ 皆为 F 上的可分元.

证明 在命题 3.14 的证明中的断言里取 $i = t$, 再应用该命题的结论即可.

推论 3.16 设 K/F 为域扩张, 则 K 中在 F 上可分的元素的全体构成 K 的一个子域 (称为 F 在 K 中的**可分闭包**).

证明 只要证明 K 中在 F 上可分的元素在 K 的运算下封闭. 设 $\alpha, \beta \in K$, 都在 F 上可分. 根据推论 3.15, $F(\alpha, \beta)/F$ 是可分扩张. 而 $\alpha \pm \beta$, $\alpha\beta$ 和 α/β ($\beta \neq 0$) 都属于 $F(\alpha, \beta)$, 故都是 F 上的可分元. □

最后我们介绍可分扩张的一个重要性质.

定理 3.17 (单扩张定理) 有限可分扩张都是单扩张.

证明 设 K/F 是有限可分扩张. 如果 F 是有限域, 则 K 也是有限域. 由命题 2.11 知 $K^\times$ 是循环群. 设 $K^\times = \langle \alpha \rangle$, 则显然 $K = F(\alpha)$, 故 K/F 是单扩张.

现在设 F 是无限域. 借助于归纳法, 我们只要证明 $K = F(\alpha, \beta)$ 是 F 上的单扩张 (其中 α, β 为 F 上的可分元). 以 $f(x)$ 和 $g(x)$ 分别记 α 和 β 在 F 上的极小多项式, 它们在 $\overline{F}$ 中的零点分别为 $\alpha_1 = \alpha, \alpha_2, \cdots, \alpha_m$ 和 $\beta_1 = \beta, \beta_2, \cdots, \beta_n$. 考虑

$$\alpha_1 + y\beta_1 = \alpha_i + y\beta_j, \quad j \neq 1.$$

因为 F 为无限域, 故必存在 $c \in F$, 使得 $y = c$ 不是这 $m(n-1)$ 个方程中任何一个的解. 令 $\gamma = \alpha_1 + c\beta_1$. 易见 $f(\gamma - cx)$ 与 $g(x)$ 仅有一个公共零点 β_1. 而 $x - \beta_1$ 是 $g(x)$ 的单因式, 所以 $x - \beta_1$ 是 $f(\gamma - cx)$ 与 $g(x)$ 的最大公因式. 于是存在 $u(x), v(x) \in F(\gamma)[x]$, 使得

$$u(x)f(\gamma - cx) + v(x)g(x) = x - \beta_1.$$

由于此式左端属于 $F(\gamma)[x]$, 所以 $\beta = \beta_1 \in F(\gamma)$. 亦有 $\alpha = \alpha_1 = \gamma - c\beta_1 \in F(\gamma)$. 这说明 $F(\alpha, \beta) \subseteq F(\gamma)$. 又显然有 $F(\alpha, \beta) \supseteq F(\gamma)$, 所以 $F(\alpha, \beta) = F(\gamma)$ 是单扩张. □

习 题

1. 设 F 是特征 $p > 0$ 的域, 证明: 如果 $\alpha \in F$ 但 $\alpha \notin F^p = \{a^p \mid a \in F\}$, 则 $x^{p^e} - \alpha$ 在 $F[x]$ 中不可约 ($\forall\, e \geqslant 1$).

2. 设 F 是特征 $p > 0$ 的域, 证明:

(1) 若 $f(x) \in F[x]$ 不可约, 且 $(\deg f(x), p) = 1$, 则 $f(x)$ 是 F 上的可分多项式;

(2) 若有限扩张 K/F 的扩张次数与 p 互素, 则 K/F 是可分扩张.

3. 设 K/E 和 E/F 都是代数扩张, 证明 K/F 是可分扩张当且仅当 K/E 和 E/F 都是可分扩张.

4. 求本章 §4.1 的习题 11(1), (2) 中的两个域的单扩张生成元.

5. 设 $K = GF(p)(x, y)$ 是 $GF(p)$ 上的二元有理分式域, $F = K^p$. 证明:

(1) $F = GF(p)(x^p, y^p)$;

(2) K/F 不是单扩张;

(3) K/F 有无穷多个中间域.

§4.4 Galois 理论简介

在本节我们简述一下域论中最重要的内容, 即 Galois 理论. 这个理论把域扩张与群联系起来, 使得对于这两种对象的研究相互影响, 得到丰富、深入的结果.

对于任意域扩张 K/F, K 的 F-自同构在映射的复合下显然构成一个群, 记为 $\mathrm{Gal}(K/F)$. 对于 $\mathrm{Gal}(K/F)$ 的任一子群 H, 以 K^H 表示 K 中在 H 的所有元素作用下都不动的元素组成的集合. 由定义容易直接验证:

对于 F 和 K 的任一中间域 L, 有 $K^{\mathrm{Gal}(K/L)} \supseteq L$;

对于 $\mathrm{Gal}(K/F)$ 的任一子群 H, 有 $\mathrm{Gal}(K/K^H) \supseteq H$. (4.1)

但是一般而言, 这两句话中的 "$\supseteq$" 不能用 "$=$" 代替. 而下面定义的有限 Galois 扩张中是可以这样替代的.

定义 4.1 正规可分扩张称为 **Galois 扩张**. 设 K/F 是 Galois 扩张, 则称 K 的 F-自同构 (在映射复合运算下构成的) 群为 K/F 的 **Galois 群**, 记为 $\mathrm{Gal}(K/F)$.

在这个定义中, K/F 可以是无限扩张. 但是对于无限 Galois 扩张, (4.1) 中只有第一句话中的 "$\supseteq$" 可以改成 "$=$", 要想在第二句话中做同样的改动, 则必须对于 H 有所限制 (即要求 H 是 $\mathrm{Gal}(K/F)$ 的所谓 "闭子群"). 在这里我们不进入这个话题.

我们将不给出以下的 Galois 理论的基本结果的证明:

定理 4.2 (Galois 基本定理) 设 K/F 是有限 Galois 扩张, 则

(1) K/F 的中间域集 $\{L\}$ 与 $\mathrm{Gal}(K/F)$ 的子群集 $\{H\}$ 之间的映射

$$L \mapsto \mathrm{Gal}(K/L),$$
$$K^H \leftarrow\!\shortmid H$$

是一一对应;

(2) H 是 $\mathrm{Gal}(K/F)$ 的正规子群当且仅当 K^H/F 是正规扩张;

(3) 对于任一 $\sigma \in \mathrm{Gal}(K/F)$, 有

$$K^{(\sigma H \sigma^{-1})} = \sigma(K^H).$$

定理 4.2 的结论 (1) 中所述的对应称为 **Galois 对应**.

说明 此定理中的结论 (1) 实际上就是: 如果 K/F 是有限 Galois 扩张, 则 (4.1) 中的两个 "$\supseteq$" 可以改成 "$=$".

下面我们罗列一些常用的结果.

由本章的推论 2.8 和命题 3.14 立得

命题 4.3 设 K/F 是有限 Galois 扩张, 则

$$|\mathrm{Gal}(K/F)| = [K:F].$$

此命题的逆命题也成立, 即: 设 K/F 是有限扩张, 如果
$$|\mathrm{Gal}(K/F)| = [K:F],$$
则 K/F 是 Galois 扩张 (证明比较复杂).

命题 4.4 设 E 为域扩张 K/F 的中间域, K/F 和 E/F 都是有限 Galois 扩张, 则 $\mathrm{Gal}(E/F) \cong \mathrm{Gal}(K/F)/\mathrm{Gal}(K/E)$.

命题 4.5 设 E/F 是代数扩张, K/F 是有限 Galois 扩张, $K \cap E = F$, 则 KE/E 是有限 Galois 扩张, 并且
$$\mathrm{Gal}(KE/E) \cong \mathrm{Gal}(K/F).$$

我们来看两个例子.

例 4.6 令 $K = \mathbb{Q}(\sqrt[4]{2})$. 易见 $\mathrm{Irr}(\sqrt[4]{2}, \mathbb{Q}) = x^4 - 2$, $\mathrm{i}\sqrt[4]{2}$ 是它的一个零点. 由于 $\mathrm{i}\sqrt[4]{2} \notin \mathbb{R}$ 而 $K \subset \mathbb{R}$, 所以 $\mathrm{i}\sqrt[4]{2} \notin K$, 故 $K/\mathbb{Q}$ 不是正规扩张, 也就不是 Galois 扩张. 我们写出 $\mathrm{Gal}(K/\mathbb{Q})$. K 的自同构 (自然是 $\mathbb{Q}$- 自同构) 必然将 $\sqrt[4]{2}$ 映为 $x^4 - 2$ 在 K 中的零点, 即 $\pm\sqrt[4]{2}$, 所以 $\mathrm{Gal}(K/\mathbb{Q})$ 只含两个元素, 分别由 $\sqrt[4]{2} \mapsto \sqrt[4]{2}$ 和 $\sqrt[4]{2} \mapsto -\sqrt[4]{2}$ 所确定. $\mathbb{Q}$ 在 (4.1) 式下所对应的子群当然是整个 $\mathrm{Gal}(K/\mathbb{Q})$, 但是 $\mathrm{Gal}(K/\mathbb{Q})$ 在 (4.1) 式下所对应的子域却是 $\mathbb{Q}(\sqrt{2})$, 即 $K^{\mathrm{Gal}(K/\mathbb{Q})} = \mathbb{Q}(\sqrt{2}) \neq \mathbb{Q}$.

例 4.7 令 $K = \mathbb{Q}(\sqrt{2}, \sqrt{3})$, 则 K 是 $(x^2-2)(x^2-3)$ 的分裂域, 所以 $K/\mathbb{Q}$ 是 Galois 扩张. 我们写出 $\mathrm{Gal}(K/\mathbb{Q})$. K 的自同构必然将 $\sqrt{2}$ 映为 $\pm\sqrt{2}$, 将 $\sqrt{3}$ 映为 $\pm\sqrt{3}$. 令 $\sigma \in \mathrm{Gal}(K/\mathbb{Q})$ 满足 $\sigma(\sqrt{2}) = -\sqrt{2}$, $\sigma(\sqrt{3}) = \sqrt{3}$, $\tau \in \mathrm{Gal}(K/\mathbb{Q})$ 满足 $\tau(\sqrt{2}) = \sqrt{2}$, $\tau(\sqrt{3}) = -\sqrt{3}$, $\rho \in \mathrm{Gal}(K/\mathbb{Q})$ 满足 $\rho(\sqrt{2}) = -\sqrt{2}$, $\rho(\sqrt{3}) = -\sqrt{3}$, 则 $\mathrm{Gal}(K/\mathbb{Q}) = \{\mathrm{id}, \sigma, \tau, \rho\}$. $\mathrm{Gal}(K/\mathbb{Q})$ 有五个子群, 即 $\{\mathrm{id}\}$, $\langle\sigma\rangle$, $\langle\tau\rangle$, $\langle\rho\rangle$ 和 $\mathrm{Gal}(K/\mathbb{Q})$ 自身. 它们的不动域分别为 K, $\mathbb{Q}(\sqrt{3})$, $\mathbb{Q}(\sqrt{2})$, $\mathbb{Q}(\sqrt{6})$ 和 $\mathbb{Q}$. K 在这些不动域上的 Galois 群恰好是上述相应的子群.

下面定义的特殊的 Galois 扩张在域论、数论等学科中是重要的.

定义 4.8 设 K/F 为 Galois 扩张. 如果 $\mathrm{Gal}(K/F)$ 是交换群, 则称 K/F 为 **Abel 扩张**. 如果 $\mathrm{Gal}(K/F)$ 是循环群, 则称 K/F 为 **循环扩张**.

以下是 Galois 给出的五次以上代数方程可以通过其系数的四则运算和开方求解 (称为 "可用根式解") 的充分必要条件:

定理 4.9 (Galois 定理) 设 F 是特征 0 的域, $f(x) \in F[x]$, E 是 $f(x)$ 在 F 上的分裂域, 则 $f(x) = 0$ 可用根式解的充分必要条件是 $\mathrm{Gal}(E/F)$ 为可解群.

Galois 在这个定理的证明中将问题归结为循环扩张的基本情形.

由于 A_n ($n \geq 5$) 不是可解群, 所以五次以上的代数方程没有通用的 (由四则运算和开方给出的) 求根公式.

我们换一个角度思考 Galois 理论. 一个自然的问题是: 对于给定的域 F, 它上面有些什么样的 Galois 扩张? 自然, F 上的所有可能的 Galois 扩张应当被 F 自身的结构所确定, 但是用 F 刻画其上的所有 Galois 扩张的问题远远没有解决. 退一大步讲, 用 F 刻画其上的所有 Abel 扩张的问题也只是对于一部分域有了完整的答案, 这就是所谓 "类域论" 的内容.

习 题

1. 求 $\mathrm{Gal}(GF(p^n)/GF(p))$ 的所有子群以及它们的不动域.

2. 设 $p_1, \cdots, p_m$ 是两两不同的素数, $K = \mathbb{Q}(\sqrt{p_1}, \cdots, \sqrt{p_m})$, 求 $\mathrm{Gal}(K/\mathbb{Q})$.

3. 求下列多项式在 $\mathbb{Q}$ 上的分裂域的 Galois 群, 并求它们的子群及其不动域:

   (1) $x^3 - 3x - 1$;

   (2) $x^3 - x - 1$.

4. 求 $x^4 - 2$ 在 $\mathbb{Q}(\mathrm{i})$ 上的分裂域及其 Galois 群.

5. 设 p 为奇素数, K 为 $x^{p^n} - 1$ 在 $\mathbb{Q}$ 上的分裂域.

(1) 证明 $[K:\mathbb{Q}] = p^{n-1}(p-1)$;

(2) 证明 $\mathrm{Gal}(K/\mathbb{Q})$ 是循环群.

6. 证明 $\mathbb{R}$ 的域自同构只有恒同自同构.

§4.5 环与域的进一步知识简介

在本节中我们简单介绍环与域的进一步知识以及一些应用.

4.5.1 与几何的联系

解析几何的研究对象包括实平面上的直线、二次曲线以及三维实空间中的直线、平面、二次曲面、圆锥截线等, 这些对象都是用二元或三元 (一次或二次) 实系数方程 (或方程组) 定义的. 我们来考虑一般的情形.

设 K 是一个域, $K[x_1, \cdots, x_n]$ 是 K 上的 n 元多项式环, $f(x_1, \cdots, x_n) \in K[x_1, \cdots, x_n]$. 以 $\mathbb{A}^n(K)$ 记 K 上的 n 维仿射空间. 如果 $\mathbb{A}^n(K)$ 中的点 P 的坐标 $(a_1, \cdots, a_n)$ 满足

$$f(a_1, \cdots, a_n) = 0,$$

则称 P 为 $f(x_1, \cdots, x_n)$ 的一个**零点**. $f(x_1, \cdots, x_n)$ 的所有零点的集合称为 f 所定义的**代数集**, 记为 $V(f)$. 一般地, 如果 S 是 $K[x_1, \cdots, x_n]$ 的一个非空子集, 则称 S 中所有多项式的公共零点组成的集合为 S 所定义的**代数集**, 记为 $V(S)$.

为简单起见, 我们对于一个多项式在一点处的取值采用下面的记号: 如果 $f(x_1, \cdots, x_n) \in K[x_1, \cdots, x_n]$, $\mathbb{A}^n(K)$ 中的点 P 的坐标为 $(a_1, \cdots, a_n)$, 则用 $f(P)$ 来代替 $f(a_1, \cdots, a_n)$.

一个简单却是重要的事实是: S (中的所有多项式) 的公共零点与 S 所生成的理想 (中的所有多项式) 的公共零点相吻合, 其原因如下: 设 S 在 $K[x_1, \cdots, x_n]$ 中生成的理想为 I. 一方面, 由于 S 中的所有多项式都属于 I, 故 I 中的多项式的公共零点是 S 的

公共零点. 反之, I 的任一元素皆形如

$$h(x_1,\cdots,x_n) = \sum_{\text{有限}} g_i(x_1,\cdots,x_n) f_i(x_1,\cdots,x_n)$$

(其中 $f_i(x_1,\cdots,x_n) \in S$, $g_i(x_1,\cdots,x_n) \in K[x_1,\cdots,x_n]$), 所以如果点 P 是 S 中所有多项式的公共零点, 则 $f_i(P) = 0$ ($\forall\, i$), 于是 $h(P) = 0$, 即 P 是 I 中任一多项式的零点. 这个事实当然蕴含着 $V(S) = V(I)$. 因此我们在研究代数集时只要考虑 $K[x_1,\cdots,x_n]$ 的理想所定义的代数集.

顺便说一句: 可以证明多项式环 $K[x_1,\cdots,x_n]$ 的任一理想都是有限生成的, 这是交换代数中的一个基本结果——Noether 环上的一元多项式环仍是 Noether 环——的推论.

以上我们从 $K[x_1,\cdots,x_n]$ 的理想出发定义了一个代数集. 反之, 从 $\mathbb{A}^n(K)$ 的任一子集 X 出发可以定义一个理想如下:

$$I(X) = \{f(x_1,\cdots,x_n) \in K[x_1,\cdots,x_n] \mid f(P) = 0,\ \forall\, P \in X\}$$

(读者可自行验证 $I(X)$ 确实是 $K[x_1,\cdots,x_n]$ 的理想).

关于上述的两个似乎互逆的过程有如下的一些简单的关系式, 它们都可以从定义出发直接验证:

命题 5.1 在上述记号下, 以下关系成立:

(1) $I \subseteq J \Rightarrow V(I) \supseteq V(J)$, 其中 I, J 为 $K[x_1,\cdots,x_n]$ 的理想;

(2) $V\left(\sum_i I_i\right) = \bigcap_i V(I_i)$, 其中 I_i 为 $K[x_1,\cdots,x_n]$ 的理想, i 属于任一指标集;

(3) $V\left(\bigcap_{i=1}^m I_i\right) = \bigcup_{i=1}^m V(I_i)$, 其中 I_i 为 $K[x_1,\cdots,x_n]$ 的理想;

(4) $X \subseteq Y \Rightarrow I(X) \supseteq I(Y)$, 其中 X, Y 为 $\mathbb{A}^n(K)$ 的子集;

(5) $I\left(\bigcup_i X_i\right) = \bigcap_i I(X_i)$, 其中 X_i 为 $\mathbb{A}^n(K)$ 的子集, i 属于任一指标集;

(6) $I\left(\bigcap_i X_i\right) = \sum_i I(X_i)$，其中 X_i 为 $\mathbb{A}^n(K)$ 的子集，i 属于任一指标集；

(7) $I(V(J)) \supseteq J, V(I(X)) \supseteq X$，其中 J 为 $K[x_1,\cdots,x_n]$ 的理想，X 为 $\mathbb{A}^n(K)$ 的子集；

(8) 若 J 是 $\mathbb{A}^n(K)$ 的某个子集所定义的理想，则 $I(V(J)) = J$，若 X 是代数集，则 $V(I(X)) = X$.

若 V 是一个代数集，则称 $I(V)$ 为 V 的**定义理想**. 此命题中的第 (8) 条说明代数集与它的定义理想一一对应.

一般来讲，对于给定的域 K 上的一组多项式，它们可能没有坐标在 K 中的公共零点，其原因有两个，一是这组多项式"相互矛盾"，即它们蕴含着 $1=0$ 这样不可能成立的等式，例如 $f_1(x) = x$，$f_2(x) = x+1$ 就不可能有公共零点. 这种"相互矛盾"的情形等价于这组多项式生成的理想为 $(1) (=$ 整个多项式环$)$. 二是域 K 不够"大"，例如，$K = \mathbb{R}, f(x) = x^2 + 1$ 就没有零点. 为了避免第二种情形的出现，我们假定 K 是代数封闭域 (例如，复数域 $\mathbb{C}$).

下面的定理通常称为 **Hilbert 零点定理的弱形式**，可以看做代数基本定理的推广：

定理 5.2 设 I 为 $K[x_1,\cdots,x_n]$ 的理想. 如果 $I \neq (1)$，则 $V(I) \neq \varnothing$.

从这个定理出发，可以证明

定理 5.3 (Hilbert 零点定理) 设 J 为 $K[x_1,\cdots,x_n]$ 的理想，则 $I(V(J)) = \sqrt{J}$，其中 $\sqrt{J}$ 为 J 的根理想，即

$$\sqrt{J} = \{f \in K[x_1,\cdots,x_n] \mid 存在某个正整数 t, 使得 f^t \in J\}.$$

这个定理给出了定义理想的代数刻画，即定义理想就是那些根理想与自身相等的理想. 特别地，素理想是定义理想.

我们现在考虑素理想所定义的代数集，这种代数集被称为 (仿射) **代数簇**，这是最基本也是最重要的代数集.

设 V 为 $\mathbb{A}^n(K)$ 中的一个代数簇, 则 $I(V)$ 是 $K[x_1,\cdots,x_n]$ 的一个素理想. 以 R 记商环 $K[x_1,\cdots,x_n]/I(V)$. 对于 $f \in K[x_1,\cdots,x_n]$, 我们用 $\bar{f}$ 记 f 在 R 中所代表的陪集, 即 $\bar{f} = f + I(V) \in R$. 对于 V 中的任意一点 P, 定义 $\bar{f}(P) = f(P)$. 不难看出这个定义是合理的. 事实上, 如果 $\bar{f} = \bar{g} \in R$, 令 $h = f - g$, 则 $h \in I(V)$. 于是 $h(P) = 0$, 故 $f(P) = g(P)$. 这说明 R 中的元素在 V 上的取值与陪集的代表选取无关, 即 $\bar{f}(P)$ 的定义合理. 这样, R 可以视为 V 上的多项式函数环.

定义 5.4 设 V 为 $\mathbb{A}^n(K)$ 中的代数簇, 则称 $K[x_1,\cdots,x_n]/I(V)$ 为 V 的**坐标环**.

显然 $\bar{x}_1,\cdots,\bar{x}_n$ 是 V 上的坐标函数, 而它们在 K 生成的环为 $K[x_1,\cdots,x_n]/I(V)$, 所以坐标环可以解释为 "坐标函数生成的环".

我们来建立代数簇之间的关系.

定义 5.5 设 V_1 是 $\mathbb{A}^n(K)$ 中的代数簇, V_2 是 $\mathbb{A}^m(K)$ 中的代数簇. 从 V_1 到 V_2 的一个映射 φ 称为一个**多项式映射**, 如果存在 m 个 n 元多项式 $f_i(x_1,\cdots,x_n) \in K[x_1,\cdots,x_n]$ $(i = 1,\cdots,m)$, 使得对于任意 $P \in V_1$, 都有 $\varphi(P)$ 的坐标为 $(f_1(P),\cdots,f_m(P))$. 如果存在由 V_1 到 V_2 的多项式映射 φ 以及由 V_2 到 V_1 的多项式映射 ψ, 使得 $\psi \circ \varphi = \mathrm{id}_{V_1}$ 且 $\varphi \circ \psi = \mathrm{id}_{V_2}$, 则称 V_1 与 V_2 **同构**.

我们将会看到两个代数簇同构当且仅当它们的坐标环同构. 我们先介绍一个名词.

定义 5.6 设 R 是一个幺环. 如果 R 含有一个子域 F, 则称 R 为一个 F-**代数**, 两个 F-代数之间的保持 F 的每个元素都不变的环同态称为 F-**代数同态**.

现在我们证明如下的基本结果:

命题 5.7 设 V_1 是 $\mathbb{A}^n(K)$ 中的代数簇, V_2 是 $\mathbb{A}^m(K)$ 中的代数簇, 它们的坐标环分别为 R_1 和 R_2, 则从 V_1 到 V_2 的多项式

映射与从 R_2 到 R_1 的 K-代数同态之间有自然的一一对应.

(在此我们不介绍术语"自然的"的确切含义.)

证明 用 S 记 V_1 到 V_2 的所有多项式映射的集合, 用 T 记 R_2 到 R_1 的所有 K-代数同态的集合. 定义由 S 到 T 的映射 Φ 如下:

$$\Phi: S \to T,$$
$$\varphi \mapsto \begin{cases} R_2 \to R_1, \\ f \mapsto f \circ \varphi. \end{cases}$$

为了看清楚 Φ 的含义, 我们把 $R_i(i=1,2)$ 的元素视为 V_i 上的多项式函数, 即用多项式给出的由 V_i 到 K 的映射. 请看下图:

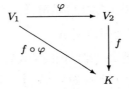

由此图可以看出: φ 在 Φ 下的像就是把 R_2 中的 f(作为 V_2 上的多项式函数) 通过 φ 拉回成 V_1 上的多项式函数 ($\in R_1$). 我们将证明 Φ 是命题中所要求的一一对应. 为此只要构造 Φ 的逆映射 Ψ.

T 中的任一元素 ψ 都是由坐标环 R_2 到坐标环 R_1 的 K-代数同态. 回想坐标环的定义, 有 $R_1 = K[x_1,\cdots,x_n]/I_1$, $R_2 = K[y_1,\cdots,y_m]/I_2$, 其中 $I_i(i=1,2)$ 是 V_i 的定义理想. 记 V_2 的坐标函数为 $\bar{y}_j(= y_j + I_2)$ $(j=1,\cdots,m)$. 定义

$$\Psi: T \to S,$$
$$\psi \mapsto \begin{cases} V_1 \to V_2, \\ P \mapsto Q, \text{其坐标为 } ((\psi(\bar{y}_1))(P),\cdots,(\psi(\bar{y}_m))(P)). \end{cases}$$
(3.1)

我们来说明这个定义是合理的, 即上述的 Q 确实是 V_2 上的点.

为此只要说明对于任一 $g \in I_2$, 都有 $g(Q) = 0$. 事实上

$$\begin{aligned}
g(Q) &= g\big((\psi(\bar{y}_1))(P), \cdots, (\psi(\bar{y}_m))(P)\big) \\
&= g(\psi(\bar{y}_1), \cdots, \psi(\bar{y}_m))\big|_P \\
&= \psi(\overline{g(y_1, \cdots, y_m)})\big|_P \quad (\text{因为 } \psi \text{ 是同态}) \\
&= \psi(\bar{0})|_P \quad (\text{因为 } g \in I_2) \\
&= \tilde{0}|_P = 0
\end{aligned}$$

(最后的 $\tilde{0}$ 表示 R_1 中的零元). 设 $\psi(\bar{y}_j) = f_j(x_1, \cdots, x_n) + I_1 \in R_1$, 其中 $f_j(x_1, \cdots, x_n) \in K[x_1, \cdots, x_n]$ 为 $f_j(x_1, \cdots, x_n) + I_1$ 的任一代表. 对于任一 $P \in V_1$, 显然 $f_j(P)$ 与代表的选取无关, 这是因为 I_1 中的任一多项式在 P 处的取值为 0. 于是 (3.1) 式右端的映射 (ψ 在 Ψ 下的像)

$$\begin{aligned}
V_1 &\to V_2, \\
P = (a_1, \cdots, a_n) &\mapsto Q = (f_1(a_1, \cdots, a_n), \cdots, f_m(a_1, \cdots, a_n))
\end{aligned}$$

确实是多项式映射. 最后, 容易看出 Φ 与 Ψ 互为逆映射. 事实上, 设 $\varphi \in S$ 由多项式 $f_i \in K[x_1, \cdots, x_n]$ $(i = 1, \cdots, m)$ 给出, 则由 Φ 的定义知

$$\begin{aligned}
\Phi(\varphi): R_2 &\to R_1, \\
\bar{y}_i &\mapsto \tilde{f}_i \quad (1 \leqslant i \leqslant m).
\end{aligned}$$

再由 Ψ 的定义知, 对于任一 $P \in V_1$, 有

$$\begin{aligned}
\Psi(\Phi(\varphi))(P) &= (\Phi(\varphi)(\bar{y}_1)(P), \cdots, \Phi(\varphi)(\bar{y}_m)(P)) \\
&= (f_1(P) \cdots, f_m(P)) = \varphi(P),
\end{aligned}$$

即 $(\Psi \circ \Phi)(\varphi) = \varphi$, 故 $\Psi \circ \Phi = \mathrm{id}_S$. 反之, 对于任一 $\psi \in S$, 由 Ψ 的定义, 有

$$\begin{aligned}
\Psi(\psi): V_1 &\to V_2, \\
P &\mapsto (\psi(\bar{y}_1)(P), \cdots, \psi(\bar{y}_m)(P)),
\end{aligned}$$

即 $\Psi(\psi)$ 由 $\psi(\bar{y}_1), \cdots, \psi(\bar{y}_m)$ 所定义. 于是 $(\Phi(\Psi(\psi)))(\bar{y}_j) = \psi(\bar{y}_j)$ $(1 \leqslant j \leqslant m)$, 而 $\bar{y}_j$ $(1 \leqslant j \leqslant m)$ 是 R_2 的生成元, 所以 $\Phi(\Psi(\psi)) = \psi$, 即 $(\Phi \circ \Psi)(\psi)) = \psi$. 由 ψ 的任意性即知 $\Phi \circ \Psi = \mathrm{id}_S$. 证毕. □

推论 5.8 代数封闭域 K 上的两个代数簇同构当且仅当它们的坐标环 (作为 K-代数) 同构.

证明 我们来证明必要性. 设 V_1 与 V_2 是 K 上的同构的代数簇, 即存在多项式映射 $\varphi_1: V_1 \to V_2$ 和 $\varphi_2: V_2 \to V_1$ 满足 $\varphi_2 \circ \varphi_1 = \mathrm{id}_{V_1}$ 且 $\varphi_1 \circ \varphi_2 = \mathrm{id}_{V_2}$.

以 S_1 记 V_1 到 V_2 的多项式映射的集合, S_2 记 V_2 到 V_1 的多项式映射的集合. 设 V_i $(i=1,2)$ 的坐标环为 R_i. 以 T_1 记 R_2 到 R_1 的 K-代数同态的集合, T_2 记 R_1 到 R_2 的 K-代数同态的集合. 由上命题知有一一对应 $\Phi_1: S_1 \to T_1$ 以及 $\Phi_2: S_2 \to T_2$, 即

$$\Phi_1(\varphi_1): R_2 \to R_1,$$
$$\Phi_2(\varphi_2): R_1 \to R_2$$

是 K-代数同态. 于是有 K-代数同态 $\Phi_2(\varphi_2) \circ \Phi_1(\varphi_1): R_2 \to R_2$. 对于任一 $f \in R_2$, 有

$$(\Phi_2(\varphi_2) \circ \Phi_1(\varphi_1))(f) = \Phi_2(\varphi_2)(\Phi_1(\varphi_1))(f)) = \Phi_2(\varphi_2)(f \circ \varphi_1)$$
$$= f \circ \varphi_1 \circ \varphi_2 = f \circ \mathrm{id}_{R_2} = f,$$

故 $\Phi_2(\varphi_2) \circ \Phi_1(\varphi_1) = \mathrm{id}_{R_2}$. 同样有 $\Phi_1(\varphi_1) \circ \Phi_2(\varphi_2) = \mathrm{id}_{R_1}$. 故 $R_1 \cong R_2$. 必要性得证.

充分性的证明留给读者. □

这个推论说明: 代数簇 (在多项式映射下) 的全部信息都含在其坐标环中, 因此对于代数簇这样的几何对象的研究可以用代数的方法进行. 这样做的一个明显的优点是: 几何的对象不一定必须是复空间的子集, 我们甚至可以考虑特征 $p > 0$ 的域或 p-进域上的"几何".

以上所述的仅仅是代数几何最初步的考虑. 事实上, 几乎所有的几何概念都有他们的代数刻画. 例如, 相应于一般的代数集的分解 (为代数簇的并集) 有 Neother 环的整除性理论, 在那里素理想被推广为**准素理想** (交换幺环 R 的一个理想 I 被称为准素的, 如果对于任意的 $a, b \in R$, $ab \in I$ 蕴含 $a \in I$ 或存在正整数 n 使得 $b^n \in I$); 相应于代数簇上某个点 (或子集) 附近的局部性质的研究有局部环 (或分式环) 的理论. 特别是 20 世纪 50 年代后, 在数论的推动下, Grothendieck 等人建立了现代代数几何, 其出发点不再是代数封闭域, 而是一般的交换幺环. 这是一整套全新的理论, 在数学的众多分支以及其他自然科学理论中都有重要的应用.

4.5.2 与数论的联系

数论中的一个最基本的问题是研究不定方程, 也就是求不定方程 (即整系数多元方程) 的整数解. 例如, 费马大定理所考虑的方程 $x^n + y^n = z^n (n \geqslant 3)$ 就是不定方程. 一般地, 我们可以考虑任一交换幺环上的不定方程问题, 而且方程的个数也可能不止一个. 例如, 在 4.5.1 中所讨论的 $\mathbb{A}^n(K)$ 中的代数集 $V(I)$ (I 为 $K[x_1, \cdots, x_n]$ 的某个理想) 中的点的坐标就是不定方程组

$$\begin{cases} f_1(x_1, \cdots, x_n) = 0, \\ f_2(x_1, \cdots, x_n) = 0, \\ \cdots\cdots\cdots \\ f_t(x_1, \cdots, x_n) = 0 \end{cases}$$

的解 (这里的 $f_i(x_1, \cdots, x_n)$ $(i = 1, 2, \cdots, t)$ 是理想 I 的生成元).

从历史上看, 环以及其中最重要的概念——理想——起源于对费马大定理的研究. 在 19 世纪 40 年代, 人们试图运用复数证明费马大定理 (不难看出, 只要对于任意的奇素数 p 证明 $x^p + y^p = z^p$ 没有全不为 0 的整数解即可). 有的数学家认为自己给出了证明,

而实际上这样的证明是错误的. 其错误的原因是默认了 "分圆整数可以唯一分解为不可约元的乘积" 这样一个不普遍成立的事实 (所谓 "分圆整数" 就是单位根的整系数线性组合). 我们用现代的术语来解释这个错误所在.

设 p 为奇素数, 以 ζ_p 记 p 次本原单位根, 即 $x^p = 1$ 的不等于 1 的根 (例如 $e^{\frac{2\pi i}{p}}$). 以 $\mathbb{Z}[\zeta_p]$ 记在有理整数环 $\mathbb{Z}$ 上添加 ζ_p 所得到的环. 容易验证

$$\mathbb{Z}[\zeta_p] = \{a_0 + a_1\zeta_p + a_2\zeta_p^2 + \cdots + a_{p-1}\zeta_p^{p-1} \mid a_i \in \mathbb{Z} \ (0 \leqslant i \leqslant p-1)\}.$$

$\mathbb{Z}[\zeta_p]$ 称为 p 次分圆整数环, 其元素称为 p 次分圆整数. 上面所说的 "不普遍成立的事实" 就是 "p 次分圆整数环是 UFD(唯一分解整环)". 实际上, 只有在素数 $p \leqslant 19$ 时 $\mathbb{Z}[\zeta_p]$ 才是 UFD.

在 19 世纪 40 年代, 代数数论远远没有建立. 当时甚至还没有 "环" 的概念. 为了弥补 p 次分圆整数集合中算术基本定理通常不再成立 (即分圆整数的不可约因子分解一般不具有唯一性) 这一本质性的缺陷, Gauss 和 Dirichlet 的学生 E. E. Kummer 在 1847 年引入了 "理想数" 的概念 (这个概念相当于今天的 "除子"). 任一分圆整数都可以唯一地分解为不可约理想数的乘积. 利用理想数 Kummer 成功地对于许多素数 p 证明了 $x^p + y^p = z^p$ 没有全不为 0 的整数解, 即费马大定理对于这些 p 成立.

在此之后, 受 Kummer 的研究的启发, Gauss 的另一个学生 Dedekind 从一个新的角度出发奠定了代数数论的基础. 他引入了如下的的概念:

定义 5.9 首项系数为 1 整系数多项式的零点称为**代数整数**.

显然通常的有理整数 n 都是代数整数, 因为它是 $x - n$ 的零点.

Dedekind 又引入了 "环" 的概念, 并且证明了给定的代数数域 (即有理数域 $\mathbb{Q}$ 的有限扩张) 中的代数整数的全体构成环 (分圆域 $\mathbb{Q}(\zeta_p)$ 的代数整数环恰是我们上面所说的 $\mathbb{Z}[\zeta_p]$). 接着, 他引入

了现在我们所知道的 "理想" 的概念, 以代替 Kummer 的理想数 (在代数整数环中 "除子" 与 "理想" 这两个概念是吻合的), 并且证明了

定理 5.10 在代数整数环中任一非平凡的理想都可以唯一地分解为素理想的乘积.

Dedekind 的这些结果发表于 1871 年他所编辑的 Dirichlet 的《数论》一书的第二版以及后来的第三、四版的附录中.

如果一个代数整数环是主理想整环, 则它必是唯一分解环 (见第 3 章 §3.2 定理 2.10). 为了度量一般的代数整数环与主理想整环的差别, 可以采用下面的办法: 设 K 为代数数域, R 为 K 中的代数整数环. 以 F 记 R 的所有非零理想组成的集合. 在 F 上定义一个二元关系 "$\sim$": 对于 $I, J \in F$, $I \sim J \iff$ 存在 $a \in K^*(= K \setminus \{0\})$ 使得 $I = aJ$. 容易验证 $\sim$ 是 F 上的一个等价关系. 可以证明等价类集合 $F/\sim$ 在乘法下构成一个群. 这个群称为 K 的理想类群, 或简称为**类群**. 一个深刻的结果是:

定理 5.11 代数数域的类群是有限 (交换) 群.

K 的类群的阶称为 K 的**类数**, 记为 $h(K)$. 代数数域的类数是其重要的数量特征. 显然: K 的类数为 1 当且仅当其代数整数环 R 的任一理想皆为主理想 (因为任一理想都与理想 $R = (1)$ 等价), 即 R 为主理想整环.

代数数域的类数的计算通常是很难的, 至今人们还没有发现有效的计算方法.

如果代数数域 K 是 $\mathbb{Q}$ 的 Galois 扩张 (例如 $K = \mathbb{Q}(\zeta_p)$, $K/\mathbb{Q}$ 甚至是 Abel 扩张), 则任一有理素数 p 在 K 的代数整数环 R 中生成的主理想 pR 有对称的素理想分解式 $pR = \mathfrak{p}_1^e \cdots \mathfrak{p}_g^e$, 其中 $\mathfrak{p}_1, \cdots, \mathfrak{p}_g$ 是 R 中两两不同的素理想, eg 整除扩张次数 $[K : \mathbb{Q}]$.

在 Kummer 的研究中实际上已经有了类数的想法. 如果素数 p 不整除 p 次分圆域的类数 $h(\mathbb{Q}(\zeta_p))$, 则称 p 为**正则素数**. 1850 年 Kummer 发表了 (用今天的语言来说的) 如下的里程碑性的结果:

定理 5.12 如果 p 是正则素数, 则费马大定理对指数 p 成立 (即 $x^p + y^p = z^p$ 没有全不为 0 的整数解).

小于 100 的素数中只有 37, 59 和 67 不是正则素数. 数字的证据显示正则素数应该占全部素数的 61% 左右, 但是至今人们无法证明正则素数的无限性, 反而早已证明了存在无穷多个非正则素数.

下面我们简单介绍一下代数整数环的可逆元素乘法群 (称为单位群) 的基本结果.

设 K 是一个代数数域, R 是 K 的代数整数环. 以 $R^\times$ 记 R 中的可逆元素构成的乘法群, 称为 K 的**单位群**.

为了刻画 $R^\times$ 的大小, 考虑 K 到复数域 $\mathbb{C}$ 的非零同态 (即域嵌入). 如果在某个嵌入 ρ 下 K 的像 $\rho(K)$ 含于实数域 $\mathbb{R}$, 则称 ρ 为实嵌入, 否则称为复嵌入. 注意: 复嵌入一定是成对出现的 (如果 ρ 是一个复嵌入, 则 ρ 与复共轭 τ 的复合 $\tau \circ \rho$ 也是一个复嵌入, 并且 $\tau \circ \rho \neq \rho$). 以 r_1 记 K 的实嵌入的个数, $2r_2$ 记 K 的复嵌入的个数 (则 K 到 $\mathbb{C}$ 的全部嵌入个数为 $r_1 + 2r_2$, 故 $r_1 + 2r_2 = [K : \mathbb{Q}]$). 在上述记号下有

定理 5.13 (Dirichlet 单位定理) $R^\times$ 是有限生成的交换群. 以 W 记 K 中的单位根组成的乘法群, 则 $R^\times \cong W \oplus \mathbb{Z}^{r_1+r_2-1}$.

这个定理是说: 在 $R^\times$ 中存在 r_1+r_2-1 个元素 $\varepsilon_1, \cdots, \varepsilon_{r_1+r_2-1}$ 使得 $R^\times$ 中任一元素 u 皆可表为 $u = w\varepsilon_1^{n_1} \cdots \varepsilon_{r_1+r_2-1}^{n_{r_1+r_2-1}}$ 的形状 (其中 $w \in W$, $n_i \in \mathbb{Z}$ ($1 \leqslant i \leqslant r_1 + r_2 - 1$)), 而且 $u \in W$ 当且仅当 $n_i = 0$ ($\forall i$). 这样的 $\varepsilon_1, \cdots, \varepsilon_{r_1+r_2-1}$ 称为 K 的一组**基本单位**.

代数数域的基本单位和类数是经典代数数论的研究中最重要、同时也是最困难的两个基本课题.

我们来考虑与二次域 (即有理数域 $\mathbb{Q}$ 的二次扩张) 的基本单位密切相关的一个古老的不定方程, 即 Pell 方程

$$x^2 - dy^2 = 1 \tag{5.1}$$

的整数解. 为简单起见, 我们假定 $d \neq 0, 1$ 是无平方因子的整数. 显然

$$x^2 - dy^2 = 1 \iff (x+y\sqrt{d})(x-y\sqrt{d}) = 1 \iff x+y\sqrt{d} \in \mathbb{Z}[\sqrt{d}]^\times.$$

这就建立了方程 (5.1) 的全部整数解 (x,y) 与集合 $U_1 = \{x+y\sqrt{d} \in \mathbb{Z}[\sqrt{d}]^\times \mid x^2 - dy^2 = 1\}$ 之间的一个一一对应. 易见 U_1 构成一个乘法群, 因此是 $\mathbb{Q}(\sqrt{d})$ 的单位群 U 的子群. 如果 $d < 1$, 则 $\mathbb{Q}(\sqrt{d})$ 的实嵌入个数为 $r_1 = 0$, 复嵌入个数为 $r_2 = 2$, 由定理 5.13 知 U 中只含有单位根 (通过初等计算也可以直接得知 $\mathbb{Q}(\sqrt{-1})$ 的单位群为 4 次单位根群, $\mathbb{Q}(\sqrt{-3})$ 的单位群为 6 次单位根群, 而其他的所有 $\mathbb{Q}(\sqrt{d})$ $(d < 0, d \neq -1, -3)$ 的单位群都是 $\{\pm 1\}$). 如果 $d > 1$, 则 $\mathbb{Q}(\sqrt{d})$ 的实嵌入个数为 $r_1 = 2$, 复嵌入个数为 $r_2 = 0$. 由定理 5.13 知 U 中除了单位根 (只能是 ± 1) 外还应当有由一个基本单位 ε 生成的循环群, 即 $U = \{\pm 1\} \cdot \langle \varepsilon \rangle$.

下面考查 U_1 在 U 中占有的比例有多少, 即计算 $|U : U_1|$. 为此我们承认一个结果 (见第 3 章 §3.2 习题 12).

命题 5.14 设 $d \neq 1$ 是无平方因子的整数, 则 $\mathbb{Q}(\sqrt{d})$ 的代数整数环为 $\mathbb{Z} + \mathbb{Z}\sqrt{d}$ (如果 $d \equiv 2, 3 \pmod{4}$) 或 $\mathbb{Z} + \mathbb{Z}\dfrac{1+\sqrt{d}}{2}$ (如果 $d \equiv 1 \pmod{4}$).

最后我们来证明

命题 5.15 设 $d > 1$ 是无平方因子的整数, U 和 U_1 的含意同上, 则 $|U : U_1|$ 只可能为 1, 2, 3, 6.

证明 以 N 记由 $\mathbb{Q}(\sqrt{d})$ 到 $\mathbb{Q}$ 的范数映射, 即 $\mathrm{N}(a+b\sqrt{d}) = a^2 - b^2 d$ $(a, b \in \mathbb{Q})$. 容易看出: 如果 α 是 $\mathbb{Q}(\sqrt{d})$ 中的代数整数, 则 $\alpha \in U \iff \mathrm{N}\alpha = \pm 1$.

设 ε 为 $\mathbb{Q}(\sqrt{d})$ 的一个基本单位.

以下分两种情形考虑.

(1) 存在 $u, v \in \mathbb{Z}$ 使得 $\varepsilon = u + v\sqrt{d}$. 若 $\mathrm{N}\varepsilon = 1$, 则 $\varepsilon \in U_1$. 又显然有 $\pm 1 \in U_1$, 故 $U_1 \supseteq U$, 即 $U_1 = U$, 亦即 $|U : U_1| = 1$. 若

$N\varepsilon = -1$, 则 $\varepsilon \notin U_1$ 但 $\varepsilon^2 \in U_1$. 于是 $U_1 = \{\pm 1\} \cdot \langle \varepsilon^2 \rangle$, 故

$$|U : U_1| = 2.$$

(2) 不存在 $u, v \in \mathbb{Z}$ 使得 $\varepsilon = u + v\sqrt{d}$, 则 (由命题 5.14 知) $d \equiv 1 \pmod{4}$, 且存在 $s, t \in \mathbb{Z}$ 使得 $\varepsilon = s + t\dfrac{1 + \sqrt{d}}{2}$ (其中 t 为奇数). 将 ε 写成 $\mathbb{Q}(\sqrt{d})$ 中一般元素的形状, 即 $\varepsilon = \dfrac{r + t\sqrt{d}}{2}$, 其中 $r = 2s + t$. 显然 $\varepsilon \notin U_1$. 又有

$$\varepsilon^2 = \frac{r^2 + t^2 d}{4} + \frac{rt}{2}\sqrt{d} \notin U_1$$

(因为 r, t 都是奇数, 所以 $rt/2 \notin \mathbb{Z}$). 而

$$\varepsilon^3 = \frac{r^2 + 3t^2 d}{8} r + \frac{3r^2 + t^2 d}{8} t\sqrt{d}.$$

注意到 $N\varepsilon = \pm 1$, 即 $r^2 - t^2 d = \pm 4$, 故

$$r^2 + 3t^2 d = 4t^2 d \pm 4 \equiv 4 \pm 4 \equiv 0 \pmod{8},$$
$$3r^2 + t^2 d = 4r^2 \mp 4 \equiv 0 \pmod{8},$$

所以 $\varepsilon^3 \in \mathbb{Z}[\sqrt{d}]$. 若 $N\varepsilon = 1$, 则 $U_1 = \{\pm 1\} \cdot \langle \varepsilon^3 \rangle$, 即有 $|U : U_1| = 3$. 若 $N\varepsilon = -1$, 则 $U_1 = \{\pm 1\} \cdot \langle \varepsilon^6 \rangle$, 即有 $|U : U_1| = 6$. □

应当指出, 命题 5.15 中所述的四种情形都是存在的. 例如 $d = 3$, $2 + \sqrt{3}$ 是 $\mathbb{Q}(\sqrt{d})$ 的基本单位, 而 $N(2 + \sqrt{3}) = (2 + \sqrt{3})(2 - \sqrt{3}) = 1$, 故 $|U : U_1| = 1$. 若 $d = 2$, $1 + \sqrt{2}$ 是 $\mathbb{Q}(\sqrt{d})$ 的基本单位, 而 $N(1 + \sqrt{2}) = (1 + \sqrt{2})(1 - \sqrt{2}) = -1$, 故 $|U : U_1| = 2$. 若 $d = 21$, $\dfrac{5 + \sqrt{21}}{2}$ 是 $\mathbb{Q}(\sqrt{d})$ 的基本单位, 而 $N\left(\dfrac{5 + \sqrt{21}}{2}\right) = \left(\dfrac{5 + \sqrt{21}}{2}\right)\left(\dfrac{5 - \sqrt{21}}{2}\right) = 1$, 故 $|U : U_1| = 3$. 若 $d = 5$, $\dfrac{1 + \sqrt{5}}{2}$ 是 $\mathbb{Q}(\sqrt{d})$ 的基本单位, 而 $N\left(\dfrac{1 + \sqrt{5}}{2}\right) = \left(\dfrac{1 + \sqrt{5}}{2}\right)\left(\dfrac{1 - \sqrt{5}}{2}\right) = -1$, 故 $|U : U_1| = 6$.

第 5 章 模与格简介

模是一种重要的代数结构 (在我们编写的《抽象代数 II》中有进一步的介绍)，而格是最基本的序结构. 当然，这两种结构可以出现在同一个研究对象中，也就是说群、环、域也都可能具有序结构. 例如实数域和 p-进数域以及它们的子代数结构 (子群、子环、子域) 都具有自然的序结构. 在这一章中我们仅介绍关于模与格一些定义和简单结果，不给出证明.

§5.1 模的基本概念

5.1.1 模的定义及例

模是线性空间的推广. 粗略地说，线性空间是可以用域的元素作数量乘法的 Abel 群，模则是可以用幺环的元素作数量乘法的 Abel 群.

回想线性空间的定义. 设 K 是域，V 是一个非空集合，V 上有一个二元运算 "$+$"，K 和 V 的元素之间有一个运算 (数乘)，运算的结果属于 V，且满足下面的八条运算法则：

(1) $(\alpha + \beta) + \gamma = \alpha + (\beta + \gamma)$, $\forall\, \alpha, \beta, \gamma \in V$;

(2) $\alpha + \beta = \beta + \alpha$, $\forall\, \alpha, \beta \in V$;

(3) 存在一个元素 $0 \in V$, 使得 $\alpha + 0 = \alpha$, $\forall\, \alpha \in V$;

(4) 对于任一 $\alpha \in V$, 存在 $\beta \in V$, 使得 $\alpha + \beta = 0$;

(5) $k(\alpha + \beta) = k\alpha + k\beta$, $\forall\, k \in K$, $\alpha, \beta \in V$;

(6) $(k + l)\alpha = k\alpha + l\alpha$, $\forall\, k, l \in K$, $\alpha \in V$;

(7) $(kl)\alpha = k(l\alpha)$, $\forall\, k, l \in K$, $\alpha \in V$;

(8) $1\alpha = \alpha$, $\forall\, \alpha \in V$,

则称 V 为 K 上的**线性空间**. 此定义中的前四个条件是说 $(V,+)$ 是一个交换群. 下面给出的 "模" 的定义与上述线性空间的定义几乎完全相同, 只不过由于环中的乘法不一定满足交换律, 所以 "数乘" 有 "左"、"右" 之分.

定义 1.1 设 R 是幺环, M 是一个交换群, 如果给定一个映射 (称为 R 在 M 上的**作用**)

$$R \times M \to M,$$
$$(a, x) \mapsto ax$$

满足下述条件:

(1) $a(x+y) = ax + ay,\ \forall\, a \in R,\ x, y \in M$;
(2) $(a+b)x = ax + bx,\ \forall\, a, b \in R,\ x \in M$;
(3) $(ab)x = a(bx),\ \forall\, a, b \in R,\ x \in M$;
(4) $1x = x,\ \forall\, x \in M$,

则称 M 为环 R 上的一个**左模**, 或**左 R 模**.

如果将此定义中的条件 (3) 改为

(3′) $(ab)x = b(ax),\ \forall\, x \in M,\ a, b \in R$,

其余条件不变, 则称 M 为环 R 上的一个**右模**, 或**右 R 模**. 此时, 将环作用中的环元素写在模元素的右边较为方便, 即: 将上述定义中的映射改写为

$$M \times R \to M,$$
$$(x, a) \mapsto xa.$$

右模还有另一种常见的写法: 将交换群 M 中的运算记为乘法, 而将环 R 在 M 上的作用写成方幂的形式, 即: 将上式中的 xa 改写为 x^a.

从理论上讲, 左模和右模没有本质上的区别. 如果 M 为环 R 上的一个右模, 令 R' 为与 R 反同构的环, 则 M 构成 R' 上的左模. 当然, 若 R 是交换环, 则 R 上的左模和右模没有差别.

以下，除非特别声明，我们所说的模都是左模. 所谓 "M 是 R 模" 就是指 M 是环 R 上的左模.

例 1.2 交换群与 $\mathbb{Z}$ 模是等同的. 事实上，设 M 是一个交换群 (其运算记为加法)，则整数环 $\mathbb{Z}$ 在 M 上有自然的作用：

$$\mathbb{Z} \times M \to M,$$
$$(n, x) \mapsto nx (= \underbrace{x + \cdots + x}_{n\text{个}}).$$

此作用显然满足定义 1.1 中的四个条件，所以 M 是 $\mathbb{Z}$ 模. 反之，任一 $\mathbb{Z}$ 模当然是交换群.

例 1.3 设 M 是一个交换群，则 M 是其自同态环 $\mathrm{End}(M)$ 上的模. 结合例 1.2，可以认为 $\mathbb{Z} \subseteq \mathrm{End}(M)$.

例 1.4 设 R 是一个幺环. I 为 R 的左 (右) 理想. 规定 R 在加法群 $(I, +)$ 上的作用为左 (右) 乘，则 $(I, +)$ 是左 (右) R 模.

例 1.5 设 R 是一个幺环，I 是 R 的一个左 (右) 理想. 规定 R 在加法群 $(R/I, +)$ 上的作用为左 (右) 乘，则 $(R/I, +)$ 是左 (右) R 模.

例 1.6 设 V 为域 K 上的线性空间，$\mathbb{A}$ 为 V 上的一个线性变换. 令 $R = K[x]$. 定义 R 在 V 上的作用

$$R \times V \to V,$$
$$(f(x), \alpha) \mapsto f(\mathbb{A})(\alpha),$$

则 V 成为一个 R 模.

5.1.2 子模与商模

定义 1.7 设 M 是 R 模，$N \subseteq M$. 如果将 R 在 M 上的作用限制在 N 上使得 N 成为 R 模，则称 N 为 M 的一个**子模**.

不难看出，为了验证 R 模 M 的子集 N 是一个子模，只需验证 N 是 M 的子群 (即 N 非空，且 N 在减法下封闭)，并且 N 在

R 作用下封闭.

定义 1.8 设 $M_i(i \in I)$(这里 I 是一个指标集) 为 R 模 M 的一族子模. 定义 $M_i(i \in I)$ 的**交** 为通常集合的交, 即 $\bigcap_{i\in I} M_i$; 定义 $M_i(i \in I)$ 的**和** 为

$$\sum_{i\in I} M_i = \{x_{i_1} + \cdots + x_{i_n} \mid n \in \mathbb{N}, i_1, \ldots, i_n \in I\}.$$

它们都是 M 的子模.

定义 1.9 设 M 是一个 R 模, $S \subset M$. 所谓**由 S 生成的子模** (记为 $R \cdot S$ 或 RS) 是指 M 的包含 S 的所有子模的交, 同时称 S 为 $R \cdot S$ 的一个**生成元集**. 特别地, 若 $R \cdot S = M$, 则称 M 由 S **生成**. 如果 M 可以由其有限子集生成, 则称 M 是**有限生成的**, 否则称 M 是**无限生成的**. 可以由一个元素 (构成的子集) 生成的模称为**循环模**.

不难看出: $R \cdot S$ 是 M 的包含 S 的最小的子模, 同时也有

$$R \cdot S = \left\{\sum_{\text{有限}} a_i s_i \,\middle|\, a_i \in R, s_i \in S\right\}.$$

定义 1.10 设 $M_i(1 \leqslant i \leqslant n)$ 都是 R 模. 令

$$M = \{(x_1, \cdots, x_n) \mid x_i \in M_i\},$$

定义 M 中的加法为对应的分量相加, R 在 M 上的作用为作用到各分量上, 则 M(是 R 模) 称为 $M_i(1 \leqslant i \leqslant n)$ 的**直和**, 记为

$$M_1 \oplus \cdots \oplus M_n \quad \text{或} \quad \bigoplus_{i=1}^{n} M_i.$$

我们当然也可以模仿第 1 章 §1.1 中 1.1.7 的末尾所作的那样, 定义无穷多个模的直和与直积.

定理 1.11 设 $M_1, \cdots, M_n$ 是 M 的子模, $M = \sum_{i=1}^{n} M_i$, 则下述四条等价:

(1) 映射
$$\varphi: M_1 \oplus \cdots \oplus M_n \to M,$$
$$(x_1, \cdots, x_n) \mapsto x_1 + \cdots + x_n$$

是同构 (模同构的概念请见下一小节);

(2) M 中任一元素能唯一地表示为 $M_i (1 \leqslant i \leqslant n)$ 的元素之和;

(3) M 中零元素能唯一地表示为 $M_i (1 \leqslant i \leqslant n)$ 的元素之和;

(4) 对于所有的 $i = 1, \cdots, n$, 都有

$$M_i \cap (M_1 + \cdots + \hat{M}_i + \cdots + M_n) = \{0\} \quad (\hat{M}_i \text{ 表示将 } M_i \text{ 除掉}).$$

此时称 M 为 $M_i (1 \leqslant i \leqslant n)$ 的**内直和**, 仍记做 $M = M_1 \oplus \cdots \oplus M_n$. 每一个 M_i 都称为 M 的**直和因子**.

定义 1.12 设 N 为 R 模 M 的子模. 规定 R 在商群 M/N 上的作用为

$$M/N \times R \to M/N,$$
$$(x + N, a) \mapsto xa + N,$$

则 M/N 成为一个 R 模, 称为 M 关于 N 的**商模**.

应当指出, 此定义中的 R 在 M/N 上的作用是良定义的. 这是因为 N 是 M 的子模 (不仅仅是子群).

5.1.3 模的同态与同构

定义 1.13 设 M 和 T 都是 R 模, $\varphi: M \to T$ 是映射. 如果 φ 满足下述两个条件:

(1) $\varphi(x+y) = \varphi(x) + \varphi(y), \forall x, y \in M$;

(2) $\varphi(ax) = a\varphi(x), \forall a \in R, x \in M$,

则称 φ 为 M 到 T 的一个 R **模同态**. 如果 φ 又是单 (满) 射, 则称 φ 为 R 模的**单(满)同态**. 若 φ 既单又满, 则称 φ 为**模同构**, 此时

亦称 M 和 T 是**同构的**，记为 $M \cong T$. 由 M 到 T 的所有 R 模同态构成的集合记为 $\text{Hom}_R(M,T)$; 如果 $T = M$, 则记 $\text{Hom}_R(M,T)$ 为 $\text{End}_R(M)$, 其元素称为 M 的**自同态**.

设 $\varphi: M \to T$ 是模同态，定义 φ 的**核**和**像**分别为

$$\ker\varphi = \{x \in M \mid \varphi(x) = 0\},$$
$$\text{im}\,\varphi = \{y \in T \mid \text{存在 } x \in M, \text{使得 } \varphi(x) = y\}.$$

又定义 φ 的**余核**为

$$\text{coker}\,\varphi = T/\text{im}\,\varphi.$$

容易验证 $\ker\varphi$ 和 $\text{im}\,\varphi$ 分别是 M 和 T 的子模，并且 φ 是单同态当且仅当 $\ker\varphi = \{0\}$; φ 是满同态当且仅当 $\text{coker}\,\varphi = \{0\}$.

关于模同态和模同构，有以下的结果.

定理 1.14 (同态基本定理) 设 $\varphi: M \to T$ 是模同态，则

$$M/\ker\varphi \to \text{im}\,\varphi,$$
$$\bar{x} \mapsto \varphi(x)$$

是模同构，其中 $\bar{x} = x + \ker\varphi$ 是 x 所代表的陪集.

定理 1.15 (第一同构定理) 设 N 为 M 的子模，$\pi: M \to M/N$ 是典范同态，则在 π 下 M 的包含 N 的子模与 M/N 的子模一一对应. 对于 M 的包含 N 的子模 H, 有同构

$$M/H \to (M/N)/(H/N),$$
$$x + H \mapsto \pi(x) + (H/N).$$

定理 1.16 (第二同构定理) 设 H 和 N 为 M 的子模，则有同构

$$(H+N)/N \to H/(H \cap N),$$
$$(h+n) + N \mapsto h + (H \cap N) \quad (\forall\, h \in H, n \in N).$$

§5.1 模的基本概念

可以想象：环上的模的性质依赖于环的性质. 环的性质越丰富，其上的模的结构就越简单. 例如，域上的模 (即线性空间) 如果是有限维的，则维数相同就一定同构. 而对于一般的幺环上的模可能根本无法定义类似于维数的概念. 主理想整环是性质相当丰富的环. 模论的最重要的初等结果就是主理想整环上的有限生成模的结构定理. 为叙述这个定理，我们介绍几个术语.

设 R 是幺环，则称同构于若干个 R 的直和的模为**自由模**. 整环 R 上的模 M 中的元素 x 称为一个**扭元素**，如果存在 R 中的非零元素 r 使得 $rx = 0$. 此时 M 的所有扭元素构成 M 的一个子模 (参见习题 17)，称为 M 的**扭子模**. 对于主理想整环 R 上的模，除了有上述的自由模和扭子模之外，还有所谓**循环 p 模**的概念，其含义是与商模 $R/(p^e)$ 同构的模，其中 p 是 R 的一个非零素元素，e 为任一正整数.

下面的定理 (定理 1.17 和定理 1.18) 是模的理论中最初步的重要结果，其证明可见参考文献 [7] 或 [9].

定理 1.17 （**主理想整环上的有限生成模的结构定理**） 主理想整环上的有限生成模可以分解为一个自由子模和有限多个循环 p 子模的直和，并且这种分解在同构意义下是唯一的.

这个定理还有另外一种常用的表述形式：

定理 1.18 设 R 为主理想整环，M 为有限生成 R 模，则

$$M \cong R^r \oplus \left(\bigoplus_{i=1}^{m} R/(d_i) \right),$$

其中 d_i $(1 \leqslant i \leqslant m)$ 为 R 的不可逆元，$d_i \mid d_{i+1}$ $(1 \leqslant i \leqslant m-1)$，并且这种分解在同构意义下是唯一的.

说明 此二定理中环在各子模上的作用都如例 1.5 所示.

对于例 1.2 应用定理 1.17，即知任一有限生成 Abel 群都同构于

$$\mathbb{Z}^r \oplus \bigoplus_{i=1}^{t} \mathbb{Z}/(p_i^{e_i}),$$

其中 p_i 为素数 (可能有相同的), e_i 为正整数. 应用定理 1.18 则可知任一有限生成 Abel 群都同构于

$$\mathbb{Z}^r \oplus \bigoplus_{i=1}^{m} \mathbb{Z}/(d_i),$$

其中 d_i $(1 \leqslant i \leqslant m)$ 为正整数, 满足 $d_i \mid d_{i+1}$ $(1 \leqslant i \leqslant m-1)$.

如果对于例 1.6 应用定理 1.17 (假定 $K = \mathbb{C}$), 则会得到 $\mathbb{A}$ 的矩阵的 Jordan 标准形. 事实上, 由定理 1.17, 有

$$V \cong \mathbb{C}[x]^r \oplus \bigoplus_{i=1}^{t} \mathbb{C}[x]/((x-\lambda_i)^{n_i}),$$

其中 $\lambda_i \in \mathbb{C}$ (注意: $\mathbb{C}[x]$ 中的非零素理想皆形如 $(x-\lambda)$ $(\lambda \in \mathbb{C})$). 由于 $\dim_{\mathbb{C}} \mathbb{C}[x] = \infty$, $\dim_{\mathbb{C}} V < \infty$, 所以上式中的 $r = 0$.

令 $V_i = \mathbb{C}[x]/((x-\lambda_i)^{n_i})$, 在每个 V_i 中取基

$$\varepsilon_{i,1} = 1, \ \varepsilon_{i,2} = (x-\lambda_i), \ \cdots, \ \varepsilon_{i,n_i-1} = (x-\lambda_i)^{n_i-1},$$

则有

$$\mathbb{A}(\varepsilon_{i,1}) = 1 \cdot x = \lambda_i + (x-\lambda_i) = \lambda_i \varepsilon_{i,1} + \varepsilon_{i,2},$$
$$\mathbb{A}(\varepsilon_{i,2}) = (x-\lambda_i) \cdot x = \lambda_i \varepsilon_{i,2} + \varepsilon_{i,3},$$
$$\cdots \cdots \cdots$$
$$\mathbb{A}(\varepsilon_{i,n_i-2}) = (x-\lambda_i)^{n_i-2} \cdot x = \lambda_i \varepsilon_{i,n_i-2} + \varepsilon_{i,n_i-1},$$
$$\mathbb{A}(\varepsilon_{i,n_i-1}) = (x-\lambda_i)^{n_i-1} \cdot x = \lambda_i \varepsilon_{i,n_i-1}.$$

以 $\mathbb{A}_i$ 记 $\mathbb{A}$ 在 V_i 上的限制, 则 $\mathbb{A}_i$ 在 V_i 的这组基下的矩阵为

$$J_i = \begin{pmatrix} \lambda_i & 1 & 0 & \cdots & \cdots & 0 \\ 0 & \lambda_i & 1 & \ddots & & \vdots \\ \vdots & \ddots & \ddots & \ddots & \ddots & \vdots \\ \vdots & & \ddots & \ddots & \ddots & 0 \\ \vdots & & & \ddots & \lambda_i & 1 \\ 0 & \cdots & \cdots & & 0 & \lambda_i \end{pmatrix}.$$

V_i $(1 \leqslant i \leqslant t)$ 的基的并集构成 $\bigoplus_{i=1}^{t} V_i$ 的基, 在这组基下 $\mathbb{A}$ 的矩阵就是 Jordan 形.

习 题

(此习题中的环都是指幺环, 模都是指左模)

1. 设 $\varphi: S \to R$ 是幺环的同态, 且 $\varphi(1_S) = 1_R$. 又设 M 是一个 R 模, 定义 S 与 M 的乘法为 $sx = \varphi(s)x$. 验证在此运算下 M 成为 S 模. 特别地, 任一 R 模都有 $\mathbb{Z}$ 模结构.

2. 设 M 是 R 模, $I = \mathrm{Ann}_R(M)$ 是 M 的**零化子**, 即 $I = \{a \in R \mid ax = 0 \ (\forall \, x \in M)\}$ (则 I 是 R 的一个理想). 证明 M 在下述定义下构成 R/I 模: 对于 $r + I \in R/I$ 和 $x \in M$, $(r+I)x = rx$.

3. 设 G 是一个有限交换群, $|G| > 1$, 问 G 是否可以构成 $\mathbb{Q}$ 模?

4. 设 N 是 R 模 M 的子模, I 是 R 的理想. 定义 I 与 N 的 **(乘) 积** 为 $\{ax \mid a \in I, x \in N\}$ 生成的子模, 记为 IN. 证明

$$IN = \left\{ \sum_{\text{有限}} a_i x_i \,\middle|\, a_i \in I, x_i \in N \right\}.$$

5. 设 M 是 R 模. 在 $\mathrm{Hom}_R(R, M)$ 上定义加法: 对 $\varphi, \psi \in \mathrm{Hom}_R(R, M)$, $(\varphi + \psi)(r) = \varphi(r) + \psi(r) \ (\forall \, r \in R)$.

又定义 R 在 $\mathrm{Hom}_R(R,M)$ 的作用:

对 $a \in R, \varphi \in \mathrm{Hom}_R(R,M), (a\varphi)(r) = \varphi(ra)$.

(1) 证明 $\mathrm{Hom}_R(R,M)$ 是一个 R 模;

(2) 将 R 视为自身上的模, 证明映射

$$f: \mathrm{Hom}_R(R,M) \to M,$$
$$\varphi \mapsto \varphi(1)$$

是 R 模同构.

6. 设 M 和 N 都是 R 模. 将 M 和 N 视为 $\mathbb{Z}$ 模 (参见习题1), 易知 $\mathrm{Hom}_{\mathbb{Z}}(M,N)$ 在同态加法下构成 $\mathbb{Z}$ 模. 定义 R 在 $\mathrm{Hom}_{\mathbb{Z}}(M,N)$ 上的作用为: 对于 $a \in R, \varphi \in \mathrm{Hom}_{\mathbb{Z}}(M,N), (r\varphi)(x) = a(\varphi(x))$. 证明 $\mathrm{Hom}_{\mathbb{Z}}(M,N)$ 成为一个 R 模. 上题中的 $\mathrm{Hom}_R(R,M)$ 是否是 $\mathrm{Hom}_{\mathbb{Z}}(R,M)$ 的子 R 模?

7. 设 R 是交换幺环, 以 R^n 记 n 个 R(作为自身上的模) 的直和. 设 $\varphi \in \mathrm{End}_R(R^n)$. 如果 φ 是满射, 证明 φ 是单射. 如果 φ 是单射, φ 一定是满射吗?

8. 证明模的同态基本定理和两个同构定理.

9. 如果非零 R 模除了 $\{0\}$ 和自身之外没有其他的子模, 则称之为**单模** 或**不可约模**. 证明: M 是单模当且仅当 M 为非零循环模且它的每个非零元素都是生成元.

10. 环 R 的一个左理想 I 称为**极大左理想**, 如果 $I \neq R$ 且不存在 R 的左理想 J 使得 $I \subsetneq J \subsetneq R$. 设 M 是左 R 模, 证明 M 是单模当且仅当存在 R 的一个极大左理想 I 使得 M 与 R/I 作为左 R 模同构.

11. (**Schur 引理**) 证明:

(1) 设 M 和 N 是不可约 R 模, 则 M 到 N 的模同态不是零同态就是同构;

(2) 设 M 是不可约 R 模, 则 $\mathrm{End}_R(M)$ 是体.

12. 给出 72 阶交换群的所有互不同构的类型.

13. 证明恰有四种有限生成的交换群, 其自同构只有两个.

14. 设 R 是主理想整环, M 是扭 R 模. 证明 M 是单模当且仅当 $M = Rx$, 其中 $x \in M$ 满足 $\text{Ann}_R(x) = (p)$, p 为 R 的一个非零素元素 ($\text{Ann}_R(x)$ 的含义就是 $\text{Ann}_R(Rx)$(参见习题 2), 亦即 $\{r \in R \mid rx = 0\}$).

15. 设 M 是主理想整环 R 上的有限生成的非零扭模, 证明 M 不能分解为两个非零子模的直和的充分必要条件是 $M = Rx$, 其中 $x \in M$ 满足 $\text{Ann}_R(x) = (p^e)$, p 为 R 的一个素元素, $e \geqslant 1$.

16. 证明幺环上的有限生成模必是某个自由模的同态像.

17. 证明整环上的模中的全体扭元素构成子模.

18. 证明整环上的模关于其扭子模的商模中没有非零扭元素.

19. 设 R 是交换幺环. 如果有 R 模同构 $R^m \cong R^n$, 证明 $m = n$.

§5.2 格的基本概念

本节介绍几种常见的格. 在第一章 §1.0 的末尾我们介绍了偏序集的概念. 格是具有一定性质的偏序集. 具有偏序 "$\leqslant$" 的集合 S 记为 $S_\leqslant$. 对于偏序集中的两个元素 a, b, $a \leqslant b$ 也常记为 $b \geqslant a$.

5.2.1 格的定义及例

定义 2.1 设 $S_\leqslant$ 是一个偏序集, $T \subseteq S$. 如果存在 $u \in S$ 使得 $t \leqslant u$ ($\forall t \in T$), 则称 u 为 T 的一个**上界**. 如果 T 的一个上界 u 具有性质: 对于 T 的任一上界 u', 都有 $u \leqslant u'$, 则称 u 为 T 的一个**最小上界**, 记为 $\text{lub} T$. 如果存在 $l \in S$ 使得 $l \leqslant t$ ($\forall t \in T$), 则称 l 为 T 的一个**下界**. 如果 T 的一个下界 l 具有性质: 对于 T 的任一下界 l', 都有 $l' \leqslant l$, 则称 l 为 T 的一个**最大下界**, 记为 $\text{glb} T$. S 的上界和下界 (如果存在, 显然唯一) 分别称为**幺元**和**零元**, 记

为 1 和 0.

由偏序的反对称性立见:偏序集中任意指定的两个元素的最小上界和最大下界有唯一性(只要它们存在).

定义 2.2 设 $L_\leqslant$ 是一个偏序集,如果 L 中的任意两个元素都有最小上界和最大下界,则称 $L_\leqslant$ 为一个**格**. 只含有有限多个元素的格称为**有限格**,否则称为**无限格**.

例 2.3 任一全序集都是格.

例 2.4 设 S 为任一集合, S 的所有子集构成的集合称为 S 的**幂集合**, 记为 2^S. 对于 $T_1, T_2 \in 2^S$, 定义 $T_1 \leqslant T_2$ 为 $T_1 \subseteq T_2$, 则 $2^S_\leqslant$ 是格 (事实上, $\mathrm{lub}\{T_1, T_2\} = T_1 \cup T_2, \mathrm{glb}\{T_1, T_2\} = T_1 \cap T_2$).

例 2.5 在正整数集合 $\mathbb{Z}^+$ 上定义 $n \leqslant m$ 为 $n \mid m$, 则 $\mathbb{Z}^+_\leqslant$ 是格 (事实上, $\mathrm{lub}\{m, n\} = \mathrm{lcm}(m, n), \mathrm{glb}\{m, n\} = \gcd(m, n)$).

例 2.6 有限偏序集可以用 Hasse 图来表示. Hasse 图的边都不是水平的. 图的顶点代表格的元素, 两个元素之间有序关系当且仅当代表它们的顶点之间有边, 此时在下方的顶点 (所代表的元素) $\leqslant$ 上方的顶点 (所代表的元素). 图 5.1 中的三个图所表示的偏序集都是格.

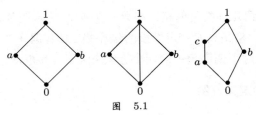

图 5.1

图 5.2 中的两个图所表示的偏序集不是格.

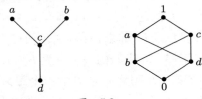

图 5.2

用归纳法容易证明：任一格中的任意有限多个元素(组成的子集)有最小上界和最大下界. 如果将这里的"有限"去掉, 则结论显然不真(例如 $\mathbb{Z}_{\leqslant}$).

定义 2.7 设 $L_{\leqslant}$ 是一个格, 如果 L 中的任意子集都有最小上界和最大下界, 则称 $L_{\leqslant}$ 为一个**完全格**.

显然, 所有的有限格都是完全格.

在格中取两个元素的最小上界和最大下界实际上都是二元运算. 对于格 $L_{\leqslant}$ 的两个元素 a,b, 这两个运算记为

$$a \vee b = \mathrm{lub}\{a,b\},$$

$$a \wedge b = \mathrm{glb}\{a,b\}.$$

通常称"$\vee$"为**并**, 称"$\wedge$"为**交**.

说明 如果我们把 $\vee$ 看做加法, 把 $\wedge$ 看做乘法, 则格中的 0 和 1 与幺环中的 0 和 1 的定义相符.

下面我们叙述 $\vee$ 和 $\wedge$ 的性质.

命题 2.8 设 $L_{\leqslant}$ 是格, $a,b \in L$, 则有

(L1) (幂等律) $a \vee a = a, a \wedge a = a$;

(L2) (交换律) $a \vee b = b \vee a, a \wedge b = b \wedge a$;

(L3) (结合律) $(a \vee b) \vee c = a \vee (b \vee c), (a \wedge b) \wedge c = a \wedge (b \wedge c)$;

(L4) (吸收律) $a \vee (a \wedge b) = a, a \wedge (a \vee b) = a$.

反之, 可以证明命题 2.8 所列举的四条性质是格的刻画性质. 即我们有

定理 2.9 设 L 是具有两个二元运算 $\vee$ 和 $\wedge$ 的集合, $\vee$ 和 $\wedge$ 满足命题 2.8 中的 (L1), (L2), (L3), (L4). 对于 $a,b \in L$, 定义 $a \leqslant b$ 为 $a \vee b = b$, 则 $L_{\leqslant}$ 构成一个格.

观察命题 2.8 中的 (L1), (L2), (L3), (L4), 它们中的任何一条都含有两个公式, 第一个公式中的 "$\vee$" 改成 "$\wedge$", "$\wedge$" 改成 "$\vee$", 就是第二个公式. 这说明 $\vee$" 和 "$\wedge$" 的地位是对等

的. 如果我们从 (L1), (L2), (L3), (L4) 出发能够证明一个命题 P, 则把 P 的陈述中的 "∨" 改成 "∧", "∧" 改成 "∨" (同样地 "⩽" 改成 "⩾", "⩾" 改成 "⩽"), 所得到的命题 P*(称为 P 的**对偶**) 就不必再证明了 (在 P 的证明中作同样的改变就得到 P* 的证明). 这种规则称为**对偶原理**.

定义 2.10 设 $L_{\leqslant}$ 和 $L'_{\preccurlyeq}$ 是两个格. 如果存在双射 $\varphi: L \to L'$ 满足

$$a \leqslant b \iff \varphi(a) \preccurlyeq \varphi(b), \quad \forall\, a, b \in L,$$

则称 φ 为从 L 到 L' 的一个**同构**, 并称 L 与 L' 是**同构的**. 如果

$$a \leqslant b \iff \varphi(b) \preccurlyeq \varphi(a), \quad \forall\, a, b \in L,$$

则称 φ 为从 L 到 L' 的一个**反同构**, 并称 L 与 L' 是**反同构的**.

例 2.11 设 K/F 是有限 Galois 扩张. 如果我们把 K/F 的中间域集和 $\mathrm{Gal}(K/F)$ 的子群集都视为包含序关系下的格, 则 Galois 对应是格的反同构.

5.2.2 模格与分配格

在本小节我们介绍一些特殊的重要的格.

对于格中的任意三个元素 a, b, c, 如果 $a \geqslant c$, 则容易验证

$$a \wedge (b \vee c) \geqslant (a \wedge b) \vee c.$$

我们引入下面的概念.

定义 2.12 设 $L_{\leqslant}$ 是一个格, 如果对于任意的 $a, b, c \in L, a \geqslant c$ 蕴含 $a \wedge (b \vee c) = (a \wedge b) \vee c$, 则称 $L_{\leqslant}$ 为一个**模格**.

由定义 2.12 容易直接验证模格的定义性质可以用其对偶代替, 即: $L_{\leqslant}$ 是模格的充分必要条件是对于任意的 $a, b, c \in L, a \leqslant c$ 蕴含 $a \vee (b \wedge c) = (a \vee b) \wedge c$. 因此在模格中对偶原理是成立的.

下面的命题提供了检验模格的一个很方便的途径.

命题 2.13 设 $L_{\leqslant}$ 是格, 则 $L_{\leqslant}$ 是模格当且仅当它不含有以图 5.3 为 Hasse 图的子格.

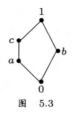

图 5.3

定义 2.14 设 $L_{\leqslant}$ 是一个格, 如果对于任意的 $a,b,c \in L$, 有 $a \wedge (b \vee c) = (a \wedge b) \vee (a \wedge c)$ (分配律), 则称 $L_{\leqslant}$ 为一个**分配格**.

设 $L_{\leqslant}$ 是分配格, $a,b,c \in L$. 如果 $a \geqslant c$, 则 $a \wedge c = c$, 故
$$a \wedge (b \vee c) = (a \wedge b) \vee (a \wedge c) = (a \wedge b) \vee c.$$
这就证明了

命题 2.15 分配格是模格.

不是分配格的模格的经典例子如图 5.4 所示. 事实上, 由命题 2.13 知此图是模格. 但
$$a \wedge (b \vee c) = a \wedge 1 = a, \quad (a \wedge b) \vee (a \wedge c) = 0 \vee 0 = 0,$$
所以它不是分配格.

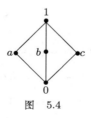

图 5.4

命题 2.16 分配格中对偶原理成立.

证明 只要证明在分配格的定义性质可以用其对偶代替. 设 $L_{\leqslant}$ 是分配格, $a,b,c \in L$, 则

$$(a \vee b) \wedge (a \vee c) = ((a \vee b) \wedge a) \vee ((a \vee b) \wedge c)$$
$$= a \vee ((a \vee b) \wedge c) = a \vee ((a \wedge c) \vee (b \wedge c))$$
$$= (a \vee (a \wedge c)) \vee (b \wedge c) = a \vee (b \wedge c).$$

即定义 2.14 中的分配律的对偶成立. 反之, 由 $a \vee (b \wedge c) = (a \vee b) \wedge (a \vee c)$ 亦可推出 $a \wedge (b \vee c) = (a \wedge b) \vee (a \wedge c)$. □

5.2.3 Boole 代数

如前面所说, 我们可以把 $\vee$ 和 $\wedge$ 分别看做加法和乘法, 则具有 0, 1 的分配格已经具备了幺环的大多数性质. 所缺乏的一个重要性质是 "负元素的存在性". 由于格满足对偶原理, 所以也可以说缺乏的是 "逆元素的存在性". 我们引入以下的定义.

定义 2.17 设 $L_{\leqslant}$ 是有 0, 1 的格, $a \in L$. 如果存在 $b \in L$ 满足 $a \wedge b = 0$ 且 $a \vee b = 1$, 则称 b 是 a 的一个**补元**. 所有元素都有补元的格称为**有补格**.

一般的格中的元素不一定有补元, 也有可能某些元素的补元存在但不唯一. 不过我们有以下结果:

命题 2.18 具有 0, 1 的分配格中任一元素的补元如果存在, 则必唯一.

证明 设 $L_{\leqslant}$ 是一个有 0, 1 的分配格, $a \in L$, b, c 都是 a 的补元, 则
$$b = b \wedge 1 = b \wedge (a \vee c) = (b \wedge a) \vee (b \wedge c) = 0 \vee (b \wedge c)$$
$$= (a \wedge c) \vee (b \wedge c) = (a \vee b) \wedge c = 1 \wedge c = c.$$
□

满足命题 2.18 条件的分配格中的元素 a 的唯一补元记为 $\bar{a}$.

命题 2.19 设 $L_{\leqslant}$ 是具有 0, 1 的分配格, 如果 $a, b \in L$ 都有补元, 则有 (**De Morgan 律**)
$$\overline{a \wedge b} = \bar{a} \vee \bar{b}, \qquad \overline{a \vee b} = \bar{a} \wedge \bar{b}.$$

证明 由对偶原理,只要证明第一个公式成立. 事实上,

$$(a \wedge b) \wedge (\bar{a} \vee \bar{b}) = ((a \wedge b) \wedge \bar{a}) \vee ((a \wedge b) \wedge \bar{b})$$
$$= 0 \vee 0 = 0.$$

对偶地,

$$(\bar{a} \vee \bar{b}) \vee (a \wedge b) = 1.$$

故有结论. □

定义 2.20 有补分配格称为 **Boole 代数**. 详言之,设 $\mathcal{B}$ 是集合,至少含有两个元素 (记为 0 和 1). $\mathcal{B}$ 上有两个二元运算 $\vee$、$\wedge$ 和一个一元运算 $^-$,满足以下性质:对于任意的 $a, b, c \in R$,有

(B1) (幂等律) $a \vee a = a$, $a \wedge a = a$;

(B2) (交换律) $a \vee b = b \vee a$, $a \wedge b = b \wedge a$;

(B3) (结合律) $(a \vee b) \vee c = a \vee (b \vee c)$, $(a \wedge b) \wedge c = a \wedge (b \wedge c)$;

(B4) (吸收律) $a \vee (a \wedge b) = a$, $a \wedge (a \vee b) = a$;

(B5) (分配律)

$$a \wedge (b \vee c) = (a \wedge b) \vee (a \wedge c),$$
$$a \vee (b \wedge c) = (a \vee b) \wedge (a \vee c).$$

(B6) $0 \vee a = a$, $1 \wedge a = a$;

(B7) $a \wedge \bar{a} = 0$, $a \vee \bar{a} = 1$,

则 $(\mathcal{B}; \vee, \wedge, ^-)$ 称为一个 Boole 代数.

应当指出,上述的七个条件并不是彼此独立的,例如 (B1) 可以去掉,(B5) 中的第二个公式也可以去掉.

与 Boole 代数密切相关的是所谓的 Boole 环. 每个元素都是幂等元 (即 $a^2 = a$) 的交换幺环称为 **Boole 环**. 在 Boole 代数中,定义"对称差"运算 $+_2$:

$$a +_2 b = (a \wedge \bar{b}) \vee (b \wedge \bar{a}),$$

则 Boole 代数关于加法"$+_2$"和乘法"$\wedge$"构成一个 Boole 环. 反之, 在任一 Boole 环 $(\mathcal{B}; +, \cdot)$ 中定义

$$a \vee b = a + b + a \cdot b, \quad a \vee b = a \cdot b, \quad \bar{a} = 1 + a,$$

则 $(\mathcal{B}; \vee, \wedge, ^-)$ 构成一个 Boole 代数.

可以证明: 任一含有有限多个元素的 Boole 代数一定同构于某个有限集合的幂集合构成的格 (见例 2.4), 因此有限 Boole 代数的基数一定是 2 的方幂, 而且基数相同的有限 Boole 代数一定同构, 也就是说有限 Boole 代数完全由它的基数所确定.

习 题

1. 设 $S = \{a, b, c\}$ 为三个元素组成的集合, 试画出 2^S 的 Hasse 图.

2. 证明: 对于格中的任意三个元素 a, b, c, 都有

$$[(a \wedge b) \vee (a \wedge c)] \wedge [(a \wedge b) \vee (b \wedge c)] = a \wedge b.$$

3. 证明: 对于格中的任意三个元素 a, b, c, 如果 $a \geqslant c$, 则有

$$a \wedge (b \vee c) \geqslant (a \wedge b) \vee c.$$

4. 证明全序集是分配格.

5. 例 2.5 所述的格是分配格吗? 证明你的结论.

6. 设 $L_{\leqslant}$ 是分配格, $a, b, c \in L$. 证明:

$$(a \vee b) \wedge (b \vee c) \wedge (c \vee a) = (a \wedge b) \vee (b \wedge c) \vee (c \wedge a).$$

7. 证明: 在 Boole 环的定义中可以把乘法交换性去掉.

8. 设 R 是 Boole 环, 证明:

(1) $2a = 0, \forall a \in R$;

(2) R 的每个素理想 P 都极大, 且 R/P 是特征 2 的域;

(3) R 的有限生成理想都是主理想.

9. 验证定义 2.20 中的最后一段话, 即: 在 Boole 代数中, 定义 "对称差" 运算 $+_2$:

$$a +_2 b = (a \wedge \bar{b}) \vee (b \wedge \bar{a}),$$

则 Boole 代数关于加法 "$+_2$" 和乘法 "$\wedge$" 构成一个 Boole 环. 反之, 在任一有 Boole 环 $(\mathcal{B}; +, \cdot)$ 中定义

$$a \vee b = a + b + a \cdot b, \quad a \wedge b = a \cdot b, \quad \bar{a} = 1 + a,$$

则 $(\mathcal{B}; \vee, \wedge, ^-)$ 构成一个 Boole 代数.

10. 设 S 是集合, 证明 $2^S_\subseteq$ 是 Boole 代数.

习题提示与解答

第 1 章习题

§1.0 预备知识

1. 提示: (1) 设 f 有左逆 g. 若 $f(x) = f(x')$, 则 $x = g(f(x)) = g(f(x')) = x'$, 故 f 单. 反之, 设 f 是单射, 对于 $y \in f(X)$, 定义 $g(y)$ 为 y 的原像, 对于 $y \notin f(X)$, 定义 $g(y)$ 为 X 中的任一元素, 则 g 是 f 的左逆.

(2) 设 f 有右逆 g. 假若 f 不是满射, 取 $y \in Y \setminus f(X)$, 则 $f(g(y)) \neq y$, 与 $f \circ g = \mathrm{id}_Y$ 矛盾. 反之, 设 f 是满射, 对于任一 $y \in Y$, 定义 $g(y)$ 为 y 在 f 下的任一原像, 则 g 是 f 的右逆.

(3) 利用逆的定义及上述的 (1), (2).

(4) 由条件知 $g \circ f = \mathrm{id}_X$, $f \circ h = \mathrm{id}_Y$, 故
$$g = g \circ \mathrm{id}_Y = g \circ (f \circ h) = (g \circ f) \circ h = \mathrm{id}_X \circ h = h.$$

(5) 利用 (4).

(6) $(f^{-1})^{-1}$ 和 f 都是 f^{-1} 的逆.

2. 提示: 集合 $S = \{a, b\}$ 上的二元关系 $R = \{(a, a)\}$ 有对称性和传递性, 但不满足反身性; 二元关系 $R = \{(a, a), (b, b), (a, b)\}$ 有反身性和传递性, 但不满足对称性. $S = \{a, b, c\}$ 上的二元关系
$$R = \{(a, a), (b, b), (c, c), (a, b), (b, a), (a, c), (c, a)\}$$
有反身性和对称性, 但不满足传递性.

§1.1 群的基本概念

1. 提示: 首先证明左逆元也是右逆元: 设 b 是 a 的左逆元, 又设 c

是 b 的左逆元，则

$$a \circ b = e \circ (a \circ b) = (c \circ b) \circ (a \circ b) = c \circ ((b \circ a) \circ b) = c \circ b = e.$$

接下来证明左幺元也是右幺元：$a \circ e = a \circ (b \circ a) = (a \circ b) \circ a = a$.

2. 提示：设 $S = \{(a,b) \mid a \in \mathbb{Z}_3, b \in \mathbb{Z}_2\}$，定义运算

$$(a_1, b_1) \circ (a_2, b_2) = (a_1 + b_1, b_2).$$

容易验证 $(0,0)$ 是一个左幺元，而 $(-a, 0)$ 是 (a, b) 的右逆元，但 $(S, \circ)$ 不是群.

3. 提示：证明方程 $y \circ a = a$ 的解是左幺元 (要用到方程 $a \circ x = b$ 有解). 再证明方程 $y \circ a = e$ 的解是左逆元 (也要用到方程 $a \circ x = b$ 有解).

4. 提示：注意有限集合到自身的单射同时也是满射，可以证明习题 3 的假设可以满足.

5. 提示：用对 i 的归纳法证明. 当 $i = 1$ 时，显然成立. 设对 $< i$ 的整数结论已经成立，则

$$a^i b a^{-i} = a(a^{i-1} b a^{-i+1}) a^{-1} = a(b^{r^{i-1}}) a^{-1} = (aba^{-1})^{r^{i-1}} = b^{r^i}.$$

6. 提示：设群 G 只有两个 2 阶元素 x 和 y，则 xyx 亦为 2 阶元素. 若 $xyx = x$, 则 $x = y$, 矛盾. 故 $xyx = y$, 即 x, y 可交换. 这时 xy 是第三个 2 阶元素，与假设矛盾.

7. 提示：由 $(ab)^2 = a^2 b^2$, 即 $abab = a^2 b^2$, 得 $ba = ab$.

8. 提示：令 $x = (12), y = (13)$, 则 $(xy)^2 = (123)$, 而 $x^2 y^2 = 1$.

9. 提示：由 $(ab)^i = a^i b^i$ 和 $(ab)^{i+1} = a^{i+1} b^{i+1}$ 得 $aba^i b^i = a^{i+1} b^{i+1}$, 于是 $ba^i = a^i b$. 同样地，由 $(ab)^{i+1} = a^{i+1} b^{i+1}$ 和 $(ab)^{i+2} = a^{i+2} b^{i+2}$ 得 $ba^{i+1} = a^{i+1} b$. 结合此二式即得 $ba = ab$.

10. 提示：由同构映射的定义得 $(xy)^{-1} = x^{-1} y^{-1}$, 于是 $xy = yx$. 反过来，设 G 交换，则显然映射 $(xy)^{-1} = x^{-1} y^{-1}$ 保持运算并为双射.

11. 提示：只需证 "仅当". 由 $a \sim a$ 知 $e \in S$. 接下来证明 S 是包含 e 的等价类.

12. 提示: 若 HK 为 G 的子群，则 $HK = (HK)^{-1} = K^{-1}H^{-1} = KH$. 若 $HK = KH$，则 $HK(HK)^{-1} = HKK^{-1}H^{-1} = HKH = HHK = HK$，从而 HK 为群 G 的子群.

13. 提示: 证明映射 $x \mapsto nx$ 是 $\mathbb{Z} \to n\mathbb{Z}$ 的同构.

14. 提示: 注意 B 中无 4 阶元而 μ_4 中有 4 阶元.

15. 提示: 把 B 对应到例 1.8 后的元素 a，而把 A 对应到 b，验证这个对应可以扩展为该矩阵群到 D_{2n} 上的同构.

16. 提示: 把所有非 2 阶元和它们的逆两两配对. 除掉它们群中还剩下偶数个元素，再去掉幺元，群中剩下奇数个元素. 这些元素都是 2 阶元.

17. 提示: 这样的元素和它们的逆总是成对出现.

18. 提示: 由对称性，只需证 ab 的阶不大于 ba 的阶. 若 $(ba)^n = e$，则 $a = a(ba)^n = (ab)^n a$，从而 $e = (ab)^n$.

19. 提示: 直接计算即可.

20. 提示: 只需证明 G 中有限阶元素的乘积仍为有限阶元素，有限阶元素的逆亦为有限阶元素.

21. 提示: 若 G 有无限阶元素 a，则 $\langle a \rangle$ 已经有无限多个子群；若 G 没有无限阶元素，而 G 又是无限群，则必有无限多个循环子群.

22. 提示: 仿照定理 1.31 的证明，在 HK 中 K 的全部左陪集和 H 中 $H \cap K$ 的全部左陪集之间建立一一映射.

23. 提示: 设 N 是 G 的指数为 2 的子群. 任取 $a \in G \setminus N$，则 $aN = G \setminus N = Na$，所以 N 的左、右陪集都相等，故 N 为正规子群.

24. 提示: 设群 G 有两个指数为 2 的子群 H, K. 由习题 23, $H \lhd G$, $K \lhd G$，从而 $H \cap K \lhd G$. $G/(H \cap K)$ 是一个 4 阶子群且包含两个 2 阶子群 $H/(H \cap K)$ 和 $K/(H \cap K)$. 试证明这样的 4 阶子群一定包含 3 个 2 阶子群.

25. 提示: 由习题 23, 所有 10 阶子群都正规，只要考虑 5 阶子群，4 阶子群和 2 阶子群. 其中只有 5 阶子群和含于 10 阶循环子群中的 2 阶子群是正规的.

26. 提示: (1) 直接验证.

(2) $\forall s \in S, c \in C_G(S), n \in N_G(S)$. 有 $ncn^{-1}s = nc(n^{-1}sn)n^{-1} = n(n^{-1}sn)cn^{-1} = s(ncn^{-1})$, 从而 $ncn^{-1} \in C_G(S)$, 即知 $C_G(S) \trianglelefteq N_G(S)$.

27. 提示: (1) 用定义验证.

(2) $\forall g \in G, gHKg^{-1} = (gHg^{-1})(gKg^{-1}) = HK$.

(3) 验证映射 $G \to G/H \oplus G/K, \ g \mapsto (gH, gK)$ 是单同态.

28. 提示: 注意当 m 与 n 不互素时, 题中讨论的位于同构号两侧的两个群有不同的方次数, 从而不同构.

29. 提示: 注意在商群 G/N 中 aN 的阶整除 $(|N|, |G/N|) = 1$.

30. 提示: 容易验证 $a(H \cap K) = aH \cap aK$.

31. 提示: 这是习题 30 的直接推论.

32. 提示: 设 $x_1H, x_2H, \cdots, x_nH$ 是 H 的全部左陪集. 容易验证 $K = \bigcap_{i=1}^{n}(x_iHx_i^{-1})$ 是 G 的正规子群. 再由习题 31, K 的指数有限.

33. 提示: 设 G 是素数 p 阶群, a 为 G 的任一非单位元素, 则由 Lagrange 定理, $|\langle a \rangle| \mid |G| = p$. 于是 $|\langle a \rangle| = p$, 即 $\langle a \rangle = G$, G 是循环群.

34. 提示: 分别对于群中有无 4 阶元讨论.

35. 提示: 上题讨论了 4 阶群, 而其他阶小于 6 的群都是素数阶的. 二面体群 D_6 是非交换的.

36. 提示: 由 m 与 n 互素, 知存在整数 u, v 满足 $um + vn = 1$, 从而 $g = g^{um+vn} = g^{um} = h^{um} = h^{um+vn} = h$. 而对于任一 $x \in G$, 都有 $x = x^{um+vn} = (x^u)^m$. 取 $y = x^u$ 即可.

37. 提示: 由 $(g^m)^{n/(m,n)} = (g^n)^{m/(m,n)} = 1$ 知 $o(g^m)$ 整除 $n/(m,n)$. 再由 $g^{(mo(g^m))} = (g^m)^{o(g^m)} = 1$ 知 n 整除 $mo(g^m)$, 从而 $n/(m,n)$ 整除 $o(g^m)$.

38. 提示: 此时 $Hab^{-1} = K$ 是一个子群, 从而 $ab^{-1} \in H, H = K$.

39. 提示: $A(B \cap C) \leqslant AB \cap C$ 是显然的, 只需证 $AB \cap C \leqslant A(B \cap C)$. $\forall x \in AB \cap C$, 设 $x = ab$, 其中 $a \in A, b \in B$, 则 $b = a^{-1}x \in C$, 从而 $b \in B \cap C, x = ab \in A(B \cap C)$. 得证.

40. 提示: 由习题 39,
$$B = B \cap BC = B \cap AC = A(B \cap C) = A(A \cap C) = A.$$

41. 提示: 直接验证.

42. 提示: 注意 2 阶子群除去幺元只有一个元素,从而它的正规化子和中心化子是同一个子群.

43. 提示: 假定 A_4 有 6 阶子群 H,则由习题 16,H 中有 2 阶元素 x. 因为 A_4 中只有 3 个 2 阶元素,它们两两交换,如果 H 有多于一个 2 阶元素,则 H 有 4 阶子群,与 Lagrange 定理矛盾. 故 H 只有一个 2 阶元素 x. 由习题 42,$x \in Z(H)$. 这推出 x 与 H 中任一 3 阶元素的乘积是 6 阶元素. 但 A_4 中无 6 阶元,矛盾.

44. 提示: 直接验证 $(a,b) \in Z(A \oplus B) \iff a \in Z(A)$ 且 $b \in Z(B)$.

45. 提示: 只证充分性:设 $G = \langle a, b \rangle$,其中 a, b 都是 2 阶元. 令 $a_1 = ab$,假定 $o(a_1) = n$. 则 $G = \langle \{a_1, b \mid a_1^n = b^2 = 1, ba_1 b = a_1^{-1}\} \rangle$ 为二面体群.

§1.2 环的基本概念

1. 提示: 不构成环,因为 $\mathbb{Z}$ 在新的加法下不构成群.

2. 提示: 将 (a, b) 与复数 $a + bi$ 等同起来.

3. 提示: 按环的定义验证. 其中加法的零元是 1,a 的负元是 $1 - a$,乘法幺元是 0.

4. 提示: 按环的定义验证. 其中加法的零元是零同态(即把所有的元素映为 0 的映射), φ 的负元定义为 $(-\varphi)(g) = -\varphi(g)$,乘法幺元是恒同映射.

5. 提示: $\mathbb{Z}$ 的自同态 φ 被 $\varphi(1)$ 完全确定,所以 $\mathrm{End}(G) \cong \mathbb{Z}$.

6. 提示: 设 $G = \langle a \rangle$,则 G 的自同态 φ 被 $\varphi(a)$ 完全确定,所以
$$\mathrm{End}(G) \cong \mathbb{Z}/n\mathbb{Z}.$$

7. 提示: G 的自同态 φ 被 $(\bar{1}, \bar{0})$ 和 $(\bar{0}, \bar{1})$ 的像完全确定,将 φ 与这两个元素的像(作为两排)组成的矩阵对应起来,即知 $\mathrm{End}(G)$ 同构于

$\mathbb{Z}/n\mathbb{Z}$ 上的二阶矩阵环 $M_{2\times 2}(\mathbb{Z}/n\mathbb{Z})$ （如同域上的线性空间中的线性变换）.

8. 提示: (1) $R = \mathbb{Z}, S = 2\mathbb{Z}$.

(2) $R = \mathbb{Z} \oplus 2\mathbb{Z}, S = \mathbb{Z} \oplus \{0\}$.

(3) $R = \mathbb{Z} \oplus \mathbb{Z}, S = \mathbb{Z} \oplus \{0\}$ (S 与 R 的 1 不一样) 或 $R = \mathbb{Q}, R = \mathbb{Z}$ (S 与 R 的 1 一样).

(4) $R = M_{2\times 2}(\mathbb{Q})$, S 为 $\mathbb{Q}$ 上的二阶对角阵的全体.

9. 提示: (1) 只要证明左、右幺元相等. 事实上有 $e_l = e_l e_r = e_r$.

(2) $\forall a \in R, a \neq 0$, 有 $ae_l a = a^2$, 即 $(ae_l - a)a = 0$, 于是 $ae_l - a = 0$, 即 $ae_l = a$.

(3) 由于 e_l 不是右幺元, 故存在 $a \in R$, 使得 $ae_l \neq a$, 即 $ae_l - a \neq 0$, 所以 $e_l + (ae_l - a) \neq e_l$. 但 $\forall b \in R$, 有 $(e_l + (ae_l - a))b = b$, 故 $e_l + (ae_l - a)$ 是另一个左幺元.

10. 提示: 如果 $ab = 0$, 则 a 是一个左零因子. 否则 a 是右零因子.

11. 提示: 映射

$$R \to R,$$
$$x \mapsto bx$$

是单射（否则与 $ab = 1$ 矛盾），而 R 有限, 所以此映射也是满射. 故存在 $c \in R$ 使得 $bc = 1$. 再注意到 $c = (ab)c = a(bc) = a$ 即可.

*12. 提示: 易见 R 中 $ya = 1$ 无解（否则 $b = (ya)b = y(ab) = y$, 即有 $ba = 1$, 矛盾）. 故 $(ba - 1)a^n$ $(n \geq 1)$ 必两两不等（否则设 $(ba - 1)a^{r+t} = (ba - 1)a^r$, 两端右乘 b^r, 得到 $(ba - 1)a^t = ba - 1$, 故 $(b - (ba - 1)a^{t-1})a = 1$, 与 $ya = 1$ 无解矛盾）, 因而 $x_n = b + (ba - 1)a^n$ 也两两不等. 但 $ax_n = a(b + (ba - 1)a^n) = 1 + (aba - a)a^n = 1$, 故结论为真.

13. 提示: $(1 + a + a^2 + \cdots + a^{n-1})(1 - a) = (1 - a)(1 + a + a^2 + \cdots + a^{n-1}) = 1$.

14. 提示: 设 $a, b \in R$, $a^n = 0$, $b^m = 0$, 则 $(a + b)^{n+m-1} = 0$, 且 $(ra)^n = 0$ ($\forall r \in R$).

15. 提示: 用理想的和与积的定义直接验证.

16. 提示: 设 $a, b \in R$, $a^n \in I$, $b^m \in I$, 则 $(a+b)^{n+m-1} \in I$, 且 $(ra)^n \in I$ ($\forall\, r \in R$).

17. 提示: 如果 I 是 $M_n(K)$ 的非零理想, 设 $A = (a_{ij}) \in I$, $A \neq 0$, 则存在 $1 \leqslant p, q \leqslant n$, 使得 $a_{pq} \neq 0$. 对于任意的 $1 \leqslant u, v \leqslant n$, 以 E_{uq} 记 u 行 q 列处的元素为 1 其他位置处均为 0 的 n 阶方阵, T_{pv} 记 p 行 v 列处的元素为 a_{pq}^{-1} 其他位置处均为 0 的 n 阶方阵, 则 $E_{uq} A T_{pv} = E_{uv}$. 由此易知 $I = M_n(K)$.

18. 提示: (1) 是 (用环同态的定义直接验证).

(2) 否. 例如
$$\varphi: \mathbb{Z}/6\mathbb{Z} \to \mathbb{Z}/2\mathbb{Z},$$
$$a + 6\mathbb{Z} \mapsto a + 2\mathbb{Z}.$$

$3 + 6\mathbb{Z}$ 是 $\mathbb{Z}/6\mathbb{Z}$ 的零因子, 但 $\varphi(3 + 6\mathbb{Z}) = 1 + 2\mathbb{Z}$ 不是 $\mathbb{Z}/2\mathbb{Z}$ 的零因子.

(3) 否. 例如
$$\varphi: \mathbb{Z} \to \mathbb{Z}/4\mathbb{Z},$$
$$a \mapsto a + 4\mathbb{Z}.$$

(4) 否. 例如 (2) 中的 φ.

(5) 是. 设 $a \in R$ 为可逆元, 则存在 $b \in R$ 使得 $ab = ba = 1_R$. 于是
$$\varphi(a)\varphi(b) = \varphi(b)\varphi(a) = 1_S.$$

(6) 否. 例如
$$\varphi: \mathbb{Q}[x] \to \mathbb{Q},$$
$$f(x) \mapsto f(0).$$

取 $a = 1 + x$, 即是反例.

19. 提示: 设 $\varphi(1_R) = a$, 则 $1_T a = \varphi(1_R^2) = a^2$. 再用消去律即可.

20. 提示: 令
$$\varphi: (R; +, \cdot) \to (R; \oplus, \odot),$$
$$a \mapsto 1 - a,$$

则 φ 是环同构.

21. 提示: 设 $1 = e_1 + e_2 + \cdots + e_n$, 其中 $e_i \in R_i$. 于是 e_i 是 R_i 的幺元且 $e_i e_j = 0$. 由此易见 $e_i I = I \cap R_i$, 故

$$I = 1 \cdot I = (e_1 + e_2 + \cdots + e_n)I = (I \cap R_1) \oplus (I \cap R_2) \oplus \cdots \oplus (I \cap R_n).$$

§1.3 体、域的基本概念

1. 提示: 充分性显然. 反之, 假如 R 不是域, 则存在非零的不可逆元 $a \in R$, 于是 aR 就是 R 的非平凡理想, 与 R 是单环矛盾.

2. 提示: $\ker \varphi$ 是 K 的理想, 故 $\ker \varphi = K$ 或 $\{0\}$, 相应地 $\varphi(K) = \{0\}$ 或 φ 是单射.

3. 提示: 设 R 是有限整环. 对于任一 $a \in R, a \neq 0$, 由整环的乘法消去律知映射

$$\begin{aligned} \varphi: R &\to R, \\ x &\mapsto ax \end{aligned}$$

是单射. 而 R 有限, 故 φ 是满射. 于是存在 $b \in R$ 满足 $ab = 1$, 即 a 可逆. 所以 R 是域.

4. 提示: $(1-p)\sum\limits_{i=0}^{\infty} p^i = 1 - p + (1-p)p + \cdots = 1$.

5. 提示: 若 $a \in \mathbb{Z}_p^{\times}$, 则存在 $b \in \mathbb{Z}_p^{\times}$ 使得 $ab = 1$. 于是 $|a|_p |b|_p = |ab|_p = |1|_p = 1$. 但 $|a|_p, |b|_p \leqslant 1$, 故 $|a|_p = 1$. 反之, 若 $|a|_p = 1$, 设 $a = \sum\limits_{i=0}^{\infty} a_i p^i \ (a_i \in \mathbb{Z})$, 则 $(a_0, p) = 1$. 设 $u, v \in \mathbb{Z}$ 满足 $u a_0 + vp = 1$, 则

$$\frac{u}{1-vp} a_0 = 1,$$

即

$$a_0^{-1} = \frac{u}{1-vp} = \sum_{i=0}^{\infty} u(vp)^i \in \mathbb{Z}_p,$$

记之为 b. 故有

$$a^{-1} = \left(a_0\left(1 + \sum_{i=1}^{\infty} b a_i p^i\right)\right)^{-1} = b\left(1 + \sum_{j=1}^{\infty}\left(-\sum_{i=1}^{\infty} b a_i p^i\right)^j\right) \in \mathbb{Z}_p.$$

6. 提示: 设 I 是 $\mathbb{Z}_p$ 的非零理想. 令 $n = \min\{v_p(a) \mid a \in I\}$, 则
$$I = \{a \in \mathbb{Z}_p \mid v_p(a) \geqslant n\}.$$

7. 提示: $\{a \in \mathbb{Z}_p \mid v_p(a) \geqslant n\} = \mathfrak{M}^n$.

8. 提示: $\mathbb{Z}_p$ 等于 $\{a \in \mathbb{Z}_p \mid v_p(a) = 0\}$ 与 $\{a \in \mathbb{Z}_p \mid v_p(a) > 0\}$ 的无交并, 而 $\{a \in \mathbb{Z}_p \mid v_p(a) = 0\} = \{a \in \mathbb{Z}_p \mid |a|_p = 1\} = \mathbb{Z}_p^\times$, $\{a \in \mathbb{Z}_p \mid v_p(a) > 0\} = \mathfrak{M}$.

9. 提示: 只要验证 $\mathbb{H}_0$ 对于运算封闭.

10. 提示: 由 $a + bI + cJ + dK$ 与 I 的乘法可交换可知 $c = d = 0$, 再由 $a + bI$ 与 J 的乘法可交换知 $b = 0$, 所以 $\mathbb{H}$ 的中心是 $\mathbb{R}$.

11. 提示: 因为 Q_8 只有一个 2 阶子群 $\{\pm 1\}$, 故其正规. 而 4 阶子群共有三个, 它们是 $\{\pm 1, \pm I\}, \{\pm 1, \pm J\}, \{\pm 1, \pm K\}$. 它们的指数为 2, 故也正规.

12. 提示: 令 $G = Q_8 \oplus \langle a \rangle$, $\langle a \rangle \cong \mathbb{Z}_4$, 则因 $J(Ia)J^{-1} = I^{-1}a$, 子群 $\langle Ia \rangle$ 不正规.

13. 提示: (1) 假若 L 有非零零因子 a, 则存在 $c \neq 0$ 使得 $ac = 0$ 或 $ca = 0$, 于是 $a(b+c)a = aba = a$. 但 $b + c \neq b$, 与 b 的唯一性矛盾.

(2) 在 $aba = a$ 两端右乘 ba, 得到 $ababa = aba$. 由 (1) 知 L 中乘法满足左、右消去律, 故有 $bab = b$.

(3) 设 $c \in L$, 用 c 左乘 $aba = a$, 再用右消去律, 得到 $c(ab) = c$; 用 c 右乘 $bab = b$, 再用左消去律, 得到 $(ab)c = c$. 故 $ab = 1$.

(4) $aba = a$ 两端消去 a, 知 $b = a^{-1}$.

14. 提示: 只要证 $(a - aba)(a^{-1} + (b^{-1} - a)^{-1}) = 1$, 即要证
$$-ab + a(1 - ba)(b^{-1} - a)^{-1} = 0,$$
即 $(1 - ba)(b^{-1} - a)^{-1} = b$, 亦即 $1 - ba = b(b^{-1} - a)$, 而这是显然的.

15. 提示: $(a + b)^p$ 的展开式中除了 a^p, b^p 两项之外, 其余各项系数皆为 p 的倍数.

16. 提示: (1) $G = \left\{ \begin{pmatrix} 1 & a & b \\ 0 & 1 & c \\ 0 & 0 & 1 \end{pmatrix} \,\middle|\, a, b, c \in GF(3) \right\} < \mathrm{GL}_3(GF(3))$.

(2) $G = \left\{ \begin{pmatrix} 1 & a & b & c \\ 0 & 1 & d & e \\ 0 & 0 & 1 & f \\ 0 & 0 & 0 & 1 \end{pmatrix} \middle| a,b,c,d,e,f \in GF(2) \right\} < \mathrm{GL}_4(GF(2))$.

第 2 章习题

§2.1 几种特殊类型的群

1. 提示: 由 r 与 s 互素, 存在整数 u,v 满足 $ur+vs=1$. 取 $a=g^{vs}$, $b=g^{ur}$ 即可.

3. 提示: 因为有理数是分数, 通过通分可以设任一有限生成子群都可以写成: $H = \langle a_1/n, a_2/n, \cdots, a_m/n \rangle$, 其中 $m,n,a_1,a_2,\cdots,a_m$ 都是整数. 容易看出 $H \cong \langle a_1, a_2, \cdots, a_m \rangle \leqslant \mathbb{Z}$, 从而 H 为循环群.

4. 提示: 设 $G = \langle a_1, \cdots, a_n \rangle$, 则容易看出 $G = \{a_1^{k_1} \cdots a_n^{k_n}\}$ 为有限集合.

*5. 提示: 设 $G = \langle a_1, \cdots, a_n \rangle$, $|G:H| = m$. 再设 $b_1=1, b_2, \cdots, b_m$ 是 H 的一组左陪集代表元. 假设 $(b_j a_i)^{-1} H = b_k H$, 令 $h_{ij} = b_j a_i b_k$; 再假设 $(b_j a_i^{-1})^{-1} H = b_{k'} H$, 令 $h'_{ij} = b_j a_i^{-1} b_{k'}$. 试证明 $H = \langle h_{ij}, h'_{ij} \rangle$.

*6. 提示: 只证充分性. 任取 $a \in G$, 设 $\langle a \rangle = G^k$, 则存在 $x \in G$, 满足 $x^k = a$. 再设 $\langle x \rangle = G^j$. 又存在 $y \in G$ 使 $y^j = x$. 若 $j=1$, 命题已证. 若 $j \neq 1$, 设 $y^k = a^i = y^{jik}$, 则 $y^{k(ji-1)} = e$, 从而 y 进而 a 是有限阶元素. 于是 G 中所有元素都是有限阶元素, 且 $\exp(G) \mid ko(a)$. 现在我们可取 G 中最大阶循环子群 $\langle b \rangle$, 设 $\langle b \rangle = G^m$ 且 $o(b) = n$. 由 $\langle b \rangle$ 的最大性, 有 $(m,n) = 1$. 再进一步即可证明 $G = \langle b \rangle$.

*7. 提示: 如果 p 为奇素数, 则 p^n 有原根, 于是 $\mathrm{Aut}(G) \cong \mathbb{Z}_{\varphi(p^n)} = \mathbb{Z}_{p^{n-1}(p-1)}$. 如果 $p=2, n \geqslant 3$, 则 2^n 虽没有原根, 但模 2^n 的简化剩余系

乘法群可由 -1 和 5 生成, 于是 $\operatorname{Aut}(G) \cong \mathbb{Z}_{2^{n-2}} \oplus \mathbb{Z}_2$.

8. 提示: $\mathbb{Z}_{36}$, $\mathbb{Z}_{18} \oplus \mathbb{Z}_2$, $\mathbb{Z}_{12} \oplus \mathbb{Z}_3$ 和 $\mathbb{Z}_6 \oplus \mathbb{Z}_6$.

9. 提示: 首先注意 $\mathbb{Z}_3 \oplus \mathbb{Z}_9 \oplus \mathbb{Z}_9 \oplus \mathbb{Z}_{243}$ 和 $\mathbb{Z}_3 \oplus \mathbb{Z}_9 \oplus \mathbb{Z}_9 \oplus \mathbb{Z}_9$ 中各类 9 阶子群个数都一样多. 而容易看出 $\mathbb{Z}_3 \oplus \mathbb{Z}_9 \oplus \mathbb{Z}_9 \oplus \mathbb{Z}_9$ 中 9 阶元个数为 $9^3 \times 3 - 3^4$, 从而 9 阶循环子群的个数为 $(9^3 \times 3 - 3^4)/6 = 351$. 又容易看出, $\mathbb{Z}_3 \oplus \mathbb{Z}_9 \oplus \mathbb{Z}_9 \oplus \mathbb{Z}_{243}$ 和 $\mathbb{Z}_3 \oplus \mathbb{Z}_3 \oplus \mathbb{Z}_3 \oplus \mathbb{Z}_3$ 中所含 9 阶非循环子群个数一样多. 个数为 $(3^4 - 1)(3^4 - 3)/(3^2 - 1)(3^2 - 3) = 130$.

10. 提示: 利用
$$(i\ j) = (1\ i)(1\ j)(1\ i)$$
和
$$(1\ i) = (i-1\ i) \cdots (3\ 4)(2\ 3)(1\ 2)(2\ 3)(3\ 4) \cdots (i-1\ i)$$
即可.

11. 提示: 利用 $(1\ 2\ \cdots\ n)^i (1\ 2)(1\ 2\ \cdots\ n)^{-i} = (1+i\ \ 2+i)$ 及习题 10 即可.

12. 提示: 对于不同的 $i, j, k \in \{3, 4, \ldots, n\}$, 有 $(1\ 2\ i)^{-1}(1\ 2\ j)(1\ 2\ i) = (1\ j\ i)$, 和 $(1\ i\ j)(1\ i\ k)(1\ i\ j)^{-1} = (i\ j\ k)$, 于是得到前一结论. 类似的计算可得后一结论.

13. 提示: 若 n 是偶数, 令 $\sigma = (2\ 3\ \cdots\ n)$; 若 n 是奇数, 令 $\sigma = (1\ 2\ \cdots\ n)$. 用 σ^i 去共轭作用 $(1\ 2\ 3)$. 如果 n 是奇数, 即得到习题 12 中的第二组生成元; 如果 n 是偶数, 则得到 $(1\ 2\ 3), (1\ 3\ 4), (1\ 4\ 5)$, $\ldots, (1\ n-1\ n), (1\ n\ 2)$. 注意到 $(1\ 2\ i)(1\ i\ i+1) = (1\ 2\ i+1)$, 可得到习题 12 中的第一组生成元.

14. 提示: 设 $\alpha \in C_{S_n}(\sigma)$, 则 $(1^\alpha\ 2^\alpha\ \cdots\ n^\alpha) = \alpha(1\ 2\ \cdots\ n)\alpha^{-1} = (1\ 2\ \cdots\ n)$, 于是对某个 i 有 $\alpha = (1\ 2\ \cdots\ n)^i$. 由此也推出本题的第二结论.

15. 提示: 由习题 11, S_n 可以由对换 $(1\ 2)$ 和轮换 $(1\ 2\ \cdots\ n)$ 生成. 假定 $\alpha \in Z(S_n)$, 则 α 与 $(1\ 2)$ 和 $(1\ 2\ \cdots\ n)$ 都可交换. 由习题 14, $\alpha \in C = \langle (1\ 2\ \cdots\ n) \rangle$, 但若 $n > 2$, C 中非单位元素都不与 $(1\ 2)$ 交换.

16. 提示: 假定 S_n 有不同于 A_n 的非平凡真正规子群 N, 则因 A_n

是单群, 必有 $N \cap A_n = \{(1)\}$, 于是 $|N| = 2$. 由第 1 章 §1.1 的习题 42, $N \leqslant Z(S_n)$, 与习题 15 矛盾.

17. 提示: 任取 $g \in G, n \in N$, 则 $[g,n] = g^{-1}n^{-1}gn$. 因 $N \trianglelefteq G$, 得 $[g,n] \in N$. 又由导群的定义有 $[g,n] \in G'$, 于是 $[g,n] \in N \cap G' = \{e\}$, 即 $n \in Z(G)$.

18. 提示: 由定义直接验证.

19. 提示: 考虑 G 到 $G/H \oplus G/K$ 的同态: $g \mapsto (gH, gK)$, 再用同态基本定理.

20. 提示: 如果 G 非交换, 内自同构群 $\mathrm{Inn}(G) \cong G/Z(G) \neq \{e\}$. 于是 $\mathrm{Inn}(G) = \mathrm{Aut}(G)$ 的阶为 2, 得 $|G/Z(G)| = 2$. 进一步推出 G 交换, 矛盾.

*21. 提示: 如果群 G 只有一个自同构, 则其内自同构群 $\mathrm{Inn}(G) \cong G/Z(G) = \{e\}$, 于是 G 交换. 由第 1 章 §1.1 的习题 10 知, $\exp(G) = 2$. 再证如果 $|G| > 2$, 则 G 必有非恒等自同构.

22. 提示: 设 $G = \{e, a, b, c\} \cong \mathbb{Z}_2 \oplus \mathbb{Z}_2$. 显然, 任一 $\sigma \in \mathrm{Aut}(G)$ 都对应 $\{a, b, c\}$ 的一个置换. 反过来, 验证 $\{a, b, c\}$ 的任一置换都是 G 的自同构.

§2.2 群在集合上的作用和 Sylow 定理

1. 提示: 令 Ω 表示 H 在 G 中的全体左陪集的集合. 考虑 G 在 Ω 上的作用 φ:

$$\varphi(g): xH \mapsto gxH.$$

令 $K = \mathrm{Ker}\varphi$, 则 G/K 同构于 S_n 的子群.

2. 提示: 设 G 有子群 H 满足 $|G:H| = p$. 如上题提示, 考虑 G 在 Ω 上的作用 φ, 证明 $K = \mathrm{Ker}\varphi = H$.

3. 提示: 若 p^2 阶群 G 有 p^2 阶元素 g, 则 $G = \langle g \rangle$ 是循环群. 若 G 无 p^2 阶元素, 由例 2.7, G 有 p 阶元素 $a \in Z(G)$. 取 $b \notin \langle a \rangle$, 则 $G = \langle a, b \rangle$ 是交换群. 由此也推出, p^2 阶群只有两个互不同构的群, 即 $\mathbb{Z}_{p^2}$ 和 $\mathbb{Z}_p \oplus \mathbb{Z}_p$.

4. 提示: 设 p 群 G 的阶为 p^n. 用对 n 的归纳法来证明. 由例 2.7, $Z(G) \neq \{e\}$, 于是 $Z(G)$ 和 $G/Z(G)$ 都是可解群. 由可解群的定义, 存在 s 使得 $(G/Z(G))^{(s)} = \{\bar{e}\}$, 即 $G^{(s)} \leqslant Z(G)$. 由此得 $G^{(s+1)} = \{e\}$, G 可解.

5. 提示: 由 Sylow 定理, 6 阶群 G 存在 3 阶子群 K 和 2 阶子群 H, 而且 $K \trianglelefteq G$. 因 G 非交换, $H \not\trianglelefteq G$. 然后用习题 1.

6. 提示: 因 $|S_4| = 24$, S_4 的 Sylow 2 子群和 Sylow 3 子群的阶分别是 8 和 3, 于是 Sylow 3 子群必由 3 轮换生成, 譬如 $\langle (1\ 2\ 3) \rangle$. 而易验证 $\langle (1\ 2\ 3\ 4), (1\ 2)(3\ 4) \rangle$ 是一个 Sylow 2 子群.

7. 提示: 对任意的 $h \in H$, $k \in K$, 证明 $[h, k] \in H \cap K$.

8. 提示: 用 Sylow 定理证明 15 阶群的 3 阶和 5 阶子群都正规, 再用习题 7 得 15 阶群必为循环群.

9. 提示: 设 G 是 10 阶群. 若 G 交换, 易见 $G \cong \mathbb{Z}_{10}$. 现设 G 非交换. 由 Sylow 定理, G 有 5 阶子群 $\langle a \rangle$ 和 2 阶子群 $\langle b \rangle$, 并且 $\langle a \rangle \trianglelefteq G$. 由 G 非交换, $[a, b] \neq e$. 于是 $bab = a^i$, $i \not\equiv 1 \pmod 5$. 证明 $i = -1$. 于是 G 是二面体群 D_{10}.

10. 提示: 不妨设 $p > q$. 由 Sylow 定理, p 阶子群存在唯一, 故正规. 因此 pq 阶群非单群.

11. 提示: 设 G 是 $p^2 q$ 阶群. 由 Sylow 定理, G 中存在 p^2 阶子群和 q 阶子群. 若 $p > q$, 则 p^2 阶子群唯一; 若 $p < q$ 且 q 阶子群不唯一, 则 G 有 p^2 个 q 阶子群, 于是有 $p^2(q-1)$ 个 q 阶元素. 这样, 阶为 p 的方幂的元素 (包括单位元素) 至多有 p^2 个. 但因 G 中存在 p^2 阶子群, 故只能有一个, 即 Sylow p 子群正规.

12. 提示: 若 7 阶子群不正规, 则有 $8(7-1) = 48$ 个 7 阶元素. 由此推知 8 阶子群, 即 Sylow 2 子群唯一, 因而正规.

*13. 提示: 考虑 60 阶单群 G 在子群 H 左陪集集合上的左乘作用 φ (如本节的习题 1 提示中所定义的), 可知 G 没有指数小于 5 的子群. 如能证明 G 中存在指数为 5, 即 12 阶的子群 H, 那么 φ 就把 G 嵌入到 S_5 中. 而易证 S_5 中只有一个 60 阶子群, 即 A_5, 故得 $G \cong A_5$. 下面证明 G

有 12 阶子群.

根据第三 Sylow 定理，G 中 Sylow 2 子群的个数 $n_2 = 3, 5$ 或 15. 因为 n_2 是 Sylow 2 子群的正规化子的指数，前面已证 G 中无指数为 3 的子群，故 n_2 只能为 5 或 15. 若 $n_2 = 5$，则 G 中已有指数为 5 的子群. 若 $n_2 = 15$，又假定 G 的任两个 Sylow 2 子群之交均为 1，则 G 的 2 元素（即 G 的阶为 2 的方幂的元素）共有 $1 + 3 \times 15 = 46$ 个. 而由 Sylow 定理，G 的 Sylow 5 子群的个数 $n_5 = 6$，非单位的 5 元素个数为 $4 \times 6 = 24$. 于是 2 元素与 5 元素总数已超过群阶，故不可能. 这说明必有 G 的两个 Sylow 2 子群之交为 2 阶群 A. 考虑 A 的中心化子 $C_G(A)$. 它已含有两个 Sylow 2 子群，故其阶 > 4，并且是 4 的倍数. 但前面已证 G 中没有指数 $\leqslant 4$ 的子群，于是推出 $|C_G(A)| = 12$. 证毕.

14. 提示: 因 p 群的中心非平凡，所以 $|Z(G)| \geqslant p$. 若 $|Z(G)| \geqslant p^2$，则 $G/Z(G)$ 循环，于是 G 交换，矛盾. 故 $|Z(G)| = p$，而 $|G/Z(G)| = p^2$. 由习题 3, $G/Z(G)$ 交换，故 $G' \leqslant Z(G)$. 但 $G' \neq \{e\}$，这就迫使 $G' = Z(G)$.

15. 提示: 考虑 G 在 N(的元素组成的集合) 上的共轭作用，证明每个轨道的长均为 1.

16. 提示: 如果存在群 G 满足 $G' \cong S_3$，则 $G > G'$，且 $G'' \cong Z_3$, $G''' = 1$. 设 $G'' = \langle a \rangle$. 考虑 G 在 G'' 上的共轭作用，则与 a 共轭的元素至多为两个，即 a 和 a^{-1}. 这说明 $|G : C_G(G'')| \leqslant 2$，于是 $G' \leqslant C_G(G'')$. 但在 $G' \cong S_3$ 中，$G'' \neq Z(G')$，矛盾.

17. 提示: 如果存在群 G 满足 $G' \cong S_4$，则 $G > G'$，且 $G'' \cong A_4$, $G''' \cong \mathbb{Z}_2 \oplus \mathbb{Z}_2$. 令 $\bar{G} = G/G'''$，则 $\bar{G}''' = \{\bar{e}\}$, $\bar{G}'' \cong \mathbb{Z}_3$, $\bar{G}' \cong S_3$. 应用习题 16 即得结论.

18. 提示: 设 $(i\ j\ k)$ 是一个 3 轮换. 因为 $n > 4$，至少还有两个文字 s, t 使得 i, j, k, s, t 互不相同. 验证 $(i\ j\ s)(i\ k\ t)(i\ s\ j)(i\ t\ k) = (i\ j\ k)$，即 $[(i\ s\ j), (i\ t\ k)] = (i\ j\ k)$.

19. 提示: 设 $P = P_1, P_2, \ldots, P_s$ 是 N 的全部 Sylow p 子群. 考虑 G 在 $\Omega = \{P_1, \ldots, P_s\}$ 上的共轭作用. 由 Sylow 定理，N 在 Ω 上的作用是传递的，因此，对于任意的 $g \in G$，假定 $g(P_1) = P_i$，也存在 $n \in N$

使得 $n(P_1) = P_i$. 于是 $n^{-1}g$ 保持 P_1 不动, 即 $n^{-1}g \in N_G(P)$. 这就得到 $G = NN_G(P)$.

20. 提示: 设 $|G| = n$. 考虑第 1 章定理 1.28 证明中的映射 L, 它把 G 同构地映到 S_n 的一个子群 $L(G)$. 因 G 的 Sylow 2 子群循环, 它的生成元对应于 S_n 中的一个长为 2 的方幂的轮换, 因而必为奇置换. 因为 $L(G)$ 中存在奇置换, 故其所有偶置换的全体组成一个指数为 2 的子群.

21. 提示: 由计算知 $|G| = (p^n - 1)(p^n - p) \cdots (p^n - p^{n-1})$, 于是 G 的 Sylow p 子群的阶为 $p^{n(n-1)/2}$. 而主对角线元素为 1 的上三角矩阵的全体组成 G 的阶为 $p^{n(n-1)/2}$ 的子群, 故必为 G 的一个 Sylow p 子群.

§2.3 合成群列

1. 提示: 因为 $\mathbb{Z}$ 的任一非平凡子群都是无限循环群, 而它还有非平凡真子群, 故 $\mathbb{Z}$ 不可能有合成群列.

2. 提示: $\mathbb{Z}_6 > \mathbb{Z}_3 > \{e\}$ 和 $\mathbb{Z}_6 > \mathbb{Z}_2 > \{e\}$.

3. 提示: $S_3 > \mathbb{Z}_3 > \{e\}$ 和 $S_4 > A_4 > \mathbb{Z}_2 \oplus \mathbb{Z}_2 > \mathbb{Z}_2 > \{e\}$.

4. 提示: $\mathrm{GL}_2(F) = \mathrm{GL}_2(GF(2))$, 其阶为 6, 非交换. 由本章 §2.2 的习题 5 即知 $\mathrm{GL}_2(F) \cong S_3$. 再用习题 3.

§2.4 自由群

1. 提示: 令 $a = (1\ 2\ 3), b = (1\ 4)$ 即可.

2. 提示: 令 $a = (1\ 2)(3\ 4), b = (1\ 2\ 3)$ 即可.

3. 提示: 首先, Q_8 由 I 和 J 生成, 满足关系 $I^4 = J^4 = 1, I^2 = J^2$, $J^{-1}IJ = I^{-1}$, 故 Q_8 是 G 的同态像. 为完成证明, 只需证 G 至多有 8 个元素. 由第三个定义关系, G 中元素可表成 $a^i b^j$ 的形状; 由第一个定义关系, 可设 $0 \leqslant i, j \leqslant 3$; 由第二个定义关系, 如果 $j \geqslant 2, a^i b^j = a^{i+2} b^{j-2}$. 因此, G 中元素可表为 a^i 或 $a^i b$ 的形状, 其中 $0 \leqslant i \leqslant 3$. 这样, $|G| \leqslant 8$.

4. 提示: 设 F 的自由生成系为 $\{x_1, \cdots, x_r\}$, 则 $\alpha(x_i) \in G = \mathrm{im}(\beta)$. 因此存在 $h_i \in H$ 使得 $\beta(h_i) = \alpha(x_i)$. 如下构造映射 $\gamma: F \to H$: 令 $\gamma(x_i) = h_i$, 再把 γ 扩展到整个 F 上, 使得 γ 是一个同态 (由 F 是自由

群,这是可能的),则 γ 即为所求.

§2.5 正多面体及有限旋转群

1. 提示: 假定 S_4 中有另一个 12 阶子群 H, 则 $H \cap A_4$ 是 A_4 的 6 阶子群, 与第 1 章 §1.1 的习题 43 矛盾.

2. 提示: 假定 S_5 中有另一个 60 阶子群 H, 则 $H \cap A_5$ 是 A_5 的 30 阶子群. 由第 1 章 §1.1 的习题 23, $H \cap A_5$ 是 A_5 的正规子群, 与 A_5 的单性矛盾.

3. 提示: 首先我们给出凸多面体是正多面体的一个等价条件. 称正多面体的点边对 (P, e) 为该正多面体的一个 **旗**, 如果顶点 P 是边 e 的端点. 我们有:

定理 一个凸多面体是正多面体, 当且仅当它的旋转变换群在其所有旗组成的集合上的作用是传递的.

定理证明可见: J. Hadamard 著的《几何 —— 立体部分》中 "立体几何补充材料" 第五章: 欧拉定理、正多面体, 朱德祥译, 上海科学技术出版社, 1980 年 3 月第 1 版第 3 次印刷.

应用上述定理, 我们来证明正多面体的分类定理.

定理 三维欧氏空间中只有五种正多面体, 即正四面体、正六面体、正八面体、正十二面体和正二十面体.

证明 给定正多面体 T. 不失普遍性可假定它内接于单位球. 考虑 T 的旋转变换群 G. 因为 G 在 T 的旗集合上是传递的, G 中有旋转变换把任一点 P 保持不动, 并把以 P 为顶点的多面角的诸棱循环地变. 这说明以过点 P 的直径为轴存在非平凡的旋转, 即 P 是一个极点. 应用 P 的任意性, 正多面体 T 的所有顶点都是极点, 并且是其旋转变换群在极点集合上作用的一个轨道. 这样我们只需考查有限旋转群在极点集合上的每个轨道能否构成正多面体的顶点集合就可以了.

现在分别考查所有可能的有限旋转群. 明显地, 有限循环群和二面体群的极点轨道不能构成正多面体. 下面, 我们来逐一分析另外三个群 A_4, S_4 和 A_5.

对于 A_4, 有三个极点的轨道. 在 2.5.2 小节的分析中, 已经证明了轨道 O_3 中的四个顶点组成正四面体. 同样的, 轨道 O_2 也有四个极点, 它们也组成正四面体. 而轨道 O_1 中有六个极点, 分为互相对极的三对, 易见它们对应的旋转轴两两垂直, 于是这六个点组成一个正八面体的顶点.

对于 S_4, 也有三个极点的轨道. 在 2.5.2 小节的分析中, 已经证明了轨道 O_3 中的六个顶点组成正八面体. 第二个极点轨道 O_2 有八个极点, 分为互相对极的四对. 因为它们对应的旋转是前述正八面体的旋转, 故四个旋转的旋转轴分过正八面体的四组对面的中点. 而这八个中点是与该正八面体对偶的正多面体, 即正六面体的顶点, 单位球心 O 到这八个点的距离相等, 于是单位球上的这八个极点也是正六面体的顶点. 这样, 我们又得到了正六面体. 最后看轨道 O_1, 它有 12 个极点, 由它们得到的多面体与适当连接正六面体 (或正八面体) 各边中点得到的多面体相似. 它不是正多面体, 因为它的面有正方形和正三角形两种. 它是所谓的阿基米德多面体中的一个, 见下图中左面的图, 它的英文名称是 cuboctahedron.

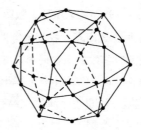

阿基米德多面体

对于 A_5, 也有三个极点的轨道. 在 2.5.2 小节的分析中, 已经证明了轨道 O_3 中的 12 个顶点组成正二十面体. 第二个极点轨道 O_2 有 20 个极点, 分为互相对极的 10 对. 应用与 S_4 的情况相同的推理, 这 20 个极点组成与正二十面体对偶的正十二面体的顶点, 细节从略. 而轨道 O_1 中的 30 个极点可以构成一个其面既有正五边形也有正三角形的多面体, 它不是正多面体. 它也是阿基米德多面体中的一个, 见上图中右面的图,它的英文名称是 icosidodecahedron.

综上所述，在三维欧氏空间中只存在正四面体、正六面体、正八面体、正十二面体和正二十面体等五种正多面体. □

第 3 章习题

§3.1 环的若干基本知识

(除特别声明外，此习题中的环都是指交换幺环)

1. 提示: 只要证 $I \cap J \subseteq IJ$, 设 $a \in I \cap J$, 由于 I, J 互素, 故存在 $x \in I, y \in J$, 使得 $x + y = 1$, 于是 $a = a(x+y) = xa + ay \in IJ$.

2. 提示: 应用习题 1 和本节命题 1.3, 对 n 用归纳法.

3. 提示: 由于 I, K 互素, 故存在 $x \in I, y \in K$, 使得 $x + y = 1$. 于是对于任一 $a \in J$, 有 $a = a(x+y) = xa + ay \in IJ + K = K$.

4. 提示: 设 $x \in I, y \in J$ 满足 $x + y = 1$, 则对于任一 $a \in K$, 有

$$a = a(x+y) = xa + ay \in IJ.$$

5. 提示: (1) 以 $\bar{a}$ ($a \in \mathbb{Z}$) 记 a 在 R 中所代表的陪集. 若 $p \nmid a$, 则 $(a, p^n) = 1$, 于是存在 $u, v \in \mathbb{Z}$ 使得 $ua + vp^n = 1$, 即 $\bar{u}\bar{a} = \bar{1}$. 否则 $a = pt$ ($t \in \mathbb{Z}$), 故 $\bar{a}^n = \bar{0}$.

(2) 设 I 是 R 的素理想. 由于 $\bar{p}^n = \bar{0} \in I$, 故 $\bar{p} \in I$, 所以 $I \supseteq (\bar{p})$. 又由 (1) 易知 $(\bar{p})$ 是极大理想, 故 $I = (\bar{p})$.

(3) 由于 P 是极大理想, 故 R/P 是域.

6. 提示: 对于环同态

$$\sigma: \mathbb{Z}_p \to \mathbb{Z}/(p^n),$$
$$\sum_{i=0}^{\infty} a_i p^i \mapsto \sum_{i=0}^{n-1} a_i p^i$$

用同态基本定理.

7. 提示: 设 $ab \in P$, 则 $\varphi(a)\varphi(b) = \varphi(ab) \in Q$, 故 $\varphi(a) \in Q$ 或 $\varphi(b) \in Q$, 即有 $a \in P$ 或 $b \in P$, 所以 P 是 R 的素理想. 极大理想的反像不一定是极大理想, 例如在嵌入映射 $\mathbb{Z} \hookrightarrow \mathbb{Q}$ 下, $\mathbb{Q}$ 的极大理想 $\{0\}$ 的反像不是 $\mathbb{Z}$ 的极大理想.

8. 提示: 假若不然, 取 $a_i \in I_i \setminus P$, 则 $a_1 \cdots a_n \in \bigcap_{i=1}^n I_i \setminus P$, 矛盾于
$$\bigcap_{i=1}^n I_i \subseteq P.$$

9. 提示: 对 n 用归纳法. 设 $n-1$ 时结论成立, $I \subseteq \bigcup_{i=1}^n P_i$. 由归纳假设, 可设 $P_i \not\subseteq \bigcup_{j\neq i}^n P_j$ ($\forall\, i$). 取 $p_i \in P_i \setminus \bigcup_{j\neq i}^n P_j$. 假若 $I \not\subseteq P_i$ ($\forall\, i$), 取 $a_i \in I \setminus P_i$, 则 $\sum_{i=1}^n (p_1 \cdots \hat{p}_i \cdots p_n) a_i \in I \setminus \bigcup_{i=1}^n P_i$, 矛盾.

10. 提示: 利用本节定理 1.7 以及第 1 章 §1.3 习题 3.

11. 提示: $\mathbb{Z}_{(p)} = \left\{ \dfrac{n}{m} \,\Big|\, m, n \in \mathbb{Z}, p \nmid m \right\}$.

12. 提示: $m^{-1}\mathbb{Z} = \left\{ \dfrac{n}{m^i} \in \mathbb{Q} \,\Big|\, n \in \mathbb{Z}, i \in \mathbb{N} \right\}$.

13. 提示: (1) 用理想的定义直接验证.

(2) 若 $Q \subseteq P$, 则 $Q \cdot R_P$ 是 R_P 的素理想, 否则 $Q \cdot R_P$ 是 R_P 的平凡理想 (1).

(3) 是 (2) 的推论.

(4) 应用 (2) 以及习题 7, 再验证 $(Q \cdot R_P) \cap R = Q$ (验证 $(Q \cdot R_P) \cap R \subseteq Q$: $Q \cdot R_P$ 中的元素皆形如 $\dfrac{q}{s}$, 其中 $q \in Q$, $s \notin P$ (于是 $s \notin Q$). 若 $\dfrac{q}{s} = r \in R$, 则 $rs = q \in Q$, 故 $r \in Q$) 以及 $(Q' \cap R) \cdot R_P = Q'$ (Q' 为 R_P 的任一素理想).

§3.2 整环内的因子分解理论

1. 提示: $\mathbb{Q}[x, x^{\frac{1}{2}}, x^{\frac{1}{3}}, \cdots, x^{\frac{1}{n}}, \cdots]$.

2. 提示: 设 R 是 UFD, $a, b \in R$, $a = u p_1^{e_1} \cdots p_t^{e_t}$, $b = v p_1^{f_1} \cdots p_t^{f_t}$, 其中 $u, v \in R^{\times}$, p_i 为素元素, $e_i, f_i \geqslant 0$ ($\forall\, i$), 则 $(a, b) = \prod_{i=1}^t p_i^{\min\{e_i, f_i\}}$. 反之, 设 p 为 R 的不可约元, $p \mid ab$ ($a, b \in R$). 若 $(p, a) = p$, 则 $p \mid a$. 否

则 (由于 p 不可约) 可设 $(p,a) = 1$, 由此易见 $(pb, ab) = b$ (设 $(pb, ab) = d$, 则 $b \mid d$. 设 $d = ub$, 只要证 $u \in R^\times$. 事实上，由于 $d \mid pb$, 故存在 $e \in R$ 使得 $pb = de$, 即 $pb = ube$, 亦即 $p = ue$, 所以 $u \mid p$. 同样地，存在 $f \in R$ 使得 $ab = df$, 即 $ab = ubf$, 亦即 $a = uf$, 所以 $u \mid a$. 于是 $u \mid (p, a)$. 而 $(p, a) = 1$, 故 $u \in R^\times$). 由于 $p \mid ab$, 故 $p \mid (pb, ab) = b$. 这就证明了 p 为 R 的素元素，于是 R 是 UFD.

3. 提示: 设 $\dfrac{r}{s}, \dfrac{r'}{s'} \in S^{-1}R$, 由于 s, s' 都是 $S^{-1}R$ 的可逆元，故 (r, r') 是 $\dfrac{r}{s}, \dfrac{r'}{s'}$ 的最大公因子. 再应用习题 2 的结果.

4. 提示: $R = \mathbb{Z}[\sqrt{-5}]$ 不是 UFD, 它是其分式域 (当然是 UFD) 的子环.

5. 提示: $\mathbb{Z}[x]$ 是 UFD, $(x^2 + 5)$ 是其素理想，但 $\mathbb{Z}[x]/(x^2 + 5) \cong \mathbb{Z}[\sqrt{-5}]$ 不是 UFD.

6. 提示: 设 $f(x) = a_0 + a_1 x + \cdots + a_n x^n \in \mathbb{Z}[x]$. 若 $n = 0$, 则 $\mathbb{Z}[x]/(f(x)) \cong \mathbb{Z}/(a_0)[x]$, 其中 $x \neq 0$ 且不可逆，故 $\mathbb{Z}[x]/(f(x))$ 不是域，所以 $(f(x))$ 不是极大理想. 若 $n > 0$, 取一个整数 p 满足 $p \neq \pm 1$, 则 p 在 $\mathbb{Z}[x]/(f(x))$ 为非零不可逆元，故 $\mathbb{Z}[x]/(f(x))$ 不是域，所以 $(f(x))$ 不是极大理想.

7. 提示: (1) 若 $a_0 = 0$, 则 $f(x)$ 与 $K[[x]]$ 中任一元素的乘积的最低次项的次数大于 0, 故 $f(x)$ 不可逆. 反之，

$$f(x)^{-1} = a_0^{-1} \left(1 + \sum_{j=1}^{\infty} \left(-\sum_{i=1}^{\infty} \frac{a_i}{a_0} x^i \right)^j \right) \in K[[x]].$$

(2) 设 I 是 $K[[x]]$ 的非零理想，n 为 I 中非零元素的各项所含的 x 的方幂的最小者，则 $I = (x^n)$.

8. 提示: 由于主理想整环是 UFD, 故非零素元等同于不可约元. 再应用命题 2.8 及其前面的结果.

9. 提示: 若 $(a, b) = (d)$, 则 $(a) \subseteq (d)$, 故 $d \mid a$. 同样 $d \mid b$, 即 d 是 a, b 的公因子. 又由 $(a, b) = (d)$ 知存在 $u, v \in R$ 使得 $d = ua + vb$, 故 a, b 的公因子整除 d, 所以 $d = \gcd(a, b)$. 反之，若 $d = \gcd(a, b)$, 则 $d \mid a$, 故

$a \in (d)$; 同样 $b \in (d)$, 所以 $(a,b) \subseteq (d)$. 设 $(a,b) = (c)$, 则 $c|a, c|b$, 所以 $c|d$, 故 $(d) \subseteq (c)$, 即有 $(a,b) = (d)$.

10. 提示: 只要证明 a, b 在 D 中的公因子必整除 d. 这由存在 $u, v \in R$ 使得 $ua + vb = d$ 所保证.

11. 提示: 设 $P = (\pi)$. 注意到 R_P 中任一非零元素皆形如 $u\pi^i$, 其中 $u \in R_P^\times$, i 为非负整数. 定义 $|u\pi^i|_P = 2^{-i}$ 以及 $|0|_P = 0$, 则 $|\ |_P$ 就符合要求.

12. 提示: 以 O_K 记 K 的代数整数环. 设 $a + b\sqrt{d} \in O_K (a, b \in \mathbb{Q})$ 是 $x^2 + mx + n$ 的零点 $(m, n \in \mathbb{Z})$, 则 $m = 2a$, $n = a^2 - b^2 d$. 故 $a \in \frac{1}{2}\mathbb{Z}$. 如果 $a = \frac{e}{2}$ (e 为奇数), 则 $b = \frac{f}{2}$ (f 亦为奇数). 于是 $4n = e^2 - f^2 d$. 注意 $e^2 \equiv f^2 \equiv 1 \pmod 4$.

(1) 由于 $d \equiv 2, 3 \pmod 4$, 故 $e^2 - f^2 d \equiv 3, 2 \pmod 4$, 与 $4n = e^2 - f^2 d$ 矛盾, 所以必有 $a \in \mathbb{Z}$, 也有 $b \in \mathbb{Z}$. 这就证明了 $O_K \subseteq \{a + b\sqrt{d} \mid a, b \in \mathbb{Z}\}$, 而 $O_K \supseteq \{a + b\sqrt{d} \mid a, b \in \mathbb{Z}\}$ 是显然的.

(2) 易见
$$\left\{\frac{e}{2} + \frac{f}{2}\sqrt{d} \,\Big|\, e, f \in \mathbb{Z}, e \equiv f \pmod 2\right\} = \left\{a + b\frac{1+\sqrt{d}}{2} \,\Big|\, a, b \in \mathbb{Z}\right\},$$
故
$$O_K \subseteq \left\{a + b\frac{1+\sqrt{d}}{2} \,\Big|\, a, b \in \mathbb{Z}\right\},$$
而
$$O_K \supseteq \left\{a + b\frac{1+\sqrt{d}}{2} \,\Big|\, a, b \in \mathbb{Z}\right\}$$
是显然的.

13. 提示: 与本节例 2.12 的证明方法类似. 不同之处在于: 用锐角为 $\frac{\pi}{3}$ 的菱形代替例 2.12 中的正方形.

14. 提示: 定义
$$\delta : \mathbb{Z}[\sqrt{2}] \to \mathbb{Z},$$
$$a + b\sqrt{2} \mapsto |a^2 - 2b^2|.$$

对于 $a+b\sqrt{2}$, $c+d\sqrt{2}(\neq 0) \in \mathbb{Z}[\sqrt{2}]$, $q \in \mathbb{Z}[\sqrt{2}]$ 使得 $\delta(a+b\sqrt{2}-q(c+d\sqrt{2})) < \delta(c+d\sqrt{2})$ 等价于 $\delta\left(\dfrac{a+b\sqrt{2}}{c+d\sqrt{2}}-q\right) < 1$. 所以只要证明对于任一 $u+v\sqrt{2} \in \mathbb{Q}(\sqrt{2})$, 存在 $m+n\sqrt{2} \in \mathbb{Z}[\sqrt{2}]$ 使得 $|(u-m)^2-2(v-n)^2|<1$. 为此, 只要取 m 和 n 分别为最接近 u 和 v 的整数即可.

15. 提示: 定义
$$\delta: \mathbb{Z}+\dfrac{1+\sqrt{5}}{2}\mathbb{Z} \to \mathbb{Z},$$
$$a+b\dfrac{1+\sqrt{5}}{2} \mapsto \left|\left(a+b\dfrac{1+\sqrt{5}}{2}\right)\left(a+b\dfrac{1-\sqrt{5}}{2}\right)\right|.$$

仿上题证明 δ 符合欧几里得环的要求.

16. 提示: $a+bi \in \mathbb{Z}[i]^\times \iff (a+bi)(a-bi)=1$.

17. 提示: 由威尔森 (Wilson) 定理知 $(p-1)! \equiv -1 \pmod{p}$. 由于 $p-i \equiv -i \pmod{p}$, 故 $\left(\left(\dfrac{p-1}{2}\right)!\right)^2 \equiv (-1)^{\frac{p-1}{2}}(p-1)! \equiv -1 \pmod{p}$ (这里用到了 $p \equiv 1 \pmod 4$). 记 $\left(\dfrac{p-1}{2}\right)! = l$. 在 $x-ly$ 中取 $x,y=0,1,\cdots,[\sqrt{p}]$, 共有 $([\sqrt{p}]+1)^2 > p$ 种可能, 故存在 0 到 $[\sqrt{p}]$ 之间的整数 $x_1 \neq x_2$ 和 y_1, y_2 使得 $x_1-ly_1 \equiv x_2-ly_2 \pmod{p}$, 即 $x_1-x_2 \equiv l(y_2-y_1)$. 取 $a=x_1-x_2, b=y_2-y_1$, 则 $a \equiv lb \pmod{p}$. 于是 $a^2 \equiv l^2b^2 \equiv -b^2 \pmod{p}$, 即 $a^2+b^2 = tp$ $(t \in \mathbb{Z})$. 由 x_i, y_i 的取值范围知 $t=1$.

18. 提示: 首先易见 $\mathbb{Z}[i]$ 的不可约元必是有理素数的因子. 事实上, 设 α 为 $\mathbb{Z}[i]$ 的不可约元, 则 $\alpha\mathbb{Z}[i]$ 为 $\mathbb{Z}[i]$ 的素理想, 于是 $\alpha\mathbb{Z}[i] \cap \mathbb{Z}$ 为 $\mathbb{Z}$ 的素理想, 记为 $p\mathbb{Z}$. 由于 $p \in \alpha\mathbb{Z}[i]$, 故 $\alpha \mid p$. 其次, 若 $\alpha \mid p$, 则 $\bar{\alpha} \mid p$. 由此易知有理素数在 $\mathbb{Z}[i]$ 中的非平凡因子必为 $\mathbb{Z}[i]$ 的不可约元.

(1) 由于 $2=(1+i)(1-i)$, 所以 2 在 $\mathbb{Z}[i]$ 的不可约因子为 $1+i$ (注意 $1-i = -i(1+i)$ 与 $1+i$ 相伴).

(2) 对于 $p \equiv 1 \pmod 4$, 由习题 17 知存在 $a,b \in \mathbb{Z}$ 使得 $p=a^2+b^2=(a+bi)(a-bi)$, 故 $a \pm bi$ 是 $\mathbb{Z}[i]$ 的不可约元.

(3) 对于 $p \equiv 3 \pmod 4$, 假若 $p=(a+bi)(a-bi)$, 则 $p=a^2+b^2 \equiv 0,1,2$, 与 $p \equiv 3 \pmod 4$ 矛盾, 故 p 在 $\mathbb{Z}[i]$ 中不可约.

19. 提示: (1) x^3-y^2 在 $K[x,y]$ 中不可约, 而 $K[x,y]$ 是唯一分解

整环, 故 $(x^3 - y^2)$ 为 $K[x,y]$ 的素理想, 所以 R 是整环.

(2) $R/P_0 \cong K$, 故 P_0 是 R 的极大理想. $\tilde{x}(=\bar{x}+(P_0 \cdot R_{P_0})^2)$ 和 $\tilde{y}(=\bar{y}+(P_0 \cdot R_{P_0})^2)$ 是 $(P_0 \cdot R_{P_0})/(P_0 \cdot R_{P_0})^2$ 作为 K 向量空间的一组基.

(3) $R/P_1 \cong K$, 故 P_1 是 R 的极大理想. $\hat{x}-1(=\bar{x}-1+(P_1 \cdot R_{P_1})^2)$ 和 $\hat{y}-1(=\bar{y}-1+(P_1 \cdot R_{P_1})^2)$ 是 $(P_1 \cdot R_{P_1})/(P_1 \cdot R_{P_1})^2$ 作为 K 向量空间的一组生成元, 但 $3(\hat{x}-1)-2(\hat{y}-1) = -(\hat{x}-1)^3 - 3(\hat{x}-1)^2 + (\hat{y}-1)^2 = 0 \in (P_1 \cdot R_{P_1})/(P_1 \cdot R_{P_1})^2$, 故 $\dim_K (P_1 \cdot R_{P_1})/(P_1 \cdot R_{P_1})^2 = 1$.

20. 提示: 由于 $R[x]$ 是唯一分解整环且 $f(x)$ 首项系数为 1, 所以 $f(x) = p_1(x) \cdots p_t(x)$, 其中 $p_i(x)$ $(i = 1, \cdots, t)$ 为 $R[x]$ 中首项系数为 1 的不可约多项式, 也是 $K[x]$ 中首项系数为 1 的不可约多项式. 设 $f(x) = g(x)h(x) \in K[x]$, 由 $K[x]$ 的因子分解唯一性即知 $g(x)$ 等于某些 $p_i(x)$ 的乘积, 故属于 $R[x]$.

21. 提示: 与 $\mathbb{Z}[x]$ 中的 Eisenstein 判别法证明一样. 详言之, 由本节推论 2.18, 只要证 $f(x)$ 在 $R[x]$ 中不可约. 假若不然, 设

$$f(x) = (b_t x^t + \cdots + b_0)(c_s x^s + \cdots + c_0),$$

其中 $b_i, c_j \in R$, $t, s > 0$, $b_t, c_s \neq 0$, 则 $a_r = \sum_{i+j=r} b_i c_j$ $(\forall\, r = 0, 1, \cdots, n)$. 由于 $p \mid a_0$, $p^2 \nmid a_0$, 所以无妨设 $p \nmid b_0$, $p \mid c_0$. 由于 $p \nmid a_n$, 所以 $p \nmid c_s$. 设 k 是满足 $p \mid c_0, c_1, \cdots, c_{k-1}$ 的最大者, 则 $p \nmid c_k$. 于是 $a_k = b_0 c_k + b_1 c_{k-1} + \cdots + b_{k-1} c_0$ (若 b 的下标 i 大于 t, 则视 $b_i = 0$), 其中只有第一项不被 p 整除, 因而 $p \nmid a_k$, 矛盾于题设.

22. 提示: (1) 若 $p = 2$, 显然 $x+1$ 不可约. 若 $p > 2$, 令 $x = y+1$, 则原式等于 $\dfrac{x^p - 1}{x - 1} = \dfrac{(y+1)^p - 1}{y}$, 其首项系数为 1, 常数项系数为 p, 其余各项系数皆为 p 的倍数. 若 $p \equiv 3 \pmod 4$, 则 p 为 $\mathbb{Z}[i]$ 的不可约元, 由爱森斯坦判别法知原多项式不可约. 若 $p \equiv 1 \pmod 4$, 设 $\pi = a + bi$ 为 p 在 $\mathbb{Z}[i]$ 中的一个不可约因子, 则 $p = \pi\bar{\pi}$. 注意 π 与 $\bar{\pi}$ 不相伴, 故 π 满足 Eisenstein 判别法的要求, 于是原多项式亦可约.

(2) 令 $\pi = 1+2i$, 则 $\pi \mid 5$ 但 $\pi^2 \nmid 5$. 又有 $3-4i = -\pi^2$, $8+i = (2-3i)\pi$, 故原多项式不可约.

第 4 章习题

§4.1 域扩张的基本概念

1. 提示: 只证必要性. 假若 E 和 F 互不包含, 取 $\alpha \in E\backslash F, \beta \in F\backslash E$, 则 $\alpha + \beta \notin E \cup F$.

2. 提示: 域自同构把 1 映为 1, 于是在 $\mathbb{Z}$ 上为恒同映射 (同构保持加法和取负), 在 $\mathbb{Q}$ 亦为恒同映射 (同构保持乘法和取逆).

3. 提示: 设 $\sigma: \mathbb{Q}(i) \to \mathbb{C}$ 是域嵌入, 它被 $\sigma(i)$ 完全确定. 由于 $i^2 = -1$, 所以 $\sigma(i)^2 = -1$, 故 $\sigma(i) = \pm i$, 即 σ 保持 $\mathbb{Q}(i)$ 不动或将 $\mathbb{Q}(i)$ 的每个元素映为其复共轭.

4. 提示: $x^2 + 1$ 在 $\mathbb{Q}(\sqrt{2})$ 中没有零点.

5. 提示: $\sigma_n(\alpha) = \alpha^n$ $(n = 1, 2, \cdots)$, $\sigma_n|_K = \mathrm{id}$ 都给出 $K(\alpha)$ 到自身的域嵌入.

6. 提示: (1) $\mathrm{Irr}(a + bi, \mathbb{Q}) = x^2 - 2ax + a^2 + b^2$.

(2) $\mathrm{Irr}(e^{\frac{2\pi i}{p}}, \mathbb{Q}) = x^{p-1} + x^{p-2} + \cdots + x + 1$.

7. 提示: $F(\alpha) \supsetneq F$, 故 $[F(\alpha) : F] > 1$. 而 $[F(\alpha) : F] \big| [K : F] = $ 素数, 故 $[F(\alpha) : F] = [K : F]$, 所以 $F(\alpha) = K$.

8. 提示: $[F(\alpha) : F] = n$, 又有 $[F(\alpha) : F] \big| [K : F]$.

9. 提示: $[K(\alpha) : K(\alpha^2)] = 1$ 或 2. 而 $[K(\alpha) : K(\alpha^2)] = 2$ 与 α 是 F 上的奇数次代数元矛盾.

10. 提示: 设 $n = mk$. 假若 $x^m - a = g(x)h(x) \in K[x]$, 则

$$x^n - a = (x^k)^m - a = g(x^k)h(x^k).$$

11. 提示: (1) $1, \sqrt{2}, \sqrt{3}, \sqrt{6}$.

(2) $1, i, \sqrt{3}, \sqrt{-3}$.

(3) $e^{k\frac{2\pi i}{p}}$ $(0 \leqslant k \leqslant p - 2)$.

12. 提示: (1) 必要性显然. 充分性是 (2) 的推论.

(2) 设 $\alpha_1,\cdots,\alpha_m$ 和 $\beta_1,\cdots,\beta_n$ 分别是 E 和 K 的 F-基,则 $\{\alpha_i\beta_j \mid 1 \leqslant i \leqslant m, 1 \leqslant j \leqslant n\}$ 是 EK 作为 F-线性空间的生成元集.

(3) 只要证明 $[EK:F] \geqslant [E:F] \cdot [K:F]$. 设 m,n 同 (2), $t = [EK:F]$, 则 $m \mid t, n \mid t$. 而 $(m,n)=1$, 所以 $mn \mid t$, 即有结论.

13. 提示: 设 σ 是 K 的 F-自同态, 则 $\sigma(1)=1$, 故 σ 不是零同态, 于是 σ 是单同态. 而 $[K:F] < \infty$, 所以 σ 也是满同态.

§4.2 分裂域与正规扩张

1. 提示: (1) $\mathbb{Q}(\sqrt{2},\sqrt{3})$.
(2) $\mathbb{Q}(\sqrt[3]{2},\sqrt{-3})$ $\left(=\mathbb{Q}\left(\sqrt[3]{2},\dfrac{-1+\sqrt{-3}}{2}\right)\right)$.

2. 提示: 由于在 $GF(p)[x]$ 中 $x^{p^n}-1 = (x-1)^{p^n}$, 故所求的分裂域为 $GF(p)$ 自身.

3. 提示: 由于 $x^6 + 2x^3 + 2 = (x^2+2x+2)^3 \in GF(3)[x]$, 而 x^2+2x+2 在 $GF(3)[x]$ 中不可约, 故所求的分裂域为 $GF(3)(\alpha)$, 其中 α 为 x^2+2x+2 的一个零点, 亦即此分裂域为 $GF(9)$.

4. 提示: 用分裂域的定义直接验证.

5. 提示: 必要性 由本节推论 2.8 立得.

充分性 假若 E/F 不正规, 则存在 $\alpha \in E$, 其在 F 上的极小多项式有零点 $\beta \in K \setminus E$. 令 $\sigma: F(\alpha) \to F(\beta)$ 为由 $\alpha \mapsto \beta$ 所确定的 F-同构映射. 设 K 是 $f(x) \in F[x]$ 在 F 上的分裂域, 则 K 也是 $f(x)$ 在 $F(\alpha)$(以及 $F(\beta)$) 上的分裂域. 对于 $\sigma: F(\alpha) \to F(\beta)$ 和 $f(x)$ 应用本节命题 2.5 (注意 $f^\sigma(x) = f(x)$), 即知 σ 可扩充为 K 的 F-自同构 $\tilde{\sigma}$, 但显然 $\tilde{\sigma}(E) \neq E$.

6. 提示: 应用习题 5 的结果.

7. 提示: 设 $\{\alpha_i \mid 1 \leqslant i \leqslant t\}$ 是 K 在 F 上的生成元集, α_i 在 F 上的极小多项式为 $f_i(x)$, 则 K 是 $f(x) = f_1(x)\cdots f_t(x)$ 在 F 上的分裂域. 进而 EK 是 $f(x)$ 在 E 上的分裂域.

8. 提示: 不一定. 例如 $\mathbb{Q}(\sqrt[4]{2})/\mathbb{Q}(\sqrt{2})$ 正规, $\mathbb{Q}(\sqrt{2})/\mathbb{Q}$ 正规, 但 $\mathbb{Q}(\sqrt[4]{2})/\mathbb{Q}$ 不正规.

9. 提示: $f(x) = x^3 + x + 1$ 在 $GF(2)[x]$ 中不可约 (否则必有一次因

子, 即在 $GF(2)$ 中必有零点, 矛盾于 $f(0) = f(1) = 1$), 故 $GF(2)[x]/(f(x))$ 为 $GF(2)$ 上的三次扩张, 即是含 $2^3 = 8$ 个元素的有限域. 以 α 记 x 在 $GF(2)[x]/(f(x))$ 中所代表的陪集, 则 $GF(2)[x]/(f(x)) = \{a + b\alpha + c\alpha^2 \mid a, b, c \in GF(2)\}$. 利用 $GF(2)$ 中的加、乘法和 $\alpha^3 = \alpha + 1$ 即可写出此域的加、乘法表.

10. 提示: $GF(3)[x]$ 中的二次多项式如果可约, 则必有一次因子. 将 $x = 0, \pm 1$ 代入 $f(x)$ 和 $g(x)$, 都不等于 0, 所以 $f(x)$ 和 $g(x)$ 在 $GF(3)[x]$ 中不可约. 由于 $f(\beta+1) = 0$, 即 α 和 $\beta+1$ 在 $GF(3)$ 上的极小多项式相同, 故 $\alpha \mapsto \beta + 1$ 给出 $GF(3)(\alpha)$ 到 $GF(3)(\beta)$ 的同构映射.

11. 提示: 必要性 $m = [GF(p^m) : GF(p)] \mid [GF(p^n) : GF(p)] = n$.

充分性 $m \mid n \Rightarrow x^{p^m} - x \mid x^{p^n} - x \Rightarrow GF(p^m) \subseteq GF(p^n)$.

12. 提示: $GF(p^t)$ 由 $x^{p^t} - x$ 的全部零点组成 (t 为任意的正整数). 再应用习题 11 的结果.

13. 提示: 设 α 为 $f(x)$ 的一个零点, 则 $GF(p)(\alpha) = GF(p^m)$.

必要性 由于 $f(x) \mid x^{p^n} - x$, 故 $GF(p^m)$ 含于 $x^{p^n} - x$ 的分裂域 $GF(p^n)$, 由习题 11 即知 $m \mid n$.

充分性 $\alpha \in GF(p^m)$, 而 $GF(p^m)$ 由 $x^{p^m} - x$ 的全部零点组成, 故 α 为 $x^{p^m} - x$ 的零点. 而 $f(x) = \mathrm{Irr}(\alpha, GF(p))$, 所以 $f(x) \mid x^{p^m} - x$. 由习题 11 即知结论为真.

§4.3 可分扩张

1. 提示: 设 β 为 $x^{p^e} - \alpha$ 的一个零点, 则 $x^{p^e} - \alpha = (x - \beta)^{p^e}$, 故 $\alpha = \beta^{p^e}$. 假若 $x^{p^e} - \alpha$ 在 $F[x]$ 中可约, 则 $x^{p^e} - \alpha$ 的因子必形如 $(x - \beta)^m \in F[x]$ $(m < p^e)$, 所以 $\beta^m \in F$. 设 $m = rp^t$, 其中 $(r, p) = 1$, 则存在 $u, v \in \mathbb{Z}$ 使得 $ur + vp^e = 1$, 于是 $\beta^{p^t} = \beta^{urp^t}\beta^{vp^ep^t} = (\beta^m)^u \alpha^{vp^t} \in F$. 而 $t < e$, 故 $\beta^{p^{e-1}} \in F$, 得到 $\alpha = (\beta^{p^{e-1}})^p \in F^p$, 矛盾.

2. 提示: (1) 由 $(\deg f(x), p) = 1$ 知 $f'(x) \neq 0$. 应用推论 3.4 即可.

(2) 对于任一 $\alpha \in K$,

$$\deg \mathrm{Irr}(\alpha, F) = [F(\alpha) : F] \mid [K : F],$$

故 $\deg \mathrm{Irr}(\alpha, F)$ 与 p 互素. 然后应用 (1) 即可.

3. 提示: **必要性** 对于任一 $\alpha \in K$, $\mathrm{Irr}(\alpha, E) \mid \mathrm{Irr}(\alpha, F)$. 由 K/F 可分知 $\mathrm{Irr}(\alpha, F)$ 无重根, 所以 $\mathrm{Irr}(\alpha, E)$ 也无重根, 故 K/E 可分. E/F 可分显然.

充分性 对于任一 $\alpha \in K$, 设 $\mathrm{Irr}(\alpha, E) = x^n + \gamma_1 x^{n-1} + \cdots + \gamma_n$. 令 $E_0 = F(\gamma_1, \cdots, \gamma_n)$, 则 E_0/F 有限可分. 以 L 记 $E_0(\alpha)$ 在 F 上的正规闭包, 则 E_0 到 L 的 F-嵌入有 $[E_0 : F]$ 个. 因为 α 在 E_0 上可分, 由本节推论 3.13 知每个这样的嵌入都可扩充为 n 个由 $E_0(\alpha)$ 到 L 的嵌入, 所以 $E_0(\alpha)$ 到 L 的 F-嵌入共有 $n[E_0 : F] = [E_0(\alpha) : F]$ 个. 由本节命题 3.14 即知 K/F 可分.

4. 提示: (1) 取 $\sqrt{2}+\sqrt{3}$ 即可 $\left(\text{注意 } \dfrac{1}{\sqrt{2}+\sqrt{3}} = \sqrt{3} - \sqrt{2}\right)$.

(2) 取 $\sqrt{3}+i$ 即可.

5. 提示: (1) 显然.

(2) 任一 $f(x,y) \in K$ 都满足 $f(x,y)^p \in F$, 故 $\deg \mathrm{Irr}(f(x,y), F) \leqslant p$. 假若存在 $\alpha \in K$ 使得 $K = F(\alpha)$, 则 $\deg \mathrm{Irr}(\alpha, F) = [K : F] = p^2$, 矛盾.

(3) 对于任一 $u \in F$, 有 $F \subsetneq F(x+uy) \subsetneq K$ 是 K/F 的中间域. 如果 $u \neq v \in F$, 则必有 $F(x+uy) \neq F(x+vy)$ (否则 $(u-v)y \in F(x+uy) \Longrightarrow y \in F(x+uy) \Longrightarrow x, y \in F(x+uy)$, 矛盾于 $F(x+uy) \neq K$).

§4.4 Galois 理论简介

1. 提示: $\mathrm{Gal}(GF(p^n)/GF(p)) = \langle \mathrm{Frob}_p \rangle \cong \mathbb{Z}/n\mathbb{Z}$ (参见本章命题 2.12). 对于 n 的任一正整数因子 d, $\langle \mathrm{Frob}_p^d \rangle$ 是 $\mathrm{Gal}(GF(p^n)/GF(p))$ 的唯一的 $\dfrac{n}{d}$ 阶子群, 其不动域为 $GF(p^d)$.

2. 提示: 对于 $i = 1, 2, \cdots, m$, 以 σ_i 记 $\mathrm{Gal}(K/\mathbb{Q})$ 中保持所有 $\sqrt{p_j}$ ($j \neq i$) 不动并把 $\sqrt{p_i}$ 映为 $-\sqrt{p_i}$ 的元素, 则
$$\mathrm{Gal}(K/\mathbb{Q}) = \langle \sigma_1, \cdots, \sigma_m \rangle \cong (\mathbb{Z}/2\mathbb{Z})^m.$$

3. 提示: (1) 记 $f(x) = x^3 - 3x - 1$. 由于 $f(x) = 0$ 的有理根只可能是 ± 1, 而 $f(1), f(-1) \neq 0$, 故 $f(x) = 0$ 没有有理根, 所以 $f(x)$ 在 $\mathbb{Q}[x]$ 中不可约 (因为 $\deg f(x) = 3$, 如果可约, 必有一次因子). 设 $f(x) = 0$ 的三个根为

α_i ($i=1,2,3$). 令 K 为 $f(x)$ 在 $\mathbb{Q}$ 上的分裂域，则 $\mathrm{Gal}(K/\mathbb{Q}) \cong S_3$ 或 A_3. 设 $\delta = (\alpha_1 - \alpha_2)(\alpha_2 - \alpha_3)(\alpha_3 - \alpha_1)$. 如果 $\mathrm{Gal}(K/\mathbb{Q})$ 中有 2 阶元 σ(即三个根的奇置换)，则 $\sigma(\delta) = -\delta$. 由对称多项式理论知 $f(x)$ 的判别式 $\Delta(f) = \delta^2 = -4(-3)^3 - 27 = 81$ ($x^3 + px + q$ 的判别式为 $-4p^3 - 27q^2$)，故 $\delta = \pm 9 \in \mathbb{Q}$，因此 $\tau(\delta) = \delta$ ($\forall\ \tau \in \mathrm{Gal}(K/\mathbb{Q})$)，所以 $\mathrm{Gal}(K/\mathbb{Q})$ 中没有 2 阶元，这意味着 $\mathrm{Gal}(K/\mathbb{Q}) \cong A_3$. 于是 $\mathrm{Gal}(K/\mathbb{Q})$ 只有两个平凡子群 $\mathrm{Gal}(K/\mathbb{Q})$ 和 $\{\mathrm{id}\}$，相应的不动域为 $\mathbb{Q}$ 和 K.

(2) 设 $g(x) = x^3 - x - 1$，其在 $\mathbb{Q}$ 上的分裂域记为 E. 同 (1) 知 $\mathrm{Gal}(E/\mathbb{Q}) \cong S_3$ 或 A_3. 而 $g(x)$ 的判别式为 $-23 \notin \mathbb{Q}^2$，故 $\mathrm{Gal}(E/\mathbb{Q}) \cong S_3$. 以 β_i ($i=1,2,3$) 记 $g(x)$ 的三个零点，σ_i 记 β_j, β_k 对换 ($j, k \neq i$)，则 $\mathrm{Gal}(E/\mathbb{Q})$ 的全部子群为 $\mathrm{Gal}(E/\mathbb{Q})$ 自身，$A_3 = \langle (\beta_1\ \beta_2\ \beta_3) \rangle$，$\langle \sigma_i \rangle$ ($i=1,2,3$), $\{\mathrm{id}\}$，相应的不动域为 $\mathbb{Q}$, $\mathbb{Q}(\sqrt{-23})$, $\mathbb{Q}(\beta_i)$ 和 E.

4. 提示: 所求的分裂域为 $K = \mathbb{Q}(\mathrm{i}, \sqrt[4]{2})$. 令 σ 为 $\mathrm{Gal}(K/\mathbb{Q}(\mathrm{i}))$ 中将 $\sqrt[4]{2}$ 映为 $\mathrm{i}\sqrt[4]{2}$ 的元素，则 $\mathrm{Gal}(K/\mathbb{Q}(\mathrm{i})) = \langle \sigma \rangle \cong \mathbb{Z}/4\mathbb{Z}$.

5. 提示: (1) 以 ζ 记一个 p^n 次本原单位根 (例如 $\zeta = \mathrm{e}^{\frac{2\pi \mathrm{i}}{p^n}}$). 令 $f(x) = \mathrm{Irr}(\zeta, \mathbb{Q})$，只要证明 $f(x) = \prod(x - \zeta^i)$，其中 i 取遍 1 和 p^n 之间与 p 互素的整数 (即 ζ^i 取遍 p^n 次本原单位根) (如此，则 $K = \mathbb{Q}(\zeta)$，而 $[K:\mathbb{Q}] = \deg f(x) = \varphi(p^n) = p^{n-1}(p-1)$，其中 φ 为欧拉 φ 函数). 首先断言对于任一素数 $q \neq p$，ζ^q 是 $f(x)$ 的零点. 假若不然，设 $\mathrm{Irr}(\zeta^q, \mathbb{Q}) = g(x)$，则 $(f(x), g(x)) = 1$. 而 $f(x) \mid x^{p^n} - 1$, $g(x) \mid x^{p^n} - 1$，故 $f(x)g(x) \mid x^{p^n} - 1$，即存在 $t(x) \in \mathbb{Q}[x]$ 使得 $x^{p^n} - 1 = f(x)g(x)t(x)$. 由第 3 章 §3.2 习题 20 知 $f(x), g(x), t(x)$ 都是首项系数为 1 的整系数多项式. 上式两端 $\mathrm{mod}\ q$，得到 $x^{p^n} - \bar{1} = \bar{f}(x)\bar{g}(x)\bar{t}(x)$. 由于 $(q, p) = 1$，故 $x^{p^n} - \bar{1}$ 没有重因式，所以 $(\bar{f}(x), \bar{g}(x)) = 1$. 但 $g(\zeta^q) = 0$，即 ζ 是 $g(x^q)$ 的零点，故 $f(x) \mid g(x^q)$，于是 $\bar{f}(x) \mid \bar{g}(x^q) = \bar{g}(x)^q$，与 $(\bar{f}(x), \bar{g}(x)) = 1$ 矛盾. 这就证明了上面的断言. 对于任一在 1 和 p^n 之间与 p 互素的整数 i，设 $i = q_1 \cdots q_s$ 为 i 的素因子分解式，则 $q_j \neq p$ ($j = 1, \cdots, s$). 反复地应用上述断言即知 ζ^i 是 $f(x)$ 的零点，即 $\prod(x - \zeta^i) \mid f(x)$. 另一方面，由于 ζ 不是 $x^m - 1$ ($1 \leqslant m < p^n$) 的零点，故 $(f(x), x^m - 1) = 1$，所以 $f(x)$ 的零点只能是 p^n

次本原单位根. 这就完成了证明.

(2) $\mathrm{Gal}(K/Q) \cong (\mathbb{Z}/p^n\mathbb{Z})^\times$, 而 $(\mathbb{Z}/p^n\mathbb{Z})^\times$ 为由 $\bmod p^n$ 的原根生成的循环群.

6. 提示: 设 σ 为 $\mathbb{R}$ 的自同构. 对于任一 $a \in \mathbb{R}, a > 0$, 有 $\sigma(a) = \sigma((\sqrt{a})^2) = (\sigma(\sqrt{a}))^2 > 0$, 故 σ 保持 $\mathbb{R}$ 上的序. 由于 σ 在 $\mathbb{Q}$ 上的作用平凡, 而任一实数都可以由 $\mathbb{Q}$ 的 Dedekind 分割所确定, 所以 σ 在 $\mathbb{R}$ 上的作用平凡.

第 5 章习题

§5.1 模的基本概念

(此习题中的环都是指幺环, 模都是指左模)

1. 提示: 用模的定义直接验证.

2. 提示: 用模的定义直接验证 (首先验证 $(r+I)x = rx$ 良定义).

3. 提示: 不能. 事实上, 设 $g \in G, g \neq 0$, 考虑 $\{ag \mid a \in \mathbb{Q}\}$. 由于 $|G| < \infty$, 故必存在 $a, b \in \mathbb{Q}, a \neq b$ 但 $ag = bg$, 即 $a-b \neq 0$ 但 $(a-b)g = 0$. 假若 G 是 $\mathbb{Q}$ 模, 两端以 $(a-b)^{-1}$ 作用上式, 得到 $1g = 0 \neq g$, 矛盾于模的定义.

4. 提示: 首先验证 IN 是 R 模. 其次, 由于 $IN \supseteq \{ax \mid a \in I, x \in N\}$, 故 IN 包含 $\{ax \mid a \in I, x \in N\}$ 生成的子模. 反之, 由模对于运算的封闭性易知任一包含 $\{ax \mid a \in I, x \in N\}$ 的 R 模必包含 IN, 所以 IN 含于 $\{ax \mid a \in I, x \in N\}$ 生成的子模.

5. 提示: (1) 首先验证 $\varphi + \psi$ 和 $a\varphi$ 都是 R 模同态 (注意 a 和 r 的次序), 再用模的定义验证 $\mathrm{Hom}_R(R, M)$ 是一个 R 模.

(2) 验证 f 是 R 模同态: 对于 $\varphi, \psi \in \mathrm{Hom}_R(R, M)$,

$$f(\varphi + \psi) = (\varphi + \psi)(1) = \varphi(1) + \psi(1) = f(\varphi) + f(\psi);$$

又对于 $a \in R$, $f(a\varphi) = (a\varphi)(1) = a\varphi(1) = af(\varphi)$. 故 f 是 R 模同态. 对于任一 $x \in M$, 定义 $\varphi_x: R \to M$ 为 $\varphi_x(r) = rx$ $(r \in R)$. 易见

$\varphi_x \in \operatorname{Hom}_R(R, M)$ 且 $\varphi_x(1) = x$, 故 f 是满同态. 又若 $\varphi(1) = 0$, 则 $\varphi(r) = r\varphi(1) = 0 \ (\forall \, r \in R)$, 即 $\varphi = 0$, 所以 f 是单同态. 故 f 是 R 模同构.

6. 提示: $\operatorname{Hom}_{\mathbb{Z}}(M, N)$ 是 R 模可由定义直接验证. $\operatorname{Hom}_R(R, M)$ 是 $\operatorname{Hom}_{\mathbb{Z}}(R, M)$ 作为加法群的子群, 但不一定是子 R 模, 原因是 $\operatorname{Hom}_R(R, M)$ 和 $\operatorname{Hom}_{\mathbb{Z}}(R, M)$ 的模结构不一定相同. 详言之, 设 $a, r \in R$, $\varphi \in \operatorname{Hom}_R(R, M)$, 则在 $\operatorname{Hom}_{\mathbb{Z}}(R, M)$ 中 $a\varphi(r) = \varphi(ar)$, 不一定等于 (上题中的)$(a\varphi)(r) = \varphi(ra)$. 例如, $R = \operatorname{M}_2(\mathbb{Z})$, $M = R$, $\varphi = \operatorname{id}$, $a, r \in R$ 满足 $ra \neq ar$, 即是反例.

7. 提示: 设 φ 是满射. 以 ε_i 记 R^n 中第 i 个分量为 1 其余分量为 0 的元素 $(1 \leqslant i \leqslant n)$. 设 η_i 为 ε_i 在 φ 下的一个原像, 定义 $\psi \in \operatorname{End}_R(R^n)$ 满足 $\psi(\varepsilon_i) = \eta_i$, 则 $\varphi\psi(\varepsilon_i) = \varepsilon_i (\forall \, i)$, 故 $\varphi\psi = \operatorname{id}$. 用矩阵写出此式. 设 $\varphi(\varepsilon_i) = \sum_{j=1}^n a_{ji}\varepsilon_j \ (a_{ji} \in R)$, $\eta_i = \sum_{j=1}^n b_{ji}\varepsilon_j \ (b_{ji} \in R)$, 令 $A = (a_{ij})_{n \times n}$, $B = (b_{ij})_{n \times n}$, 则 $\varphi\psi = \operatorname{id}$ 等价于 $AB = E$, 其中 E 表示 n 阶单位阵. 由此易知 $BA = E$ (有 $\det B \det A = 1$, 故 $\det B = (\det A)^{-1}$. 令 $C = (\det B)A^*$, 其中 A^* 表示 A 的伴随矩阵, 则有 $CA = E$. 于是 $C = CAB = B$, 故 $BA = E$). 这等价于 $\psi\varphi = \operatorname{id}$, 所以 φ 是单射. 如果 φ 是单射, 则 φ 不一定是满射. 例如取 $R = \mathbb{Z}$, $n = 1$, $\varphi(m) = 2m \ (m \in \mathbb{Z})$ 就是反例.

8. 提示: 与群中的相应的定理证明大体相同, 参见第 1 章 §1.1 定理 1.26, 1.30, 1.31 的证明.

9. 提示: 设 M 是单 R 模. 对于 M 的任意非零元 x, Rx 是 M 的非零子模, 故 $M = Rx$.

10. 提示: 设 M 是单 R 模, $x \in M$, $x \neq 0$. 由习题 9 知 R 模同态 $\varphi: R \to M$, $\varphi(r) = rx$ 是满同态. 令 $I = \ker\varphi$, 则 I 是 R 的左理想. 假若 I 不极大, 则存在 R 的左理想 J 满足 $I \subsetneq J \subsetneq R$, 于是 $\varphi(J)$ 就是 M 的非平凡子模, 与 M 是单模矛盾.

11. 提示: (1) 如果 R 模同态 $\varphi: M \to N$ 不是零同态, 则 φ 满 (否则 $\varphi(M)$ 是 N 的非平凡子模, 与 N 是单模矛盾) 且单 (否则 $\ker\varphi$ 是 M 的非平凡子模, 与 M 是单模矛盾).

(2) 由 (1) 知 $\mathrm{End}_R(M)$ 的任一非零元素皆可逆,故 $\mathrm{End}_R(M)$ 是体.

12. 提示: $\mathbb{Z}/72\mathbb{Z}$, $\mathbb{Z}/3\mathbb{Z}\oplus\mathbb{Z}/24\mathbb{Z}$, $\mathbb{Z}/2\mathbb{Z}\oplus\mathbb{Z}/36\mathbb{Z}$, $\mathbb{Z}/6\mathbb{Z}\oplus\mathbb{Z}/12\mathbb{Z}$, $\mathbb{Z}/2\mathbb{Z}\oplus\mathbb{Z}/2\mathbb{Z}\oplus\mathbb{Z}/18\mathbb{Z}$, $\mathbb{Z}/2\mathbb{Z}\oplus\mathbb{Z}/6\mathbb{Z}\oplus\mathbb{Z}/6\mathbb{Z}$.

13. 提示: 设 G 为有限生成交换群, 则 $G \cong \mathbb{Z}^r \oplus \bigoplus_{i=1}^t \mathbb{Z}/(p_i^{e_i})$. 如果 $r > 1$, 则 G 的自同构多于两个, 所以 $r \leq 1$. 若 $r = 1$ 但 $t > 0$, 则 G 的自同构也多于两个 (例如 $t = 1$, 则 $(1,0)$ 可以映为 $(-1,0)$ 或 $(1,\bar{1})$(其中 $\bar{1} = 1+(p_1^{e_1}) \in \mathbb{Z}/(p_1^{e_1})$), 同时 $(0,\bar{1})$ 不动), 故 $r = 1$ 时必有 $t = 0$, 而 $\mathbb{Z}$ 确实只有两个自同构 (分别将 1 映为 1 和 -1). 当 $r = 0$ 时, 考虑 $\mathbb{Z}/p_i^{e_i}$ 的生成元的个数 $(= p_i^{e_i-1}(p_i-1))$ 可知只有在 $G \cong \mathbb{Z}/3\mathbb{Z}$ 或 $\mathbb{Z}/4\mathbb{Z}$ 或 $\mathbb{Z}/6\mathbb{Z}$ 时 G 的自同构只有两个.

14. 提示: 设 M 是单模. 任取 M 的非零元素 x, 由习题 9 知 $M = Rx$. R 模的满同态 $\varphi: R \to M$, $\varphi(r) = rx$ 的核 $\ker\varphi = \mathrm{Ann}_R(x)$. 设 $\ker\varphi = (p)$(注意: R 作为自身上的模, 其子模等同于 R 的理想). 由于 $R/(p) \cong M$ 是扭单模, 故 p 是 R 的非零素元素. 反之 $M = Rx \cong R/\mathrm{Ann}_R(x) = R/(p)$ (p 为 R 的非零素元素) 显然是单 R 模.

15. 提示: 这是主理想整环上的有限生成模的结构定理的直接推论.

16. 提示: 设 M 是幺环 R 上的有限生成模, 设 $x_1, \cdots, x_n$ 是 M 的一组生成元, 则 $\bigoplus_{i=1}^n R \to M$, $(r_1, \cdots, r_n) \mapsto r_1 x_1 + \cdots + r_n x_n$ 是 R 模的满同态.

17. 提示: 以 M_{tor} 记整环 R 上的模 M 中所有扭元素组成的集合. 由于 $0 \in M_{\mathrm{tor}}$, 所以 M_{tor} 非空. 设 $x, y \in M_{\mathrm{tor}}$, 则存在 R 的非零元素 a, b 使得 $ax = by = 0$. 于是 $(ab)(x-y) = 0$. 而 $ab \neq 0$, 故 $x - y \in M_{\mathrm{tor}}$. 又对于任意的 $r \in R$, $a(rx) = 0$, 故 $rx \in M_{\mathrm{tor}}$. 这就证明了 M_{tor} 是 M 的子模.

18. 提示: 记号如上题. 设 $\bar{x} \in M/M_{\mathrm{tor}}$ ($\bar{x}$ 表示 $x + M_{\mathrm{tor}}$). 如果存在 $r \in R$, $r \neq 0$ 使得 $r\bar{x} = \bar{0}$, 即 $rx \in M_{\mathrm{tor}}$, 故存在 $a \in R$, $a \neq 0$ 使得 $a(rx) = 0$. 而 $ar \neq 0$, 故 $x \in M_{\mathrm{tor}}$, 即 $\bar{x} = \bar{0}$.

19. 提示: 设 I 是 R 的一个极大理想, 则商模 R^m/IR^m 是 R/I 模,

且 R^m/IR^m 作为域 R/I 上的线性空间的维数为 m, 而同构的线性空间维数相等.

§5.2 格的基本概念

1. 提示: 2^S 的 Hasse 图如下图所示:

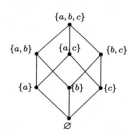

2. 提示: 由于 $(a \wedge b) \vee (a \wedge c) \geqslant a \wedge b, (a \wedge b) \vee (b \wedge c) \geqslant a \wedge b$, 所以 $[(a \wedge b) \vee (a \wedge c)] \wedge [(a \wedge b) \vee (b \wedge c)] \geqslant a \wedge b$. 反之, 由于 $a \wedge b \leqslant a$, $a \wedge c \leqslant a$, 故 $(a \wedge b) \vee (a \wedge c) \leqslant a$; 同样有 $(a \wedge b) \vee (b \wedge c) \leqslant b$, 所以 $[(a \wedge b) \vee (a \wedge c)] \wedge [(a \wedge b) \vee (b \wedge c)] \leqslant a \wedge b$. 由 "$\leqslant$" 的反对称性即有结论.

3. 提示: 由于 $a \geqslant a \wedge b, b \vee c \geqslant b \geqslant a \wedge b$, 所以 $a \wedge (b \vee c) \geqslant (a \wedge b)$. 又有 $a \geqslant c, b \vee c \geqslant c$, 所以 $a \wedge (b \vee c) \geqslant c$. 由最小上界 $(a \wedge b) \vee c$ 的定义即有结论.

4. 提示: 用分配格的定义验证.

5. 提示: 是分配格. 将正整数写成不同素因子方幂的乘积, (对每个素数) 将问题转化为 $\mathbb{Z}^+$ 对于通常的 "$\leqslant$" 是否是分配格, 而由上题知 $(\mathbb{Z}^+, \leqslant)$ 是分配格.

6. 提示: 左端 $= ((a \wedge (b \vee c)) \vee (b \wedge (b \vee c)) \wedge (c \vee a) = (((a \wedge b) \vee (a \wedge c)) \vee ((b \wedge b) \vee (b \wedge c))) \wedge (c \vee a) = ((a \wedge c) \vee b) \wedge (c \vee a) = (((a \wedge c) \vee b) \wedge c) \vee (((a \wedge c) \vee b) \wedge a) = (((a \wedge c \wedge c) \vee (b \wedge c)) \vee ((a \wedge c \wedge a) \vee (b \wedge a)) = ((a \wedge c) \vee (b \wedge c)) \vee ((a \wedge c) \vee (b \wedge a)) = (a \wedge c) \vee (b \wedge c) \vee (a \wedge b) =$ 右端.

7. 提示: 设 R 是幺环, 满足 $a^2 = a$ ($\forall a \in R$). 任取 $a, b \in R$, 有 $a + b = (a+b)^2 = a^2 + ab + ba + b^2 = a + ab + ba + b$, 于是 $ab = -ba$. 取

$a = b$, 得到 $a = -a$. 故 $ab = -ba = ba$.

8. 提示: (1) $2a = (2a)^2 = 4a^2 = 4a$, 故 $2a = 0$.

(2) 设 $a \in R \setminus P$. 由 $a^2 = a$ 知 $(1-a)a = 0 \in P$, 故 $1-a \in P$, 于是 $(a) + P \ni a + (1-a) = 1$, 所以 $(a) + P = R$. 这说明 P 极大. 1 在 R/P 中代表的陪集 $\bar{1}$ 满足 $2\bar{1} = 0$, 故 R/P 是特征 2 的域.

(3) 只要证明由两个元素生成的理想是主理想 (然后用归纳法即可). 设 $I = (a,b)$, $a,b \in R$. 令 $c = a + b + ab$, 显然 $(c) \subseteq I$. 反之 $ac = a(a+b+ab) = a^2 + ab + a^2 b = a + ab + ab = a$, 故 $a \in (c)$. 同样 $b \in (c)$, 故 $I \subseteq (c)$, 所以 $I = (c)$.

9. 提示: 设 $\mathcal{B}$ 是 Boole 代数. 首先验证 $(\mathcal{B}; +_2, \wedge)$ 是交换幺环, 即验证加法交换律、结合律、存在零元、负元、乘法交换律、结合律、有幺元、分配律. 例如验证分配律: 对于 $a,b,c \in \mathcal{B}$, 有

$$(a \wedge c) +_2 (b \wedge c) = ((a \wedge c) \wedge \overline{(b \wedge c)}) \vee ((b \wedge c) \wedge \overline{(a \wedge c)})$$
$$= ((a \wedge c \wedge \bar{b}) \vee (a \wedge c \wedge \bar{c})) \vee ((b \wedge c \wedge \bar{a}) \vee (b \wedge c \wedge \bar{c}))$$
$$= ((a \wedge c) \wedge \bar{b})) \vee ((b \wedge c) \wedge \bar{a}))$$
$$= ((a \wedge \bar{b}) \vee (b \wedge \bar{a})) \wedge c$$
$$= (a +_2 b) \wedge c.$$

易见 0 是零元. a 是 a 的负元. 1 是幺元, 所以 $(\mathcal{B}; +_2, \wedge)$ 是交换幺环. 显然 $a \wedge a = a$, 所以 $(\mathcal{B}; +_2, \wedge)$ 是 Boole 环.

反之, 设 $(\mathcal{B}; +, \cdot)$ 是 Boole 环. 可以逐条验证 $(\mathcal{B}; \vee, \wedge, ^-)$ 满足 Boole 代数的七条定义性质 (见本节定义 2.20). 例如验证 $\vee$ 满足结合律:

$$(a \vee b) \vee c = (a + b + ab) \vee c$$
$$= a + b + ab + c + (a + b + ab)c$$
$$= a + b + c + ab + ac + bc + abc.$$

由于此式右端 a,b,c 有对称性, 故 $\vee$ 满足结合律.

10. 提示: 由定义知: 对于 $A, B \in 2^S$, $A \vee B = A \cup B$, $A \wedge B = A \cap B$, $\bar{A} = S \setminus A$. 不难验证 $\vee, \wedge, ^-$ 满足 Boole 代数的七条定义性质 (注意 $0 = \varnothing$, $1 = S$).

参 考 文 献

[1] Huppert B. Endliche Gruppen I. New York: Springer-Verlag, 1967.
[2] Jacobson N. Basic Algebra I, II. San Francisco: W.H. Freeman and Company, 1974.
[3] Hungerford T W. 代数学. 冯克勤译. 长沙：湖南教育出版社，1980.
[4] Dornhoff L L & Hohn F E. Applied Modern Algebra. New York: Macmillan Publishing Co., Inc., 1978.
[5] 范德瓦尔登 B L. 代数学 (I, II). 丁石孙，曾肯成，郝铷新译. 北京：科学出版社， 1986.
[6] Aschbacher M. Finite Group Theory (Chapter 7). New York: Cambridge University Press, 1993.
[7] 聂灵沼，丁石孙. 代数学引论. 第二版. 北京：高等教育出版社，2000.
[8] 徐明曜. 有限群导引 (上册). 第二版. 北京：科学出版社， 1999.
[9] 徐明曜，赵春来. 抽象代数 II. 北京：北京大学出版社， 2007.

符 号 说 明

$\varnothing$	空集
$S \cap T$	集合 S 与 T 的交
$S \cup T$	集合 S 与 T 的并
$\dot{\bigcup}_{i \in I} S_i$	集合 $S_i (i \in I)$ 的无交并
$S \setminus T$	集合 S 的子集 T 的补集
2^S	集合 S 的幂集合
$S \times T$	集合 S 与 T 的笛卡儿积 (直积)
aRb	集合的元素 a,b 有 (二元) 关系 R
$S/\sim$	集合 S 关于等价关系 $\sim$ 的等价类的集合
id_S	集合 S 上的恒同映射
$\mathrm{im}\,\varphi$	映射 φ 的像
$\varphi^{-1}(T)$	映射 φ 下值域的子集 T 的反像
$m \mid n$	m 整除 n
$p^t \| n$	p^t 恰好整除 n, 即 $p^t \mid n$ 但 $p^{t+1} \nmid n$
$a \equiv b \pmod{n}$	a,b 模 n 同余, 即 $n \mid (a-b)$
$\gcd(a_1, \cdots, a_n)$	$a_1, \cdots, a_n$ 的最大公因子
$\mathrm{lcm}(a_1, \cdots, a_n)$	$a_1, \cdots, a_n$ 的最小公倍
μ_n	n 次单位根群
$\varphi(n)$	正整数 n 的 Euler φ 函数值
$\sigma|_H$	映射 σ 在子集 H 上的限制
$\mathbb{C}$	复数域
i	复数的虚单位 $(=\sqrt{-1})$
e	自然对数的底
$\mathbb{C}^*$	非零复数集

符号说明

$\mathbb{R}$	实数域
$\mathbb{R}^*$	非零实数集
$\mathbb{R}^+$	正实数集
$\mathbb{Q}$	有理数域
$\mathbb{Q}^*$	非零有理数集
$\mathbb{Z}$	整数环
$\mathbb{Z}_{>0}$	正整数集
$\mathbb{Z}_{\geqslant 0}$	非负整数集
$\mathbb{N}$	自然数集, 即非负整数集
$\mathbb{Q}_p$	p-进数域
$\mathbb{Z}_p$	p-进整数环
$\|a\|_p$	p-进数 a 的 p-进绝对值
$v_p(a)$	p-进数 a 的 p-进赋值
$GF(q)$	q 元有限域
$\|PQ\|$	P, Q 两点之间的距离
$M_{m \times n}(K)$	域 K 上的 m 行 n 列矩阵的全体
$M_n(K)$	域 K 上的 n 阶全矩阵环
$GL_n(K)$	域 K 上的 n 阶一般线性群
$SL_n(K)$	域 K 上的 n 阶特殊线性群
$O_n(\mathbb{R})$	n 阶 (实) 正交群
$U_n(\mathbb{C})$	n 阶 (复) 酉群
$\mathbb{O}_3$ (或 $\mathbb{O}_3(\mathbb{R})$)	三维实空间的正交变换群
$\mathbb{O}_3^+$	三维实空间的旋转变换群
$\mathrm{Sym}(T)$	图形 T 的对称群
$S(M)$	集合 M 的全变换群
D_{2n}	二面体群, 即正 n 边形的对称群
S_n	n 级对称群
A_n	n 级交错群
$(i\ j)$	对称群中的对换 (i 与 j 互换)
$(i_1\ \cdots\ i_t)$	对称群中的长度为 t 的轮换

$\lvert G\rvert$	群 G 的阶
$o(g)$	群的元素 g 的阶
$\exp(G)$	群 G 的方次数
e	群的幺元
e_l	左幺元
e_r	右幺元
$H\cdot K$(即 HK)	群 G 的子集 H 与 K 的积
$H\leqslant G$	H 是群 G 的子群
$H<G$	H 是群 G 的子群,但 $H\neq G$
$\lvert G:H\rvert$	群 G 的子群 H 在 G 中的指数
$H\trianglelefteq G$	H 是群 G 的正规子群
$H\triangleleft G$	H 是群 G 的正规子群,但 $H\neq G$
G/N	群 G 关于正规子群 N 的商群
$(a_1,\cdots,a_n)$	$a_1,\cdots,a_n$ 的最大公因子或它们生成的理想
Z_n	n 阶循环群
$\langle S\rangle$	群 G 的子集 S 生成的子群
$\langle a\rangle$	群 G 的元素 a 生成的循环群
$G_1\oplus G_2$	G_1 与 G_2 的直和
$\bigoplus_{i=1}^{n} G_i$	$G_1,\cdots,G_n$ 的直和
$\prod_{i\in I} G_i$	$G_i(i\in I)$ 的直积
$[a,b]$	群 G 的元素 a,b 的换位子
G'	群 G 的换位子群(即导群)
$G^{(n)}$	群 G 的 n 次换位子群
$Z(G)$	群 G 的中心
$C_G(S)$	群 G 的子集 S 的中心化子
$N_G(S)$	群 G 的子集 S 的正规化子
$\mathrm{Orb}(s)$	集合 S 在群作用下元素 $s\in S$ 所在的轨道
$\cong$	同构

$\mathrm{Inn}(G)$	群 G 的内自同构群
$\mathrm{Aut}(G)$	群 G 的自同构群
$\mathrm{End}(G)$	Abel 群 G 的自同态环
$\mathrm{End}_R(M)$	R 模 M 的自同态环
$\ker\varphi$	同态 φ 的核
$\mathbb{H}$	四元数体
1_R	幺环 R 的乘法幺元
$R^\times$	幺环 R 的可逆元乘法群，即 R 的单位群
$a \stackrel{a}{\sim} b$	环 R 的元素 a 与 b 相伴
(a)	环的元素 a 生成的主理想
(S)	环的子集 S 生成的理想
$I+J$	环的理想 I,J 的和
$I\cdot J$ (或 IJ)	环的理想 I,J 的积
$S^{-1}R$	交换幺环 R 关于乘法封闭子集 S 的分式化
R_P	交换幺环 R 关于素理想 P 的补集的分式化
R_f	交换幺环 R 关于 $\{1,f,f^2,\cdots\}$ 的分式化
$\mathrm{rad}\,I$	理想 I 的根理想
$K[x]$	环 (或域)K 上的一元多项式环
$K[x_1,\cdots,x_n]$	环 (或域)K 上的 n 元多项式环
$K(x)$	域 K 上的一元有理分式域
$K(x_1,\cdots,x_n)$	域 K 上的 n 元有理分式域
$K[[x]]$	域 K 上的一元形式幂级数环
UFD	唯一分解整环
PID	主理想整环
$c(f(x))$	唯一分解整环上的多项式 $f(x)$ 的容度
$\deg f(x)$	多项式 $f(x)$ 的次数
K/F	域扩张，即 K 是 F 扩域
$[K:F]$	域扩张 K/F 的扩张次数
$F(\alpha)$	域 F 上添加 α 得到的单扩张

$F(\alpha_1,\cdots,\alpha_n)$	域 F 上添加 $\alpha_1,\cdots,\alpha_n$ 得到的扩域
KF	子域 K,F 的合成
$\mathrm{Irr}(\alpha,F)$	域 F 上的代数元 α 在 F 上的极小多项式
$\overline{F}$	域 F 的代数封闭域
$\mathrm{char}(F)$	域 F 的特征
$\mathbb{F}_{p^n}$	p^n 元有限域
Frob_p	特征 p 的有限域的 Frobenius 自同构
$\mathrm{Gal}(K/F)$	域 F 的扩张 K 的 F-自同构群
K^H	$\mathrm{Gal}(K/F)$ 的子群 H 的不动域
$\mathbb{A}^n(K)$	域 K 上的 n 维仿射空间
$I(X)$	在 $X\subseteq\mathbb{A}^n(K)$ 上取值为 0 的 n 元多项式的集合
$V(S)$	$S\subseteq K[x_1,\cdots,x_n]$ 在 $\mathbb{A}^n(K)$ 中的公共零点集合
$\mathrm{Hom}_R(M,N)$	R 模 M 到 N 的同态群
$\mathrm{coker}\,\varphi$	模同态 φ 的余核
$R\cdot S$	由 R 模的子集 S 生成的子模
M_1+M_2	子模 M_1,M_2 的和
$\sum_{i\in I}M_i$	子模 $M_i(i\in I)$ 的和
$I\cdot N$(或IN)	环 R 的理想 I 与子模 N 的积
M/N	模 M 关于子模 N 的商模
$\mathrm{Ann}_R(S)$	R 模的子集 S 的零化子
M_{tor}	整环上的模 M 的扭子模
$S_{\leqslant}$	以 $\leqslant$ 为偏序的偏序集
$\mathrm{lub}\,T$	偏序集 S 的子集 T 的最小上界
$\mathrm{glb}\,T$	偏序集 S 的子集 T 的最大下界
$a\vee b$	格的元素 a,b 的并
$a\wedge b$	格的元素 a,b 的交

名 词 索 引

A

Abel 扩张	129
Abel 群	3

B

Boole 代数	159
Boole 环	159
不可分元素	122
不可分扩张	122
不可分多项式	121
不可约元	91
不可约模	152
半群	3
补元	158
变换	1
保距变换	72
变换群	8
倍式	90
并	155
格中二元素的 ~	155
本原多项式	98

C

Cayley 定理	16
次正规群列	66
次数	107
域扩张的 ~	107
代数数的 ~	108
重因式	120
重根	120
超越元	105
超越扩张	105
乘积	151
理想与子模的 ~	151

D

De Morgan 律	158
Dirichlet 单位定理	140
代数	133
代数无关	105
代数元	105
代数扩张	105
代数同态	133
代数闭包	109
代数封闭域	112
代数相关	105
代数集	130
代数数	108

代数数域	38	笛卡儿积	1
代数整数	102, 138	第一 Sylow 定理	62
代数整数环	102	第二 Sylow 定理	62
代数簇	132	第三 Sylow 定理	63
典范同态	17	第一同构定理	17
对换	6	环的 ～	33
对称群	6	模的 ～	148
对极	74, 78	第二同构定理	19
对偶	74	环的 ～	33
格的 ～	156	模的 ～	148
对偶原理	156	等价关系	2
格的 ～	156	等价类	2
多元多项式环	98		

E

多项式映射	133	Eisenstein 判别法	103
单扩张	104	二元关系	1
单扩张定理	125	二元运算	1
单因式	120	二面体群	5
单同态	13		

F

环的 ～	32	Frobenius 自同构	118
模的 ～	147	F- 嵌入	105
单位元	28	F- 同构	105
单位群	140	反同构	32
单环	37	格的 ～	156
单射	1	反同态	32
单群	12, 50	反像	1
单模	152	分式化	88
导群	53	分式域	88
定义关系	71		
定义理想	132		

分配格	157
分裂域	114
赋值环	41
赋值理想	41

G

Galois 对应	127
Galois 扩张	127
Galois 定理	129
Galois 基本定理	127
Galois 群	127
Gauss 引理	98
格	154
根理想	37
广义结合律	3
公因子	90
公倍式	90
共轭	55
共轭类	61
轨道	59
～的长	59

H

Hilbert 零点定理	132
Hilbert 零点定理的弱形式	132
环	27
同构的 ～	32
环同构	32
环同态	32

和	31
理想的 ～	31
子模的 ～	146
合成因子	66
合成群列	66
核	14, 32, 148
华罗庚等式	46
换位子	53
换位子群	53

J

Jordan-Hölder 定理	67
交	9
格的元素的 ～	155
理想的 ～	31
子模的 ～	146
交换环	27
交换群	3
交错群	7
极大左理想	152
极大条件	69
极大理想	86
极小多项式	105
极小条件	69
奇置换	7
降链条件	69
积	8
理想的 ～	84
理想与子模的 ～	151

基本单位	140

K

可分元素	122
可分扩张	122
可分多项式	121
可分闭包	124
可解群	54
可逆元	28
扩域	38

L

Lagrange 定理	11
轮换	6
类方程	61
类数	139
类群	139
理想	30
由子集生成的 ～	31
有限生成的 ～	31
互素的 ～	84
～ 的生成系	31
～ 的和	31
～ 的积	84
零元	153
偏序集的 ～	153
零化子	151
零因子	29
零环	28
零点	130

M

幂等元	37
幂集合	154
幂零元	36
幂零根	36
满同态	13
环的 ～	32
模的 ～	147
满射	1
模	144
～ 的生成元集	146
无限生成的 ～	146
有限生成的 ～	146
由子集生成的 ～	146
模同构	147
模同态	147
模格	156

N

n 次单位根群	4
内自同构	55
内自同构群	56
内直和	22
环的 ～	34
模的 ～	147
逆	2
逆元	3, 28
扭子模	149

扭元素	149	群的阶	4
		群的直和	20
O		群的直积	22
欧几里得环	95	群的第一同构定理	17
偶置换	7	群的第二同构定理	19
P		**R**	
		容度	98
p-进绝对值	39	**S**	
p-进数域	39		
p-进整数环	41	Schreier 定理	66
平凡子群	9	Schur 引理	152
陪集	10	Sylow p 子群	62
偏序关系	2	Sylow 子群	62
偏序集	2	上界	153
		升链条件	68
Q		双边理想	30
全序集	2	双射	1
全变换群	6	四元数体	41
强三角不等式	39, 41	四元数群	45
群	3	生成系	9
群作用	58	理想的 ~	31
群的元素的阶	9	域的 ~	104
群的方次数	9	素元	92
群的生成系	9	素理想	86
群的同构	13	素域	45
群的同态	13	商环	31
群的自同构	13	商模	147
群的自同构群	14	商群	13
群的自同态	13	剩余域	41

T

体	37
图形的对称群	5
同构	13
环的 ~	32
域的 ~	104
代数簇的 ~	133
格的 ~	156
同态基本定理	15
环的 ~	33
模的 ~	148
特殊线性群	5

W

无限扩张	107
无限格	154
无限群	4
完全格	155
外自同构	56
外自同构群	56
唯一分解整环	92
稳定子群	59
稳定化子	59

X

下界	153
小根	36
形式幂级数环	101
相伴	90

序关系	2
循环 p 模	149
循环扩张	129
循环群	9
循环模	146
像	1
旋转群	78

Y

一一对应	1
一元多项式环	98
一般线性群	5
幺元	3
偏序集的 ~	153
幺半群	3
幺环	27
酉群	5
余核	148
模同态的 ~	148
因子	90
因子链条件	92
有补格	158
有限生成群	9
有限扩张	107
有限格	154
有限展示群	71
有限域	117
有限群	4
有理分式域	98

右幺元	36
右逆	2
右逆元	28
右陪集	10
右平移	16
右理想	30
右零因子	29
右模	144
右正则表示	16
映射	1
原像	1
域	37
～的同构	104
～的同态	104
～的合成	104
无限生成的～	104
由子集生成的～	104
有限生成的～	104
域扩张	104
域的特征	43
域嵌入	104

Z

真子群	9
子环	30
子域	38
子群	8
由子集生成的～	9
子群的指数	10
子模	145
由子集生成的～	146
字	70
直和	20
环的～	33
模的～	146
直和因子	20
环的～	33
模的～	147
直积	1, 22
环的～	33
直积因子	22
环的～	33
自由群	70
自由模	149
自同态	13
模的～	148
自同态环	35
交换群的～	35
正则素数	139
正交群	5
正交变换	72
～群	73
正规子群	12
正规化子	25, 63
正规扩张	116
正规闭包	117
整环	29
整除	90

名词索引

中心	27, 56
中心化子	25
中国剩余定理	85
准素理想	137
左幺元	23, 36
左逆	2
左逆元	23, 28
左陪集	10
左平移	16
左理想	30
左零因子	29
左模	144
左正则表示	16
最大公因子	90
最小上界	153
最大下界	153
最小公倍	91
置换	6
主理想	31
主理想整环	93
主理想整环上的有限生成模的结构定理	149
作用	58
环在模上的～	144
坐标环	133

北京大学出版社数学重点教材书目

1. 北京大学数学教学系列丛书

书　名	编著者	定价
高等代数简明教程（上、下）（第二版）（"十一五"国家级规划教材）	蓝以中	35.00
几何学教程（"十一五"国家级规划教材）	王长平	18.00
实变函数与泛函分析（北京市精品教材）	郭懋正	20.00
数值分析（北京市精品教材）	张平文　李铁军	18.00
复变函数简明教程（"十一五"国家级规划教材）	谭小江　伍胜健	13.50
复分析导引（北京市精品教材）	李　忠	20.00
同调论（"十一五"国家级规划教材）	姜伯驹	18.00
黎曼几何引论（上下册）（北京市精品教材）	陈维桓　李兴校	42.00
概率与统计	陈家鼎　郑忠国	29.00
金融数学引论	吴　岚	19.50
寿险精算基础	杨静平	17.00
非寿险精算学	杨静平	18.00
偏微分方程	周蜀林	13.50
二阶抛物型偏微分方程	陈亚浙	16.00
概率论（"十一五"国家级规划教材）	何书元	16.00
随机过程（北京市精品教材）	何书元	20.00
生存分析与可靠性	陈家鼎	22.00
普通统计学（北京市精品教材）	谢衷洁	25.00
数字信号处理（北京市精品教材）	程乾生	20.00
抽样调查（"十五"国家级规划、北京市精品教材）	孙山泽	13.50
测度论与概率论基础（北京市精品教材）	程士宏	15.00
应用时间序列分析（北京市精品教材）	何书元	16.00
应用多元统计分析（"十一五"国家级规划教材）	高惠璇	21.00
抽象代数Ⅰ（"十一五"国家级规划教材）	赵春来　徐明曜	18.00
抽象代数Ⅱ（"十一五"国家级规划教材）	徐明曜　赵春来	18.00

2. 大学生基础课教材

书　　名	编著者	定价
数学分析新讲(第一册)(第二册)(第三册)	张筑生	44.50
数学分析解题指南	林源渠　方企勤	20.00
高等数学(上下册)(教育部"十一五"国家级规划教材,教育部2002优秀教材一等奖)	李　忠　周建莹	52.00
高等数学(物理类)(修订版)(第一、二、三册)	文　丽等	57.00
高等数学(生化医农类)上下册(修订版)	周建莹　张锦炎	27.00
高等数学解题指南	周建莹　李正元	25.00
大学文科基础数学(第一册)(第二册)	姚孟臣	27.50
大学文科数学简明教程(上下册)	姚孟臣	30.00
数学的思想、方法和应用(第3版)("十一五"国家级规划教材)	张顺燕	30.00
数学的美与理(教育部"十五"国家级规划教材)	张顺燕	26.00
简明线性代数(北京市精品教材)	丘维声	22.00
解析几何(第二版)	丘维声	15.00
解析几何(教育部"九五"重点教材)	尤承业	15.00
微分几何初步(95教育部优秀教材一等奖)	陈维桓	12.00
微分几何(普通高等教育"十五"国家级规划教材)	陈维桓	22.00
黎曼-芬斯勒几何基础("十一五"国家级规划教材)	莫小欢	17.00
基础拓扑学讲义	尤承业	13.50
初等数论(第二版)(95教育部优秀教材二等奖)	潘承洞　潘承彪	25.00
实变函数论(教育部"九五"重点教材)	周民强	18.00
复变函数教程	方企勤	13.50
泛函分析讲义(上下册)(91国优教材)	张恭庆　林源渠	28.50
数值线性代数(教育部2002优秀教材二等奖)	徐树方等	13.00
数学模型讲义(教育部"九五"重点教材,获二等奖)	雷功炎	15.00
新编概率论与数理统计(获省部级优秀教材奖)	肖筱南等	19.00

邮购说明　读者如购买数学教材,请与北京大学出版社北大书店邢丽华同志联系,(010)62752015,(010)62757515。

北京大学出版社
2007年1月